TPO品牌女装设计与制板

刘瑞璞
常卫民 ◎ 编著

Serialized Brand and Pattern
Design of TPO for Women's Wear

化学工业出版社
·北京·

本书以系统导入女装TPO国际规则为出发点，以企业市场化女装设计与制板的有效结合为目标，对女士的西装、外套、裙装、礼服、休闲服和衬衫等主要品类的款式和纸样系列设计方法与实践进行了详细、全面、系统的解析。以TPO为原则的"系列"设计方法与训练，有助于改善国内"一款一板"的传统打板方法，能有效地解决款式设计和板型设计严重脱节的问题，具有全新的技术含量和品牌化、市场化操作流程方式，能激发女装设计的主动性和创新性，从而提升女装产品设计的内涵和附加值。

本书可作为高等院校服装专业教师实践教材和学生的自学用书，也可作为女装设计人员、技术人员、工艺人员和产品开发人员的工具书和技术培训参考书。

图书在版编目（CIP）数据

TPO品牌女装设计与制板/刘瑞璞，常卫民编著.
北京：化学工业出版社，2015.1（2025.1重印）
ISBN 978-7-122-22361-6

Ⅰ．①T…　Ⅱ．①刘…②常…　Ⅲ．①女服-服装设计　Ⅳ．①TS941.717

中国版本图书馆CIP数据核字（2014）第272499号

责任编辑：李彦芳　　　　　　　　　　　　装帧设计：史利平
责任校对：李　爽

出版发行：化学工业出版社（北京市东城区青年湖南街13号　邮政编码100011）
印　　刷：北京云浩印刷有限责任公司
装　　订：三河市振勇印装有限公司
889mm×1194mm　1/16　印张29　字数877千字　2025年1月北京第1版第12次印刷

购书咨询：010-64518888　　　　　　　　售后服务：010-64518899
网　　址：http://www.cip.com.cn
凡购买本书，如有缺损质量问题，本社销售中心负责调换。

定　　价：88.00元

为什么中国改革开放30多年没有造就出一个世界级的时装品牌；为什么我们长期以来不能摆脱为世界品牌贴牌生产赚取廉价加工费的产业格局；为什么我们的服装设计师似乎永远不能逃脱抄袭的樊篱；为什么我们的服装制板师总是在抹板（测量品牌衣服变成样板）和拷板（采用各种不适当手段拷贝品牌样板）之间行走；为什么服装款式设计和板型设计不能协调，各说各话；为什么国内服装企业一夜之间千树万树梨花开转眼间又是你唱罢来我登场，即使坚守的服装品牌要么在惨淡经营，要么骨子里早已变了主业。从这个意义上评价的国产服装品牌，能够坚持十几年二十几年就已经绝对可以称之为成功企业，哪还敢梦想成为像英国的Burberry和美国的Brooks Brother这些百年老牌。

这里还能提出许多为什么，如为什么有一大部分服装企业聘用了国内大牌设计师后反而亏损，不能长期支撑的企业主们也逐渐变得聪明起来，他们越发地青睐于大牌设计师的秀场影响力。为什么我国服装专业的高等教育总量比全世界的总和还要多（包括高学历毕业生），而国际时装品牌机构的中国大陆背景的设计师（总监）寥寥无几，国内服装行业对口率还不到50%；为什么我们可以培养服装设计博士学位，这比欧美、日本等发达国家至少高出一到两个等级，但我们却不能主宰时尚界，反而长期被国际时装主流牵着走……

言至此，绝不是梦想着靠几本书就能转变我国服装业这个局面，只是想客观地、理性地、符合行业规律地从服装产品开发和制板技术这个关键点去探索一下开发国际品牌的规则与成功经验。从1991年笔者开始研究这一理论以来出版过若干个版本，但从来没有以TPO品牌化规则为指导，这次也算是一次阶段性的总结。笔者发现，世界成功的时装品牌都延续着从欧洲大陆、美国到日本的发展路线，正在上升的韩国时装品牌也不例外，而其中的推手就是The Dress Code（服装规则），它是以欧洲文明为标志在第二次世界大战以来被国际主流社会固定下来的服装密码、服装规则、服装惯例。日本人深知它是进入国际富人社会的入场券和潜规则。想成为发达国家和具有成熟的国际市场标志，The Dress Code的研究和推广是不可或缺的，因此日本在1964年举办东京奥林匹克运动会的前一年，提出了加速提升日本国民国际形象的TPO计划，这个计划在时尚界的巨大成功，就是日本人的优雅着装被以欧美为代表的国际主流社会所接纳，与此同时，东京以此被奠定了它作为世界时装中心的地位。后来的亚洲四小龙直接或间接受了TPO计划的影响，从而成为步入文明、成熟和发达的时装市场的标签。遗憾的是，国内浮躁的服装理论界始终把TPO视为一种时装概念，甚至有相当的业内人士根本不认可TPO有一整套理论体系和实用价值，否则为什么它没诞生在欧洲或英国，反而是在日本呢？TPO计划的理论基础来源于The Dress Code，它的理论建设发源于英国，发迹于美国，研究The Dress Code的资深理论家，是美国人阿兰弗雷泽（Alan Flusser），这很耐人寻味。当一种文化或制度成为世界的主流和强势的时候，渴望的一定是旁观者，研究的兴趣客观者总是大于主观者。敦煌学研究在西方不在东方这是个极端的案例，但有它的客观性，研究如何使用筷子的人一定是西方人而不是中国人，相反研究如何使用叉子的人一定是东方人如日本人而不是欧洲人。如果我们的研究不能摆脱自我无意识的思维，也就无法学习和超越本民族以外的其他文明。

因此我们必须进入The Dress Code内部，去研究它的规则、知识系统、运营方法、作业技术等。《TPO品牌男装设计与制板》和《TPO品牌女装设计与制板》的写作笔者摸索了20多年，还会继续研究下去，希望有识之士与我们共勉。

女装纸样系列设计与方法研究是服装设计领域的一个重要课题，特别是通过创造性的引入TPO知识系统，与女装设计紧密结合，以纸样系列设计作为款式设计的内在指导，形成一套"围绕TPO原则，以板构款，款板结合"的逻辑性、规律性和普遍性的系统设计方法，这对于女装品牌开发是具开创性的。同时，在这种理论指导下，通过定性和定量相结合，配以大量的案例、图解，系统分析女装各类服装款式与纸样设计中的实践应用，对于女装产品开发和国际化设计具有指导意义。

一、女装纸样系列设计方法为什么导入TPO知识系统

从资料、文献来看，国内关于服装的书籍可谓汗牛充栋，但大多缺少在国际规则指导下的款式与纸样技术结合的系统方法；纸样系列设计方面的理论成果更是凤毛麟角，多以单板单款的经验总结为主。

从应用的状况来看，主要表现为产品开发中缺乏对国际规则与方法的理论指导，设计处在仅盲从于形式、忽略TPO信息含量的实质内容把握，基于直观而非理性的、主观而随意

性的设计占主导地位；纸样设计与款式设计脱节，款式设计师与纸样设计师分家，很多款式设计师对于纸样技术知之甚少，打板师则缺少对服装款式设计的美感把握，从而造成沟通不畅、效率低下，进而影响服装企业的品质效益。纸样设计过程中，对于尺寸、比例的把握，感性大于理性，无规则可循。国内打板技术停留在摹仿、复制、套板的低水平状态，最重要的是缺乏TPO知识系统的掌握和指导，面对信息社会背景下服装产业的现代化和高效率要求，现有的一款一板的纸样设计方法，影响了企业的国际竞争力，不利于创造品牌和参与国际市场竞争。

所谓TPO知识系统，是按照时间、地点、场合要素来确定着装的类型、色彩、搭配，使人的形象与周围氛围相协调的国际通用着装惯例，是被国际社会普遍接受并固定下来的服装设计规则和社交语言。关于TPO知识系统的理论研究已有多部专著，最具权威之一的是欧美、日本的《男装衣橱》(Men's Wardrobe)、《女装衣橱》(Women's Wardrobe)、《24小时着装规则》(The 24-Hour Dress Code) 等。虽然TPO知识系统通常被认为只对男性着装行为和男装设计开发具有指导意义，但就现代女装的发展进程看，女装的历史其实就是男装女装化的历史，以西方文化为主导的现代女性着装文化深深植根于TPO知识系统中，只是表现为"男装符号的女性化"，女装设计总体上依然要遵循TPO知识系统的框架和语言规则。成功的国际女装品牌在产品开发中不仅善于利用这套规则，更结合了纸样系列设计的方法，使之成为成衣产品开发的理性技巧，从而使产品表现为具有文化信息浓厚，款式、面料、色彩整体感强烈，系列明显，主题突出的综合竞争优势。这可以从历年各大国际品牌发布的女装成衣作品、影视作品、时装杂志以及国外重要政务和商务场合的女性着装中得到验证。

二、女装款式与纸样系列设计流程

女装款式与纸样系列设计与方法研究主要内容分为三个部分，即导入TPO知识系统的女装设计规则和造型特点分析；女装款式与纸样系列设计方法研究；女装款式与纸样系列设计方法的应用与训练。

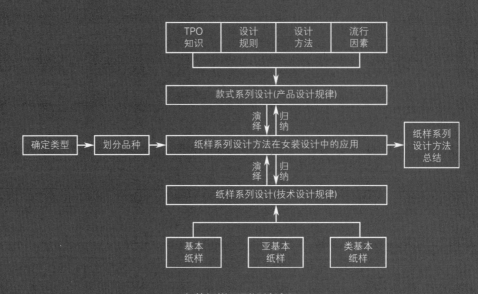

女装纸样系列设计流程

　　具体的技术路线是，先确定女装的基本类型，在类型中划分出典型品种，进入款式系列设计和纸样系列设计。在款式系列设计中，导入TPO知识和设计规则，通过设计方法和流行趋势等因素规律总结，进行理论分析。这中间需要通过具体案例的实证分析，总结款式系列设计的操作方法和流程。在纸样系列设计中，将系列款式纳入到"基本型－亚基本型－类基本型"的系统中，运用"以板构款，款板结合"的方法来实现女装纸样系列设计，最终推导、验证纸样系列设计方法的合理性、可靠性，为进入下一步的工艺和生产流程打好基础。

三、女装款式与纸样系列设计与方法的理论和实用价值

　　将TPO知识系统与款式、纸样系列设计紧密结合，探讨女装系列设计的方法，使得看似零散、无规则的女装设计实现"有法可依"。从而从根本上改变女装设计理论的盲目、无规则的现状，提升产品的可预期性和国际化品质。

　　通过女装款式与纸样系列设计和方法的系统研究，其理论价值是，使"女装系列产品设计"在款式与纸样技术结合上得到了理论的系统总结和实践，弥补了国内女装设计重经验轻理论、重自我轻规则、重摹仿轻研究的缺陷。此方法从以往偏重于感性的设计中总结出相对理性的设计理论，使设计过程具有可操作性，设计路线有规律性，设计结果有预期

性，为服装设计教学与训练拓展了思路，提供了一种全新的、系统的女装品牌国际化、市场化、专业化教学理论。

其实用价值，从行业而言对女装产品的开发起到指导和示范作用，特别是这个方法使女装款式与纸样设计有效地捆绑起来，在TPO知识系统指导下，通过理性而企业化的系列开发方法与技术，探索一条由跟随变为自主，由摹仿变为创新之路，从而有助于国内女装产品开发跟上国际市场的步伐。"款式与纸样设计捆绑"会使女装产品开发更加专业、务实、可靠，节省成本；"系列技术"的开发会使女装产品形成规模效益，使企业发展具有持续性；"TPO知识系统"的导入会使产品有望得到主流国际市场准入，增强国际竞争力。

刘瑞璞

2015年3月于北京服装学院

目录

上篇

女装款式与纸样系列设计方法

第一章 ◆ 基于TPO知识系统的女装 款式与纸样系列设计方法

通常，很多人认为女装设计是无规律可循的，靠的是单纯的直觉与经验积累，更不具有组织化和体系化的方法。正是由于这种认识的普遍存在，导致了国内女装设计在低水平地徘徊和盲从，这也是我国长期不能摆脱成衣制造大国的重要原因之一。其表现为，首先款式设计不能从结构切入；其次，设计不能从形式游戏过渡到企业化、市场化的较量，形式大于内容，装饰大于实用；最后，以上这些问题的关键是没有一套专业化、国际化理论作为指导。可见导入TPO知识系统是有效实现女装国际品牌目标的关键和基础。

一、女装设计运用TPO知识系统的四个理由

TPO原则是以欧美文化为典型的国际主流社会普遍遵守的着装与设计准则，它的核心价值是THE DRESS CODE（服装密码），是礼仪文化与设计文化通识经典，可以说是文明社会的一个重要指标。TPO原则是1963年由日本的MFU（Japan Men's Fashion Unity 日本男装协会）针对1964年东京奥运会的"全民素养"计划提出的，它的成功得到世界认可。其本质内涵是对西方工业文明以来国际着装规则与男装形制语言的高度提炼与系统总结，并且被全世界接受，成为公认的着装准则。时尚总在改变，设计永无停息，而穿衣理念则是经过长时间的时尚变化积淀而形成的，它贯穿于人们的日常生活中，并潜移默化地成为人们着装不变的着装定势，而设计不能无视这种定势的存在。

通常TPO原则被认为对男装产品开发和着装行为具有重要指导意义，而鲜有将TPO知识系统与款式变化频繁的女装设计相联系的系统研究。其实，女装设计整体上并未脱离TPO知识系统的框架和语言规则的制约，这主要出于四个方面的考虑。首先是"男主外女主内"的人类社会格局使男装TPO知识系统建立先于女装而为女装设计提供了稳定的平台；其次是TPO着装规则的时尚性和包容性为女装设计奠定了良好的应用基础；再次是TPO原则在女装设计中可以应用"量"的差异为设计元素的流动提供广阔的空间；最后是TPO元素流动法则有利于支配女装设计元素间的结合，同时又提供了元素变化的准绳。因此，女装款式与纸样的系列设计可直接运用这个成熟的平台。

二、基于男装TPO平台构建女装分类设计框架

TPO知识系统渗透着理性的光辉，它的功能与务实精神的语言特点，表现出塑造精致生活格调品位的内在约束力。女装虽然是感性的、多变的，但理性决定感性，理性先于感性的社会行为规律也是主流女性恪守的准则，因此，基于男装TPO平台建立女装整体框架，具有合理性和必然性。

男装在历经"大浪淘沙"般的岁月洗礼后最终形成礼服、常服、外套、户外服四大类型的格局。根据男装TPO多年来所形成的经典分类，对女装进行划分也沿用此种格局就很容易确定女装设计类别，总体分类特点，男装更具体，女装更加笼统，具体的品种会有明显的性别特征。女装级别最高的是礼服连衣裙，连衣裙和西装处于常服的位置，如果搭配得当可以升至小礼服和礼服级别的套装，搭配休闲元素则级别降低。外套和户外服基本套用男装。配服上装为衬衫，配服下装按照级别依次为裙子、裤子、裙裤，配服的级别要服从于主服，它们的构成格局仍未脱离TPO原则，但设计约束要小于男装（图1-1）。

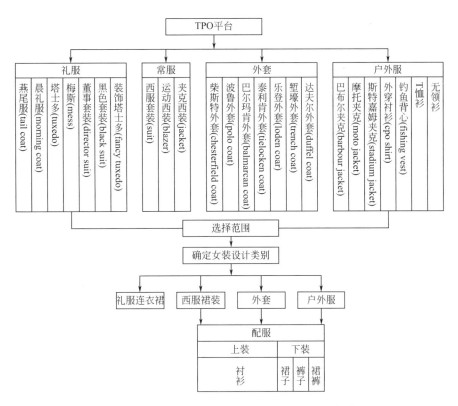

图1-1 基于男装TPO平台建立的女装设计类别

现代女装其实是"男装语言的女性化"发展的结果，因而男装的特质挥之不去，但这并不意味着女装设计个性发挥的丧失，这正是它的魅力所在，重要的是根据女装的特点做相应的格局改变以及具体的结构、款式的深化设计，表现为异化的TPO风格。在此以西装为例，可以作概率的分析就是"在男装中最不能改变的在女装中可以改变"，这是最有效的性别转化（图1-2）。

从格局而言，男西装其实是包含了礼服、常服和休闲西装三个级别在内的，但是女西装则统一将其归于常服级别的设计语言。甚至男装专属的燕尾服和晨礼服也不例外。其品种包含了从塔士多到夹克西装的全部西装类型。女士正式晚礼服是礼服连衣裙，它不属于西装类。在现代社会中，女性在公务、商务生活中多数是以西装作为主服，设计时款式变化灵活但要善于活用男装的规律。

具体到细节而言，运用男士晚礼服的塔士多和梅斯礼服，需要将其缎面驳领改为与主服面料相同。所谓性别转化，即将男装中最不能改变的在女装中改变，也就是局部和衣长的变化在女装设计中几乎没有禁忌，但如果将女装元素向男装回推设计就有大问题了（图1-2）。

三、TPO原理与法则在女装系列设计中的应用

TPO原则作为一种国际惯例从来都不是呆板的，否则它不能维持100多年的历史。TPO原则本身具有变通性和广泛适应性。这不仅体现在其并不排斥各种地域的民族文化，也对性别极度包容，而且表现在TPO规则的建设性，时代的发展变革将与时俱进地为TPO知识系统增加现代感和时尚信息，成为这个规则的生命所在。YLS、LV、Gucci三个女装国际品牌在强调职业女装"酷闪"风格时，白兰度夹克（摩托夹克）是好的选择，因为它是TPO系统中运动夹克的经典，但如何将其女性化要看设计师的智慧了，设计师对白兰度夹克元素进行了准确把握和灵活运用，一是保留了翻领、斜门襟、银色金属拉链的标志性特征，二是强调了女性曲线的塑造，如收腰廓形、超长款或超短款等，这些都是设计师对白兰度夹克元素的继承与发展演绎（图1-3）。在国际品牌的流行趋势发布会中，TPO元素的运用是标志性之一，任何的颠覆和创新都孕

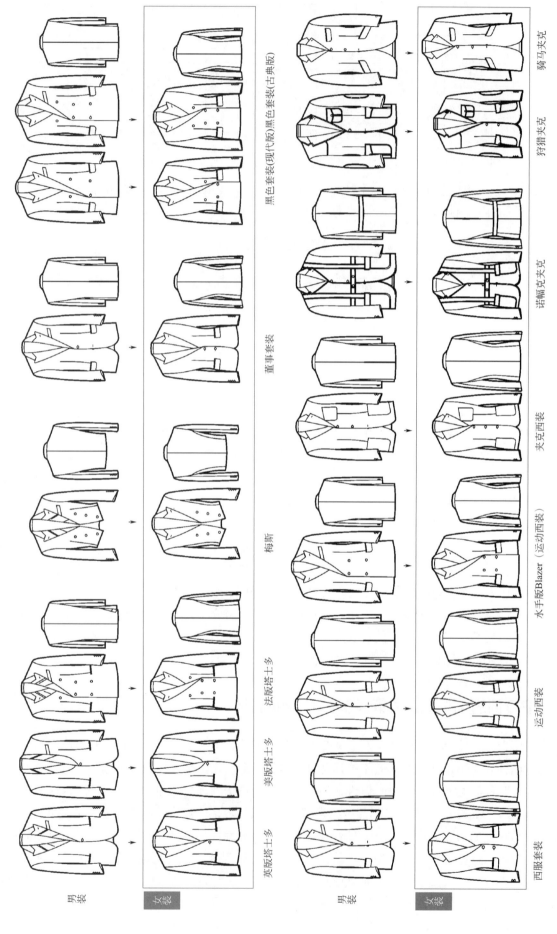

图1-2 基于TPO西服体系男装到女装变化机制

男士白兰度夹克基本款　　Yves Saint Laurent 2009 A/W　　Louis Vuitton 2009 A/W　　Gucci 2008 S/S

图1-3　国际品牌对白兰度夹克的演绎

育于TPO知识系统之中，这点也为女装纸样系列设计提供了成熟而系统的知识平台。那么，女装设计在运用TPO知识系统时如何把握它的度呢？

（一）在TPO原则下女装变通区域大于男装

男女装设计在TPO知识的应用方面具有质的稳定性和量的差异性。质的稳定性是指服装类别区分的基本元素相对的稳定性；量的差异性是指相同级别下对元素应用的层次、深度以及数量方面的差异。对于男装设计而言，重在对规则的遵守，而女装在规则下进行变通的区域更大，有更宽广的自由空间。

当男、女装同属一个类别时，女装设计辐射的区域大于男装。以常服西装为例，男装分为西服套装、布雷泽西装和夹克西装，TPO原则有五条黄金原则，第一，时间、地点、场合；第二，标准款式；第三，标准色；第四，标准面料；第五，黄金搭配。

男装严格遵守这些原则是明智的。但对于女装而言，在颜色、质料以及搭配上要更为宽泛。女装在设计跨度上可以涵盖从礼服西装到常服西装的全域，其元素的流动在它们之间也相对自由（见图1-2）。但是这并不意味着女装可以脱离TPO原则的制约作用，变为"无规则"状态，它必须在TPO的程式下改变，无论如何变化都还是在西装这个区域内，而不能成为户外服，这就是质的稳定性（图1-4）。

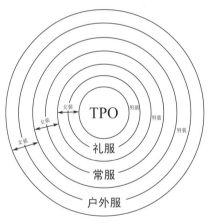

图1-4　在TPO原则下女装变通区域大于男装

（二）在TPO原则下女装适用元素大于男装

在TPO原则下，女装设计的区域大于男装，相应的TPO元素应用量必然也大于男装。具体体现在男装设计中元素的应用是围绕TPO原则上下波动，临近流动，而女装在这个基础上元素应用更加灵活自由。

时任美国国务卿希拉里出访亚洲，各国首脑与希拉里会见时的着装对比是个典型例证。相同的TPO环境，即国事访问，各国家首脑统一选择了上下同质同色的西服套装（Suit），男士的着装明显呈现庄重沉稳的着装风格，程式化、自律化的特征明显。在这样的场合下，女装有三种选择，即连衣裙、调和套装、西服套装。基于场合的严肃性和政治氛围，希拉里选择了以常服西装搭配西裤的组合，较硬朗的男装搭配形式更是灵活，同时又考虑到身为女性自身的特点以及塑造亲民的温和形象，根据与出访国家亲疏远近的国际关系，在着装款式、风格和色彩上作了细致的考虑。着装形制上虽是西服套装的基本框架，但是具体的元素已经发生了明显变化，仅领型就有拿破仑领、戗驳领、俱乐部领等，其他元素更是变化丰富、细致入微。这些变化在男装西服套装形制中是绝对不允许出现的。在色彩方面，希拉里所选择的除了沉稳的深色，还有明亮的宝蓝色和红色，而这些色彩在男士出席正式场合的着装规则中则是禁忌（图1-5）。由此可见，在女装的常服西装设计中，只要是常服体系的元素都可以打破界限，互通流动，但是男装元素的流动仅限于其固定的区域。

李明博会见希拉里

希拉里出访日本

苏西洛会见希拉里

图1-5 在TPO原则下国际主流社交女装适用元素大于男装

图1-6 女装多元素应用的风格特征

通过以上案例可以看出在相同的时间、地点、场合下，男女装对于元素的应用量表现出明显的差异，这充分体现了女装设计造型的结构多变、款式的设计多元、色调的丰富多彩、装饰的变化多端、搭配个性多样等特点（图1-6）。

四、TPO元素流动法则在女装系列设计中的应用

许多人对于女装设计都有"乱花渐欲迷人眼"的困惑，由于不了解规则而对于女装的流行无法解读，甚而觉得服装设计是纯粹的感性发挥，没有任何规律可循，其实不然。众多的服装元素就如同是一道丰盛大餐的各种原料，如何将之烹调成美味佳肴则需要一定的流程和技术。对于服装而言，就是TPO元素流动法则。设计师有序地按照这个法则来组织款式元素，它是人们长期生活方式积淀的知识，因此，它有适应市场和时代审美习惯的机制。相反，脱离了TPO知识系统，就脱离了主流社会的生活方式着装惯例，从而无法与消费者达成共识。

由于女装在应用TPO知识系统时与男装相比禁忌较少，在程式下元素扩充量大，所以如何把握设计的"度"，即不会导致质变的临界点是很关键的。这就要遵守TPO元素流动的基本法则。从时间、空间两个方面对元素的合理支配进行约束和指导，具体可归纳为以下四点。

高级别向低级别流动容易，低级别向高级别流动慎重；

相邻元素渗透、互通容易，远离元素渗透、互通慎重；

时间相同的元素之间流通容易，不同时间的元素之间流通慎重；

男装元素向女装元素流动容易，女装元素向男装元素流动慎重。

依据此法则运用的合理程度可将设计的品位分为四个层级，即讲究、得体、恰当、禁忌。这其实也体现了设计师对于TPO元素的时间、空间流动规律的掌握情况。

就时间规律而言，同是一个时间段的元素流动容易，如日间的着装元素可以互通，但是不可以直接采用晚间的元素，如晚礼服的暴露、装饰、华丽、闪光等元素应用于日间穿着的正装是不合适的。就空间规律而言，如同是一个类别的西装，包括西服套装、布雷泽、夹克西服、黑色套装，礼服的塔士多、梅斯的元素都可以在其中一个系列设计中应用（见图1-2）；在外套中，波鲁外套的元素可以在泰利肯以及达夫尔外套中应用，是因为在礼仪上前者高于后者，同时它们各自元素可以通用是因为它们的级别相近。户外服的元素在应用到西服时却要慎重，是因为低元素向高级别流动难，相反则容易；梅斯和户外服元素无法流动，是因为它们级别相差悬殊，禁忌相对较多。可见TPO元素流动法则对款式系列设计具有普遍指导意义。

五、女装款式系列设计方法

（一）系列设计的总体思路

根据TPO变通适用原理和元素流动法则可以实现系列设计"自我增值"的效果。

确定类型的典型款式，通过拆解元素找出不变因素和可变元素，然后以某个特定元素为切入点展开主题设计。在设计的过程中设计师要在充分考虑面料、色彩和流行趋势的概念化后，导入TPO知识系统，综合女装设计和造型特征，以造型焦点的设计控制系列的主题风格，通过综合元素的系列设计，最终使基本款的价值得到最大化的体现。这种使基本款实现从"1"到"n"，以至无穷的自我增值的款式系列设计方法具有逐步推进的特点，设计路线具有可操作性，设计结果具有可预期性（图1-7）。

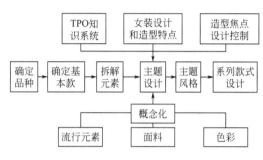

图1-7　自我增值的款式系列设计流程

（二）款式系列设计流程

1.确定基本款

进行系列设计之初，设计师首先需要确定的是每个类别的标准款式，并对其廓形、局部元素以及穿用规则进行详尽的分析。这是由于经典款经过了历史的洗礼和实践的考验，适应了大众的审美习惯而被保留、传承下来的，其构成的综合要素已相当完善。从设计的角度而言，越是高品质的设计，其款式越接近于经典，相反其市场风险就会越大。因此，围绕基本款展开款式系列设计是明智的。

2.主体结构的不可变性与局部款式的可变性

在基本款确定后，要对不变因素与可变元素进行分类，不变因素是指款式的主体结构即廓形相对不变，可变元素是指局部细节元素。系列设计方法就是要在主体结构相对稳定的状态下开展局部系列设计，这需要有很好的纸样设计知识。

不同的服装类型有其特定的廓形范围，在系列设计的实施过程中，设计师需要选择其中一种应用范围最广的廓形作为不变因素。因为廓形一旦被确定了也就意味着系列设计的主体结构和总体风格被限定，这在服装设计中居于首要位置。主体结构通过其不变性的特点为服装设计搭建了一个稳定的平台，这使得可变元素可以通过增减、转换、分离、重组等手法，在统一的风格中又有丰富的变化，这样以群体的完整统一与局部的有序变化形成了一种相互联系又相互制约的关系。所以，从设计伊始，纸样设计技术就渗透着以结构作为重心的款式设计思路。

3.可变元素的打散重构

进入可变元素的打散重构阶段，就是将基本款的构成元素按照其重要性依次展开针对性的主题设计，使得设计形态呈现连续性面貌。在此过程中，可变元素被拆解的越细、越多，被解读的越深入，设计过程就会越得心应手，未来的设计空间也就越大。局部可变元素通过大小、长短、疏密、强弱以及正反等形式上的差异，可以使得个体既相互联系又互不雷同，形成鲜明的个性。以旗袍为例，其在廓形为S型不变因素的限定下，通过款式的拆解，按元素重要性依次排列，可以得到领、门襟、袖、分割线、下摆、开衩、褶、工艺、图案等元素，将这些元素逐个做主题设计，即可得到不同的款式系列。值得注意的是，训练要从单项元素用尽开始到多项元素配合用尽结束的渐进方式进行（图1-8）。

4.综合元素设计

逐个对可变元素进行系列设计，其形式较为单一，但这是系列设计的必经阶段，当这个"单项元素用尽"的阶段经过综合元素用尽的系列设计环节后，就会使得系列中各单体的差异性日益扩大，从而上升至内涵丰富的个性层面。这时，系列设计呈现加速变化，款式数量呈倍增态势，设计从进化到优化得以实现，也为最终的成衣产品开发提供了足够的选择空间和中选率。综合元素系列设计共分以下三个类型。

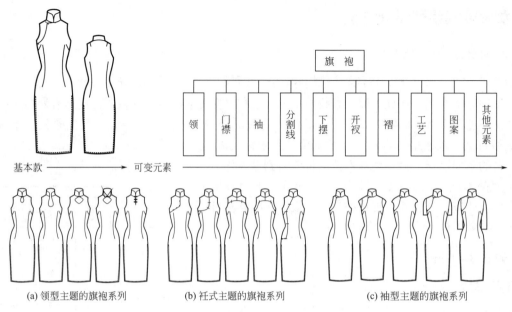

图1-8 旗袍可变元素"单项元素用尽"实例分析

（1）横向拓展——主体稳定，两个以上元素组合的系列设计

系列设计始于类型主体确定局部元素变化方法，通过遵循造型焦点的设计原则可以形成主要局部元素（两个或三个元素的主题结合）的二次设计。如旗袍主体稳定，领型与衽式结合，衽式与袖型结合，领型与袖型结合，最后是三者元素综合设计（图1-9）。

图1-9 旗袍综合元素设计横向拓展系列设计

（2）纵向拓展——局部元素相同，不同品种元素组合的系列设计

寻找局部元素相同的不同品种进行元素的结合设计。如外套类的设计，可以通过"共性元素保留，异性元素置换"的方法，将款式风格接近的品种进行组合设计。如柴斯特菲尔德外套与巴尔玛肯外套的结合中，二者标准元素都是暗门襟，将它们保留下来，其他不同的元素就可以在它们之间进行置换，如图1-10（a）所示。在其他两个结合中，由于出行版柴斯特外套和波鲁外套、泰利肯外套都具有双搭门的共性予以

保留，其他异类元素可以通过领型、袖口、腰带等元素形成置换设计。这个类型的设计使经典款得到更多的附加值，形成"1＋1>2"的款式创新，即通过不同品种元素的置换得到一种传统品种自身焕发活力的新颖款式，如图1-10（b）、（c）所示。这个阶段的元素集群呈现再次被扩充的趋势。

（3）综合横向、纵向元素组合系列设计

这种设计类型是使"自我增值的款式系列设计"最终达到由"必然王国进入自由王国"的训练手段。从保留"原生态"的TPO知识系统的应用，到综合运用横向与纵向多个品种元素组合的深度设计，使系列设计进入了复杂的创新阶段，将引领设计师进入到"创新无限"的设计境界。在这个过程中，造型焦点的控制至关重要。

(a) 标准版柴斯特+巴尔玛肯外套

(b) 出行版柴斯特+波鲁外套

(c) 出行版柴斯特+泰利肯外套

图1-10　柴斯特菲尔德外套与纵向品种元素结合款式系列设计

（三）款式系列设计造型焦点的控制

款式系列设计造型焦点的控制，首先在整体上不能出现两种廓形以上的主体结构，其次局部可变元素要培养可拓展和相对成熟的造型焦点。

当主体廓形被确定之后，其相应的工艺流程也会随之被确定。这样，即使局部元素发生变化，也只是增加了工艺操作的数量，本质上并没有改变工序的稳定性。一旦在系列设计中改变了主体廓形，那么整个工艺流程也要随之变化。这一方面会降低了效率，另一方面也增加了成本。如合体服装与宽松服装，不同面料质地的过度反差等，不仅使系列风格不统一，在工艺上会有很大差别，无形中增加操作的复杂性，这就是工业化生产为什么必须选择系列化设计的原因。

另外，尽管局部可变元素可以有多种变化，但其也有限制条件，局部可变元素的设计也要以不改变主体的工艺为原则，否则生产将困难重重。因此，系列设计造型焦点的控制不仅是设计的需要也是经济和生产的考量。

系列设计要遵循宾主原则，突出造型焦点，当"设计眼"（造型焦点）在系列设计中形成后要反复使用，切忌多个设计眼全面开花、面面俱到。

在综合元素的系列设计中，并不是要所有的元素都齐头并进地发生变化，而是要选择其中某两个或三个具有发展前途的主要元素作为"设计眼"，然后有重点、有层次地推进（见图1-8、图1-9），否则将会使得整个设计如一盘散沙，失去表达的重心，继而失去系列设计的个性风格。造型焦点因不同的服装类型有所不同，如Y型裤的设计重点集中在腰臀部的变化，相对应的裤脚以及其他的元素就变得次要一些；衬衫的造型焦点集中在领型和袖头元素的变化；外套可能有很多焦点，但必须使某个焦点凸显出来（见图1-10）。这些都需要设计师根据具体的类型做针对性的考虑，有的放矢地展开设计。这种宾主原则也体现在"重前轻后"的原则上，即将前身作为设计重点，使后身保证有良好的功能性、呼应性上。但这并不排除选择后身的造型焦点作为主题，重要的是这是否更有效。

设计眼所要体现的就是"细微之处见精神"，造型焦点的设计方法就是通过对于局部可变元素的细节推敲而获得设计的独特性，产生美妙的情趣而不落俗套。所以要优化服装结构，摒弃纯装饰因素，使得工艺简化，生产优化，保证产品开发的良性循环，实现最低的成本，达到最佳的效果。客观上款式系列设计造型焦点控制的好坏，关键取决于纸样设计技术掌握的程度。

六、女装纸样系列设计方法

系列款式设计和系列纸样设计是相辅相成、相得益彰的，只有具备了扎实的纸样技术，才会使款式设计具有由内而外的成熟感、专业感，才能成为耐看的设计作品，从内在结构出发，以理性构思掌控需要艰苦的内功训练。因此，纸样设计技术是款式设计的内核，否则款式设计就会变成无源之水、无本之木。"逐级递增"的纸样设计方法是对由内而外的基本纸样、亚基本纸样和类基本纸样系统的高度提炼和总结，也是对"自我增值"款式系列设计的技术支持和内在保证。

（一）基本纸样系统

"逐级递增"是指从基本纸样到亚基本纸样再到类基本纸样并最终实现系列纸样设计的原理机制。事实上，这个"原理机制"又渗透在每个局部的系列变化规律中，它很像原子分裂模型，实现了从基本纸样、亚基本纸样、类基本纸样到纸样系列的板型群不断扩大的几何级数递增模式的完整系统（图1-11）。

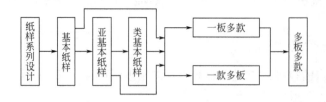

图1-11 "逐级递增"的纸样设计系统

1.基本纸样

基本纸样是女装纸样系列设计的基础和初始板，其松量设计处于中间状态，根据大的分类，分为上衣基本纸样、裙子基本纸样和裤子基本纸样，这是进入不同类型亚基本纸样的原型（图1-12）。

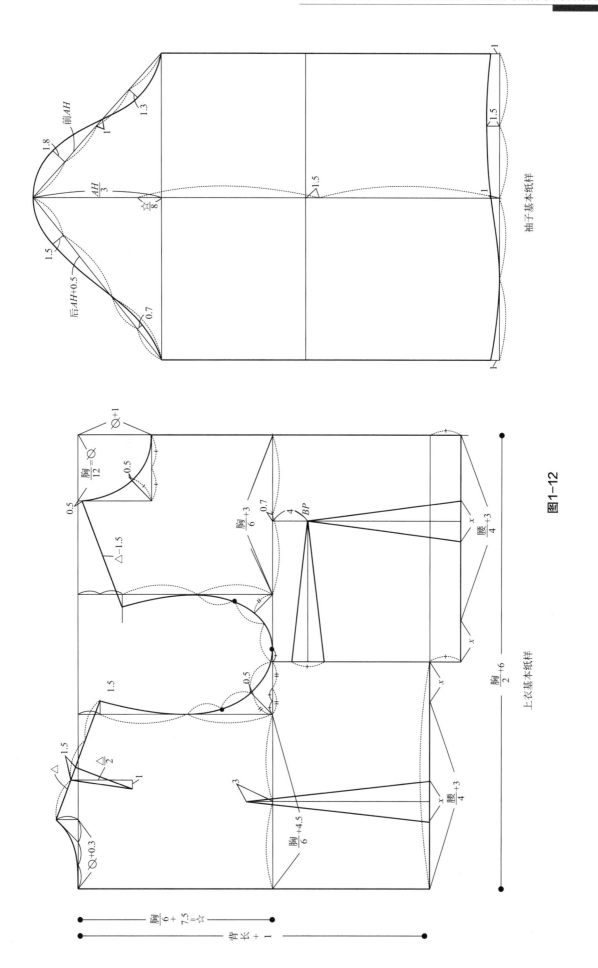

图1-12

袖子基本纸样

上衣基本纸样

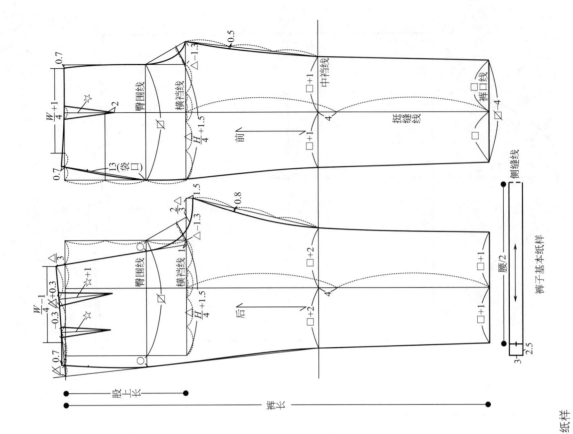

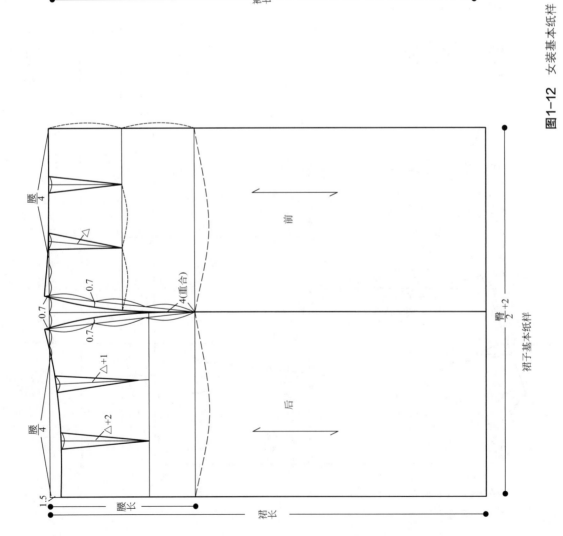

图1-12 女装基本纸样

2.亚基本纸样

亚基本纸样是在基本纸样基础上根据亚类型服装特点，如外套类、户外服类等需要派生出亚基本纸样才能进入类亚基本纸样。亚基本纸样大致分为三类，第一类是在基本纸样标准放量基础上，做少量浮动完成的套装亚基本纸样，因此基本纸样也视为套装类基本纸样；第二类是增加放量的相似形外套类和变形休闲装类；第三类是减少放量的亚基本纸样，即采用少于基本纸样松量的结构设计，适合较贴身的衬衫、连衣裙、礼服和内衣类，尤其是礼服和内衣类要采用净尺寸甚至小于净尺寸结构设计（图1-13）。

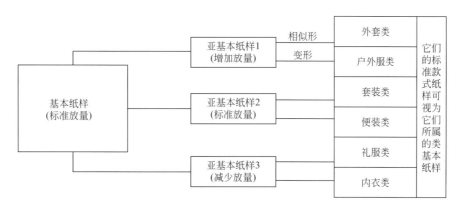

图1-13 基本纸样系统

3.类基本纸样

类基本纸样系统是在亚基本纸样确定的基础上选择某种服装的典型款式进行结构设计。由此被确认的样板视为类基本纸样（图1-13）。这个系统中不同的基本纸样，根据各自的特点进入方式也不同，一般放量过大的，如外套类、户外服类都要通过亚基本型环节进入类基本纸样进行纸样系列设计，即进入一款多板、一板多款、多板多款方法应用阶段。对应于款式系列设计，就是可变元素的主题系列设计与综合元素系列设计在纸样设计中的表现（见图1-11）。

（二）纸样系列设计方法的三种表现形式

纸样系列设计方法有三种表现形式，即一板多款、一款多板和多板多款。

1.一板多款——固定主体结构，变化局部元素

在选择纸样系列设计的主体时，一般选择一种廓形。之所以如此，是因为每种廓形都有相应稳定的结构，局部元素与主体结构具有相辅相成的共生关系，主体一旦被改变，那么局部元素的相关性由于结构环境改变而失去了对应的条件。必须强调的是，在进行一板多款的纸样系列设计之前，必须要明确其主体结构，这和"自我增值"的款式系列设计方法所提出的"不变因素"相匹配。

一板多款就是在主体结构的框架下，通过变化局部元素的设计实现女装的多样化。如在西装六开身X型主体结构基础上改变领型、袖型、口袋、门襟等局部元素的纸样设计（图1-14）。

2.一款多板——变化主体结构，局部元素稳定

一款多板是指款式局部细节元素相同，主体结构变化的系列设计方法。以西装为例，在保持其中某个局部元素不变情况下如领型、袖型、门襟、口袋、衣长等不变的一种款式，改变其主体从合体型到宽松型的不同造型状态，即以合体型六开身X型为类基本纸样，向两端拓展产生大X型和H型过渡，再以H型作为宽松型类基本纸样衍生出Y型、A型和伞型，这就是典型的一款多板的纸样系列设计过程（图1-15）。这种板型应用的规律适用于女装的所有类型，并可通过举一反三得到每个品种的一款多板纸样系列设计，如外套的一款多板系列、外穿衬衫的一款多板系列等（内容详见下篇训练部分）。

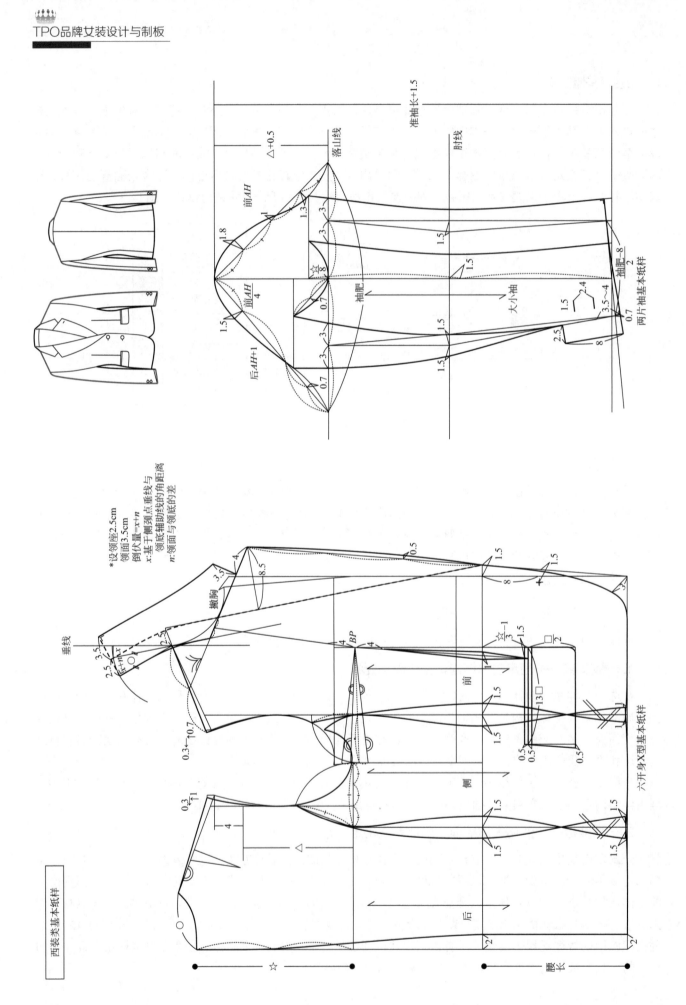

准袖长+1.5

△+0.5

落山线

肘线

前AH

1.8

1.3

3

3

1.5

前AH/4

0.7

1.5

袖肥

1.5

大小袖

1.5

1.5

2.4

3.5～4

袖肥-8/2

1.5

1.5

2.5

8

0.7

后AH+1

1.5

0.3

0.7

两片袖基本纸样

*设领座2.5cm
领面3.5cm
倒伏量=x+n
x:基于侧颈点垂线与
领底辅助线的角距离
n:领面与领底的差

垂线

3.5

撇胸

8.5

0.5

1.5

1.5

8

2.5

2.5

3.5

0.3～0.7

BP

4

4

☆-1/3

1.5

□/2

前

1.5

-13□

1

侧

1.5

0.5

0.5

0.5

六开身X型基本纸样

0.3

4

△

1.5

1.5

后

1.5

1.5

2.7

2

西装类基本纸样

☆

腰长

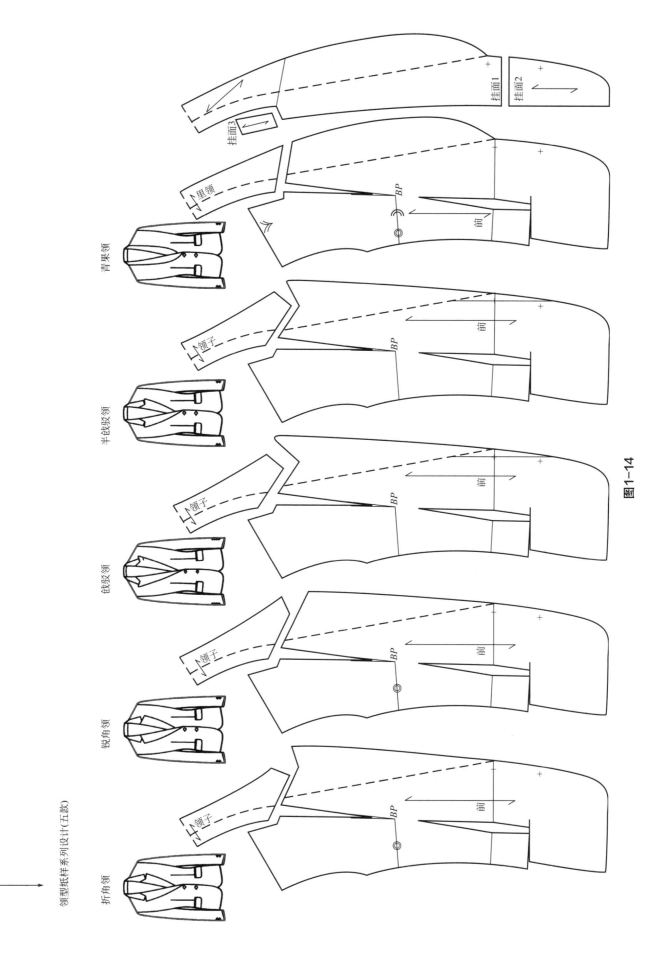

图1-14

挂面1

挂面2

挂面3

里领

青果领

领子

半戗驳领

领子

戗驳领

领子

锐角领

领子

折角领

领型纸样系列设计（五款）

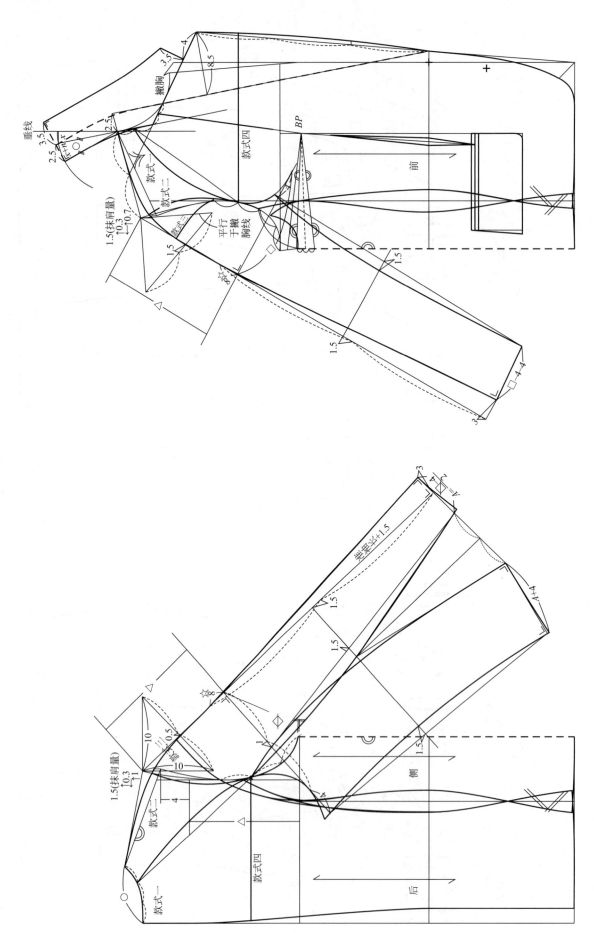

注：选择其中一个领型进行袖子的系列设计，当然五款领型都可以运用在这个袖子系列设计中，这样就会出现20款西装系列纸样设计，这里只提供了其中四款。

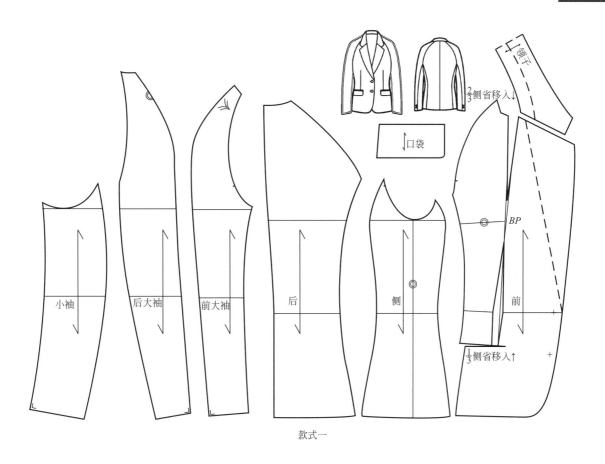

款式一

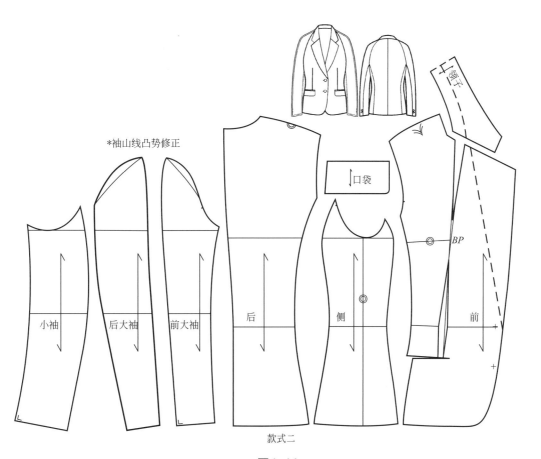

款式二

图1-14

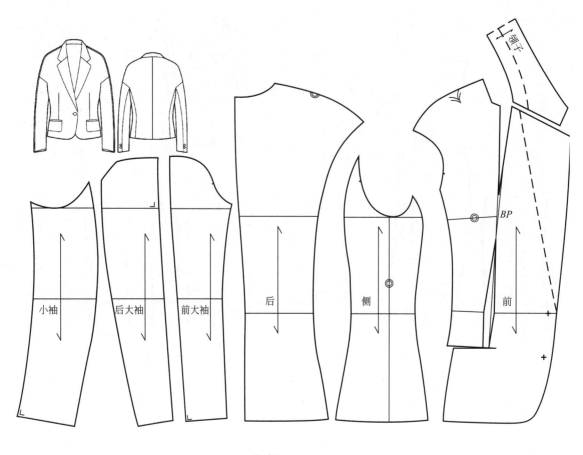

款式三

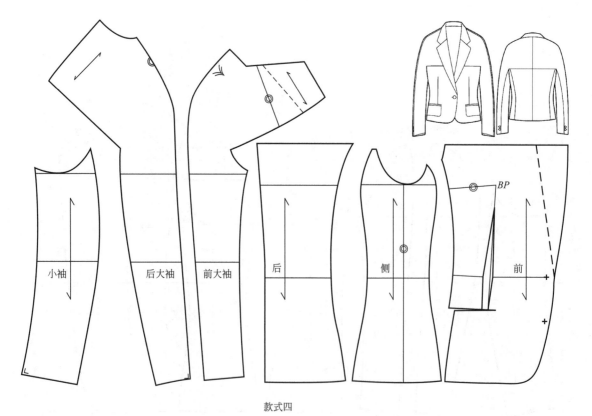

款式四

图1-14 一板多款纸样系列设计西装实例（四款）

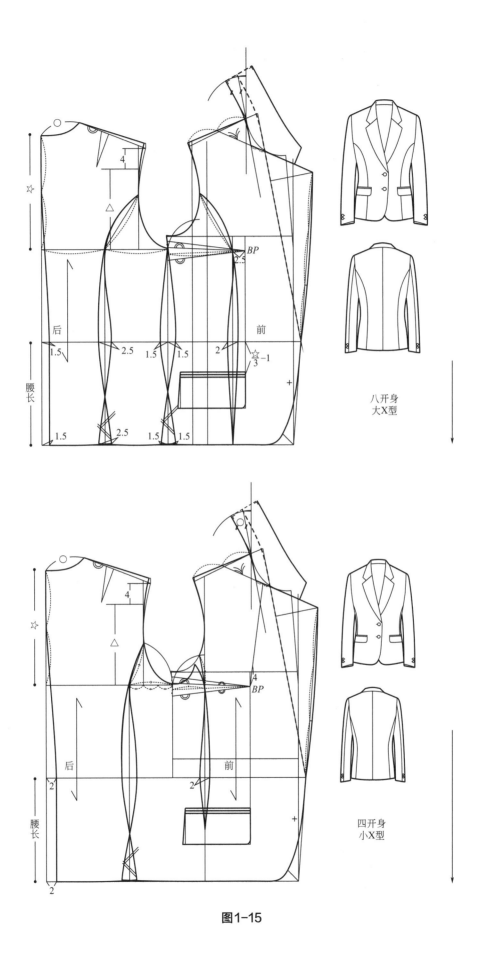

八开身
大X型

四开身
小X型

图1-15

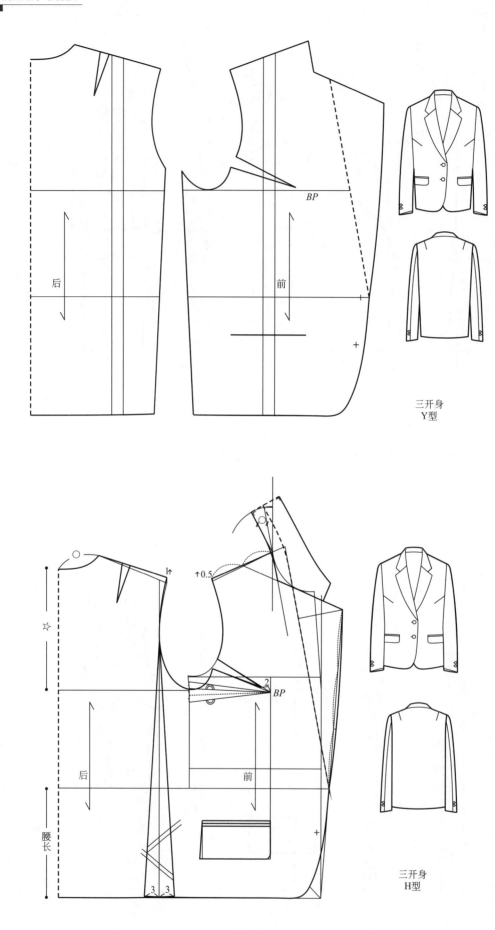

三开身
Y型

三开身
H型

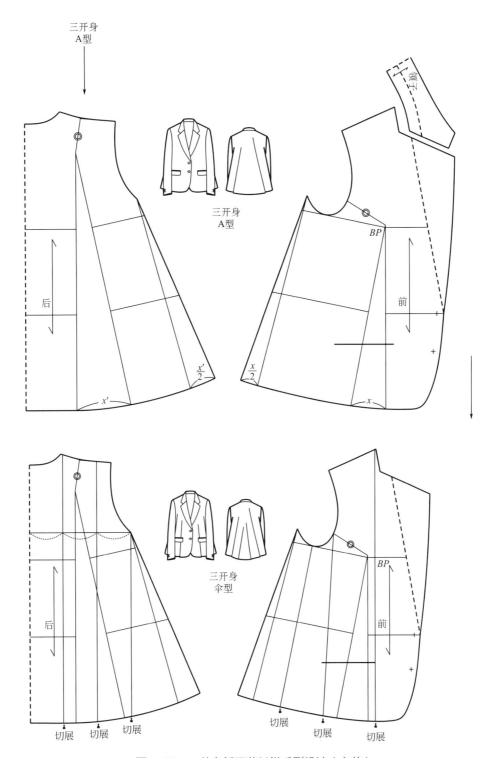

图1-15 一款多板西装纸样系列设计（六款）

3.多板多款——既改变主体结构，又变化局部元素

将一板多款、一款多板这两种设计方法结合起来，使主板结构和局部元素协调设计，如在西装主板的各种开身中变换各种局部元素包括领型、门襟、衣摆、袖型、口袋等，从而实现西装多板多款的系列纸样设计（图1-16～图1-31）。

"逐级递增"的女装纸样系列设计方法，不同于传统的经验式、单一式的方法，是经过对现代成衣系列设计、技术、国际惯例、生产实践的综合分析总结的系统理论，大量的实验证明了它的实效性和可靠性。

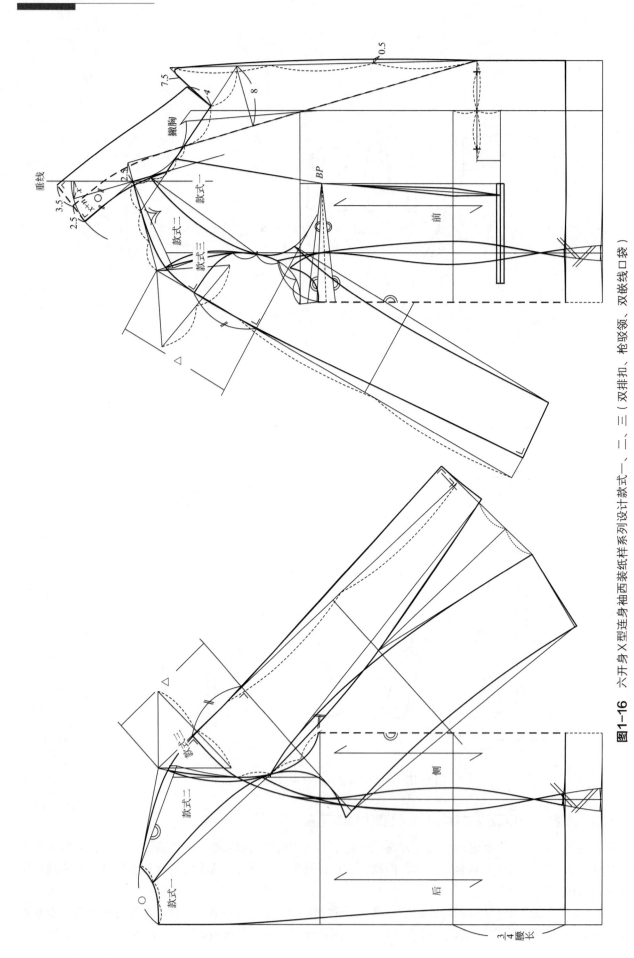

图1-16 六开身X型连身袖西装纸样系列设计款式一、二、三（双排扣、枪驳领、双嵌线口袋）

0.5

7.5

4

8

撇胸

垂线

3.5

2.5

款式一

款式二

款式三

BP

前

侧

后

款式三

款式二

款式一

$\frac{3}{4}$腰长

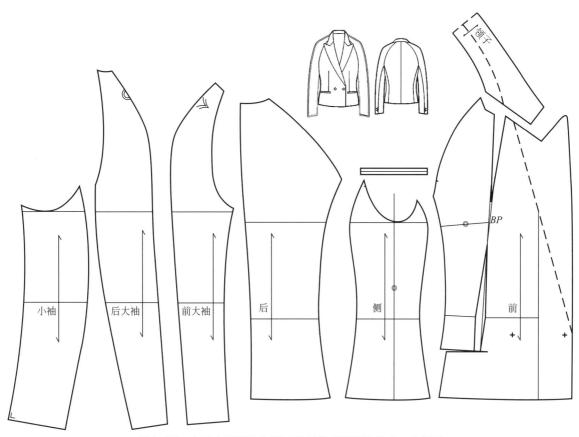

图1-17　六开身X型连身袖西装纸样系列设计款式一分解图

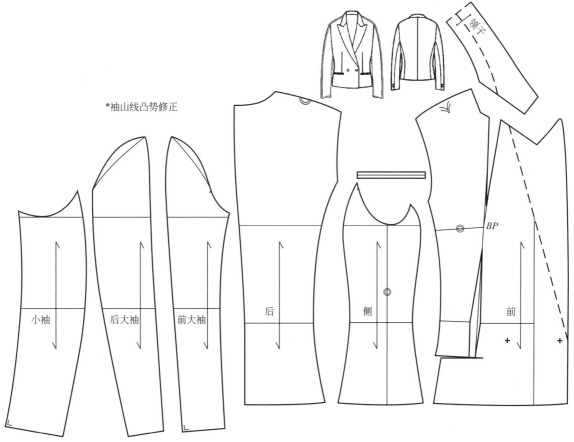

图1-18　六开身X型连身袖西装纸样系列设计款式二分解图

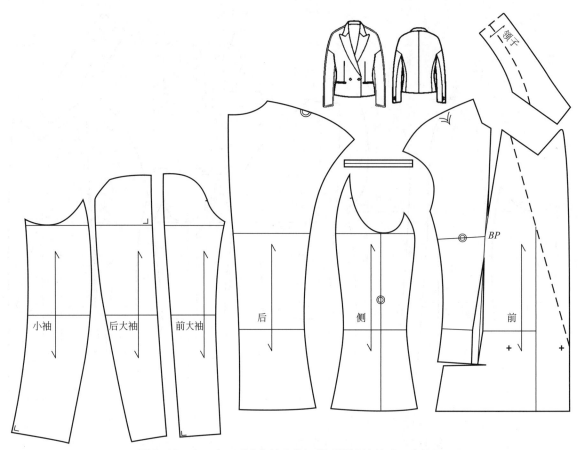

图1-19 六开身X型连身袖西装纸样系列设计款式三分解图

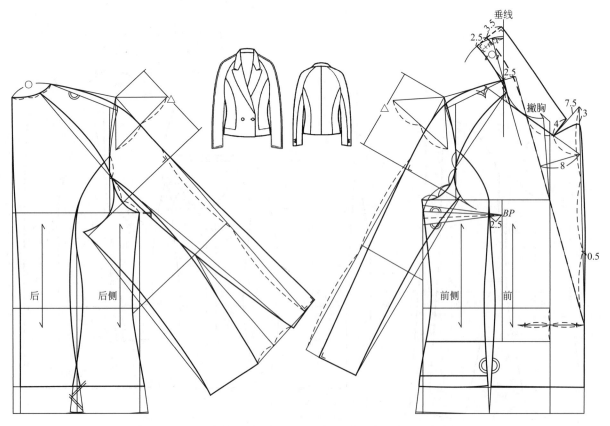

图1-20 八开身大X型连身袖西装纸样系列设计款式四（半戗驳领）

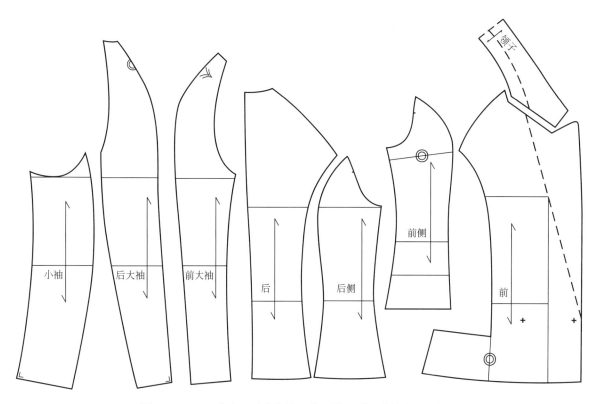

图1-21　八开身大X型连身袖西装纸样系列设计款式四分解图

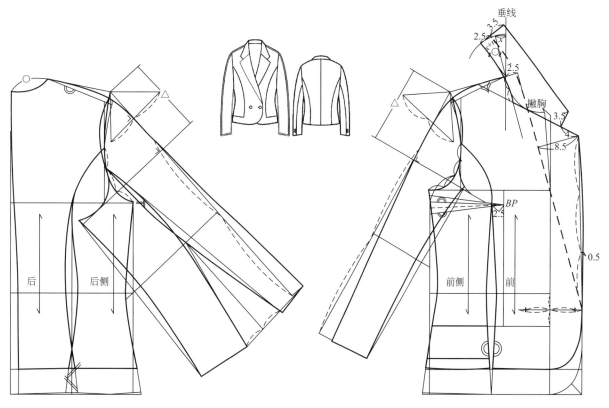

图1-22　八开身大X型连身袖西装纸样系列设计款式五（平驳领）

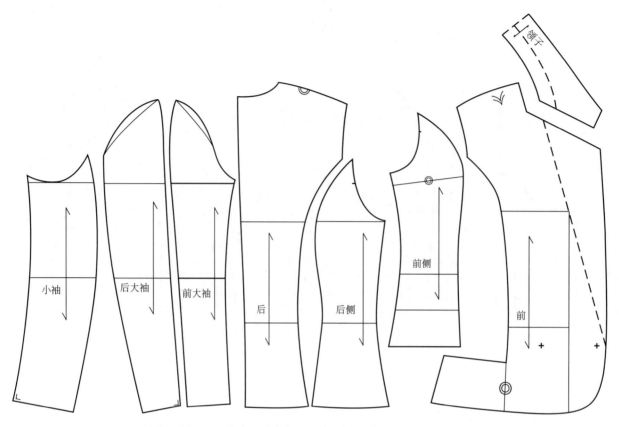

图1-23 八开身大X型连身袖西装纸样系列设计款式五分解图

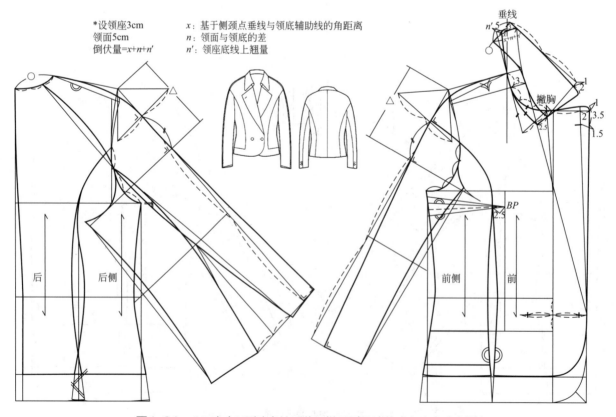

图1-24 八开身大X型连身袖西装纸样系列设计款式六（拿破仑领）

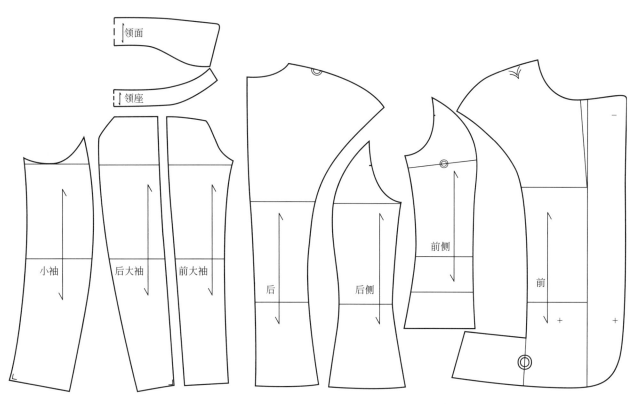

图1-25　八开身大X型连身袖西装纸样系列设计款式六分解图

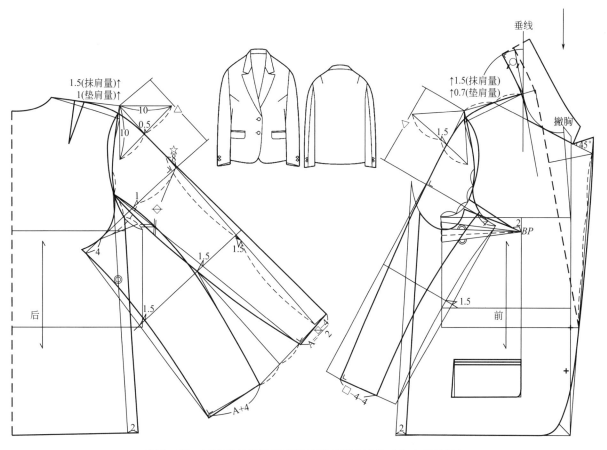

图1-26　四开身H型装袖西装纸样系列设计款式七（折角领）

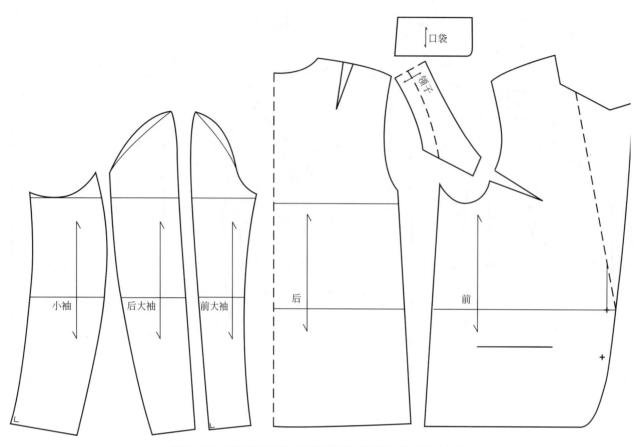

图1-27　四开身H型装袖西装纸样系列设计款式七分解图

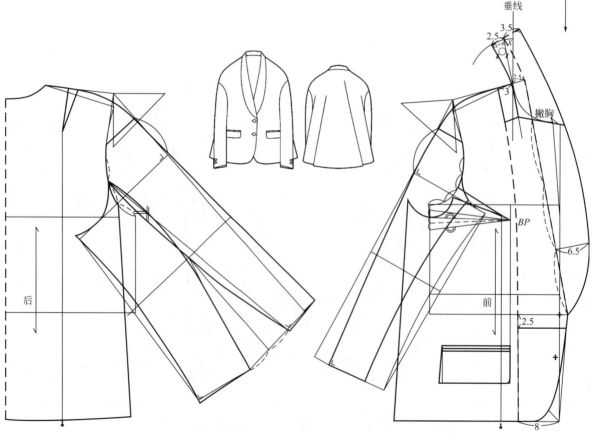

图1-28　三开身A型落肩袖西装纸样系列设计款式八（青果领）

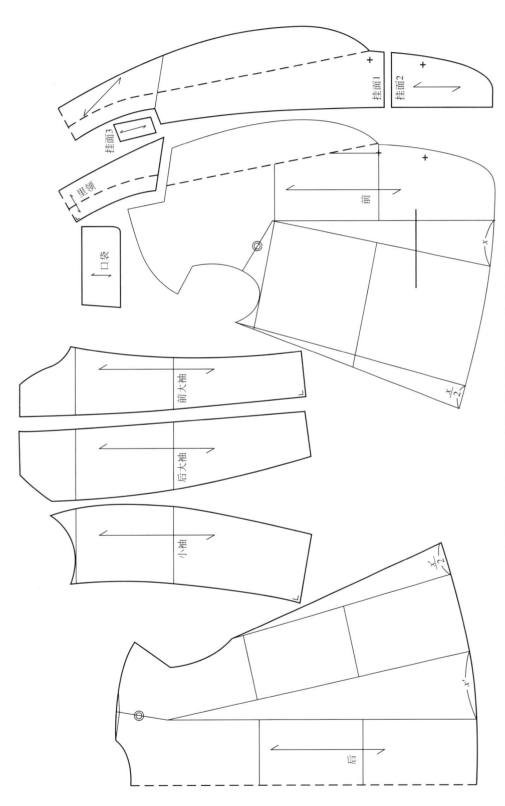

图1-29　三开身A型落肩袖西装样系列设计款式八分解图

挂面1

挂面2

挂面3

里领

口袋

前

前大袖

后大袖

小袖

后

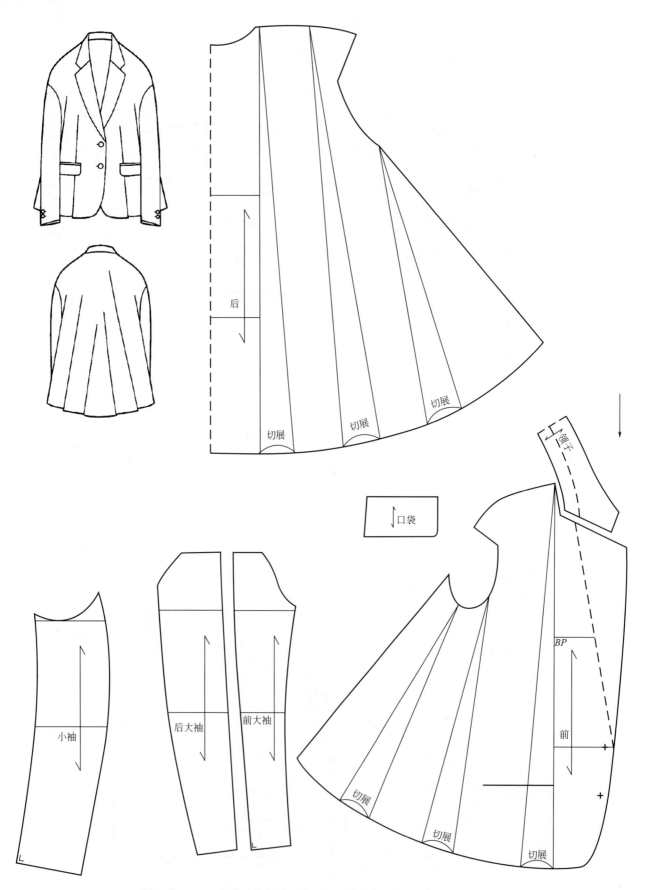

后

口袋

小袖

后大袖　前大袖

切展

切展

切展

切展

切展

切展

切展

领子

BP

前

图1-30　三开身伞型落肩袖西装纸样系列设计款式九分解图（平驳领）

第二章 ◆ 裙子和裙裤款式与纸样 系列设计方法的应用与训练

按照TPO的级别划分下装由高至低依次为裙子、裤子和裙裤，三者的内部结构规律保持着一定的客观联系，如腰省设计的通用性，腰、臀部结构设计的一致性。在系列纸样的技术处理上裙子和裙裤更加接近。所以，以裙子的简单结构开始，过渡到裙裤纸样系列设计的深度训练，对于裤子品种的展开具有举一反三的示范作用。

一、裙子款式系列设计

裙子作为女性最常穿着的服装品种，虽然它的结构简单，却变化丰富。作为配服，通过和不同礼仪级别的上衣进行组合，可以细分为礼服类、职业类与休闲类。

用于制作裙子的面料范围广泛，可根据设计的款式、用途和季节等因素进行选择。夏季多采用轻薄、柔软的面料；冬季多选择较为保暖的织物。另外，根据穿着场合和廓形的差异，面料的应用也不同。如紧身裙，由于本身没有多余的松量，稍有运动，裙子就容易变形，所以要选择紧密结实、耐磨而有弹性的面料。当裙子的下摆设计比较宽阔时，多采用轻薄飘逸的柔软面料，如设计褶皱裙时，要综合考虑褶的构成形式来确定面料，比如普力特褶裙类需经热定型处理，则必须选择不易变形的化纤混纺织物。

裙子的款式设计都是在其廓形的基础上展开的。裙子的廓形变化依据裙摆的阔度进行划分，其基本形态分为H型、A型、斜裙、半圆裙和整圆裙（图2-1）。根据确定基本款式、保持主体结构稳定、局部元素打散重构到综合元素设计的款式系列设计流程方法，H型裙被确定为基本款。

H型可变元素有腰位、裙长、下摆、分割线和褶5个主要元素（图2-2），通过对各构成元素的分析，可以得到数量可观的主题系列设计。

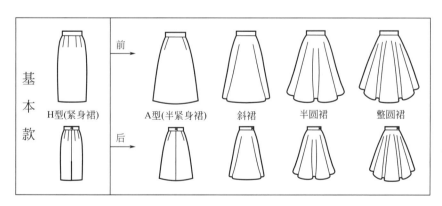

图2-1 裙子基本廓形

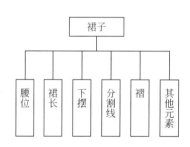

图2-2 裙子可变元素拆解

（一）腰位主题设计

裙子的腰位是指以裙子（包括裤子、裙裤）的正常腰线位置为准上下浮动的腰线设计。按结构可细分为连腰型和绱腰型，在此基础上又可以有高腰裙、低腰裙、背心裙等不同形式。如果腰位的变化结合育克进行设计，那么系列款式数量就会乘一个系数（图2-3）。

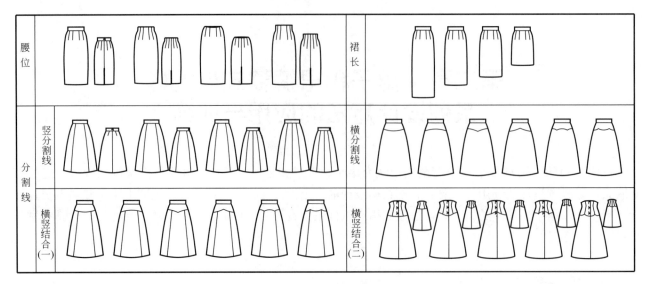

腰位		裙长	
分割线	竖分割线	横分割线	
	横竖结合（一）	横竖结合（二）	

图2-3 裙子腰位、裙长、分割线主题款式系列

（二）裙长、下摆主题设计

裙长一度被认为是时代经济的晴雨表，事实上裙长受TPO元素影响最大，长裙一般用于礼服，中长裙用于常服、职业装、越短裙便是专业化的。裙子的下摆亦受TPO的制约，并随着流行趋势的不同，呈现由宽到窄，由窄到宽，时长时短，周而复始的变化（图2-3）。

（三）分割线主题设计

裙子的分割线分为竖分割线和横分割线以及横竖分割线相结合。竖线分割裙其实就是从纵方向剪开并缝合的多片裙，依设计可有五片、六片、七片、八片等单数或者双数的拼接。育克是横线分割的特殊形式，是指在腰臀部作断缝结构所形成的中介部分。育克设计可通过上弯、下弯等不同曲度的变化来表现女性臀腰的曲线特点。如果和竖线分割相结合，则会极大丰富它的表现力。在进行分割线的设计时要遵循合体、实用功能和形式美的综合造型原则，另外要注意采用较为挺括的素雅面料，避免用柔软飘逸的花色面料，以防被破坏拼接后的线条效果不佳（图2-3）。

（四）褶主题设计

分割线和褶是裙子款式变化的主要因素，也是裙子纸样系列设计的基本结构因子。褶在结构上与省、分割线具有相同功能，即塑造形体，但褶比省、分割线更有独特之处，它是裙子设计中最具有表现力的元素。

褶大体上分为两类，即自然褶和规律褶。自然褶又可细分为波形褶和缩褶。自然褶具有随意性强的特点，会产生华丽的、跃动的韵律美感。规律褶分为风琴褶（普力兹褶）和塔克褶，规律褶强调秩序感，有稳定、严整的庄重感和规整感（图2-4）。

以褶为主题展开的款式系列，就是针对不同褶的特点进行的变化。在裙子主体结构不变的情况下，在裙子下摆处通过不同曲线分割结合波形褶设计得到利于行走的波形褶系列。缩褶对分割线的依赖性强，在高腰、前门襟元素不变的状态下，缩褶通过与育克的不同分割结合设计可以得到不同的视觉效果。风琴褶对工艺要求严格，特别要有纸样设计与技术的支持。塔克褶又称作活褶、褶裥，这种褶仅从腰部固定，其余部分呈现自然状态，褶裥根据设计可以向中线倒，或向两侧倒。塔克褶与口袋元素结合的设计，随着褶的弧度变化以及追加量的增加，形成巧妙的设计变化，也表现出它完全由纸样设计呈现的款式外观。

褶的位置、分量、数量以及折倒的方向都是褶设计需要考虑的，一旦其中一项发生变化，那么褶裥最终的状态也会有差异。当褶随着人体运动，结合不同的面料，在视觉上会产生意想不到的灵动感和多变性，从而让人产生丰富的联想。

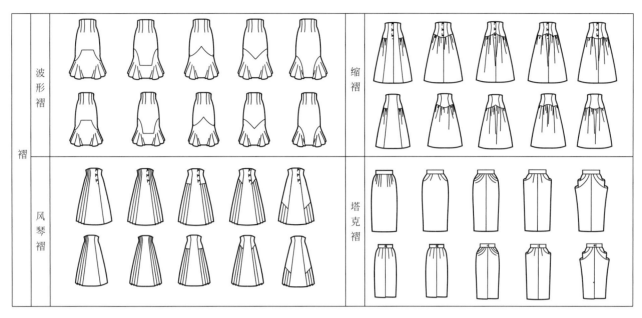

图2-4　裙子褶主题的款式系列

（五）综合元素主题设计

裙子的设计除了以上基本元素的变化外，还可以综合其他元素设计，如鱼尾裙、加衩裙，结合带、襻以及平面图案元素的综合设计，样式系列将会无穷无尽。

通过裙子可变元素的主题系列设计，可以看出款式系列设计的变化呈现"自我增值"的趋势通过实证的演示已非常明显。在此状态下，再加入新元素，系列款式就会呈现枝繁叶茂的效果。

在遵循造型焦点的设计原则下，以A型裙作为主体结构，以育克与褶的设计作为设计眼，通过褶的类型、数量以及分割线的变化呈现出有序演化的状态，各款式环环相扣的递进路线显而易见，"自我增值"的设计优势明显。如果以H型紧身裙作为不变因素，围绕口袋与不同曲度的育克结合的造型焦点设计，就能得到极具个性风格面貌的款式系列（图2-5）。

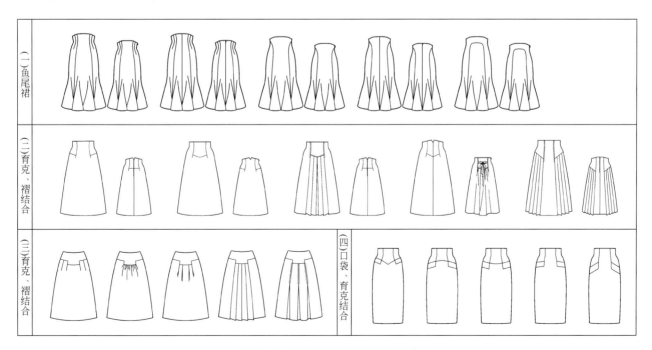

图2-5　综合元素主题的款式系列

二、裙子纸样系列设计

（一）裙子基本纸样

裙子纸样系列设计是通过一板多款、一款多板和多板多款的方法实现的，而这一切是建立在基本纸样系统之上的。因而获得裙子基本纸样是这一切的开始。

裙子的基本纸样是根据H型廓形设计的。一半制图为1/2臀围加2cm的松量，裙长到膝线位置，裙摆为直线，前后身有两个省。结构虽简单，但它是展开裙子纸样系列设计的廓形和局部结构设计的基础（图2-6）。

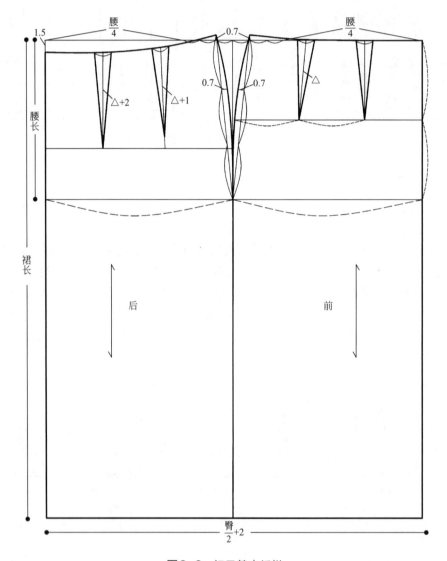

图2-6　裙子基本纸样

（二）基于廓形的一款多板裙子纸样系列设计

一款多板裙子纸样系列设计是将款式相对固定，通过省变化下摆和切展增摆技术实现裙子不同廓形的系列设计。裙子的廓形变化有自身的规律性和秩序感，从表面上看，影响裙子外形的是裙摆，其实制约裙摆的关键在于裙腰线的构成形式，即腰线的曲度。从紧身裙到整圆裙的结构演变，实际上是腰线从偏直到偏弯曲的变化结果。

　　紧身裙在基本纸样的基础上，根据腰臀差量大于腰腹差量的特点，在省总量不变的情况下，将前片靠近前中的省剪掉0.6cm给后片靠近后中的省。整体为后片断开前片归整的三片裙结构，后片上端绱拉链，下端因为紧身裙处于贴身的极限，裙摆宽度不利于活动，所以设计开衩增加活动量以便于行走（图2-7）。

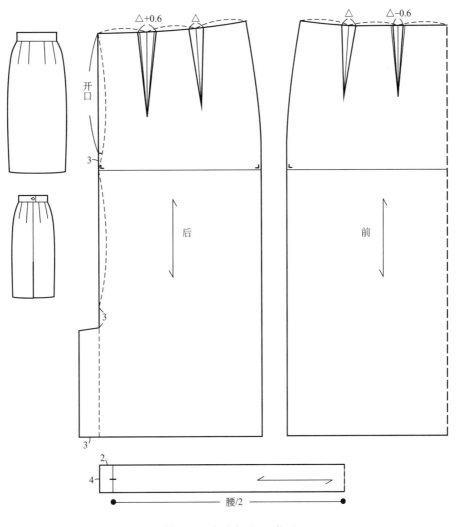

图2-7　紧身裙（H型裙）

　　A型裙即半紧身裙，是在基本纸样基础上将前后各片两省中的其中一个省合并转移至下摆，并在侧缝增加转移省至下摆打开量的1/2。前、后片各保留另一个省，将位置移至各裙片的1/2处（图2-8）。

　　斜裙的设计是将腰臀省延长至臀围线，然后将所有省合并转移至下摆，从而达到腰臀部合体、下摆加大的目的。从紧身裙到A型裙再到斜裙的演变完全是依据省移的原理完成的，随着腰臀省从有到无，下摆随之呈现由窄变宽的有序变化（图2-9）。

　　半圆裙与整圆裙的纸样设计有三种方法。第一，可在斜裙的基础上通过切展的方法完成，只要均匀的增加裙摆，依据需要增加的幅度达到半圆裙与整圆裙的设计。第二，可以设计一个一定裙长为长，宽为1/2腰围的矩形，通过切展的方法，改变腰部曲度，加大裙摆来完成半圆裙与整圆裙。第三，通过求圆弧半径的数学公式来获得，即确定腰围半径求裙腰线的弧度。不过无论哪种方法，在前后片的处理上，都要将后中线降低1～1.5cm，从而取得裙摆成型后的水平状态（图2-10、图2-11）。

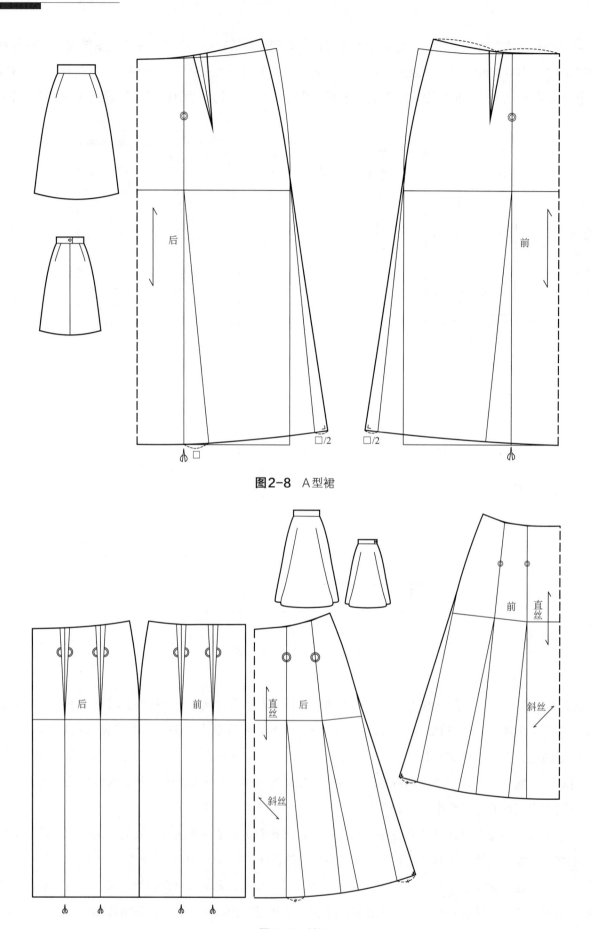

后

前

□/2

□/2

□

图2-8 A型裙

后

前

直丝

直丝

后

斜丝

斜丝

前

图2-9 斜裙

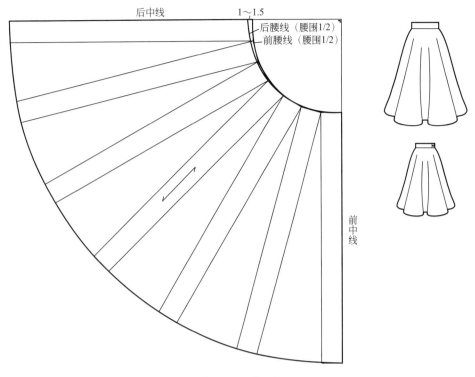

图2-10　半圆裙

AO:求腰弧长半径(整圆)

$$AO=\frac{腰围}{6.28}$$

6.28=2π

AD:求半圆腰弧长半径，连接*D*、*B*点，作直线

$$AB=\frac{整圆前腰围}{4}$$

$$AB'=\frac{整圆后腰围}{4}$$

$$AC=\frac{半圆前腰围}{4}$$

$$AC'=\frac{半圆后腰围}{4}$$

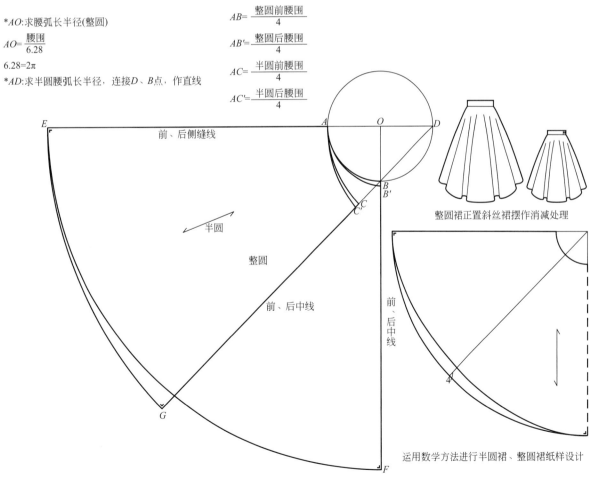

整圆裙正置斜丝裙摆作消减处理

运用数学方法进行半圆裙、整圆裙纸样设计

图2-11　运用数学公式获得的半圆裙、整圆裙纸样设计

在确定基本纸样的基础上，遵循造型焦点的设计方法，通过改变局部元素的设计即可开展一板多款的设计。一般来讲，一种元素适宜H型，却不一定适宜于其他廓形的设计。每种廓形都有自己相应的结构，当处于H型和小A型状态下，腰臀部合体的结构性，决定了造型焦点的设计集中于此。而当H型转化为斜裙、半圆以及整圆裙，随着腰臀省转移至下摆，其腰臀部为非合体状态，没有过多的设计空间，裙子的造型焦点设计也相应转移至裙摆，可进行分割缩褶、多层设计等装饰手法。依据这样的分析，进行系列纸样设计的客观规律性显而易见，因而要根据各自的特点展开一板多款的纸样系列设计。

（三）一板多款裙子纸样系列设计

一板多款裙子纸样系列设计是固定廓形改变局部。局部元素通过裙子基本款的元素拆解获得，如腰位、育克、分割线、裙摆等。

裙子腰位的设计就是以标准腰线为基础上下浮动从而实现了高腰位和低腰位的变化，这种原理适用于所有的下装品种，如裤子和裙裤。腰位设计直接从基本纸样中获取（图2-12）。

在裙子纸样设计中，采用分割线设计是为了达到适体和造型的目的。为了使分割线的视觉效果得以充分体现，选用无开衩的A型结构环境展开系列设计最合适。

竖线分割有单数和双数的变化。在设计时，要遵循分片均衡的原则，将腰臀差量合理地分配于分割线中。如四片裙的设计，分割线在前中、后中和两侧缝，采用基本纸样将前、后各片的其中一省转移至下摆，另一省平均分解到裙的两侧和前、后中分割线处，侧缝的翘量是腰省转移至下摆的1/2，这样的摆量满足了腿部的活动量而不用开衩。六片裙以两侧缝为界，分别将前后片分为三份，前后片的两条分割线处于各片靠近中线的1/3处，从而达到平衡的造型要求。在省量设计上，将其中半个省移至侧缝，裙片上一个半省归于分割线中，裙片上的分割线上增加的摆量为侧缝摆量的1/2。八片裙分割以侧缝为界限，前后片各分四片，省的处理方法为一个省量保留在分割线处，另一个省则平均分配于侧缝与靠近中线的分割线处，翘量的处理与六片裙的设计相同（图2-13）。

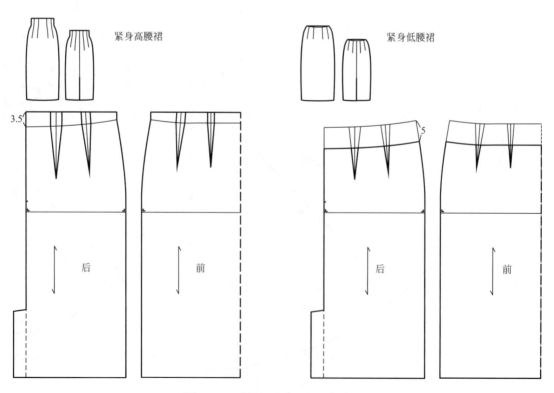

图2-12 高腰裙和低腰裙纸样设计

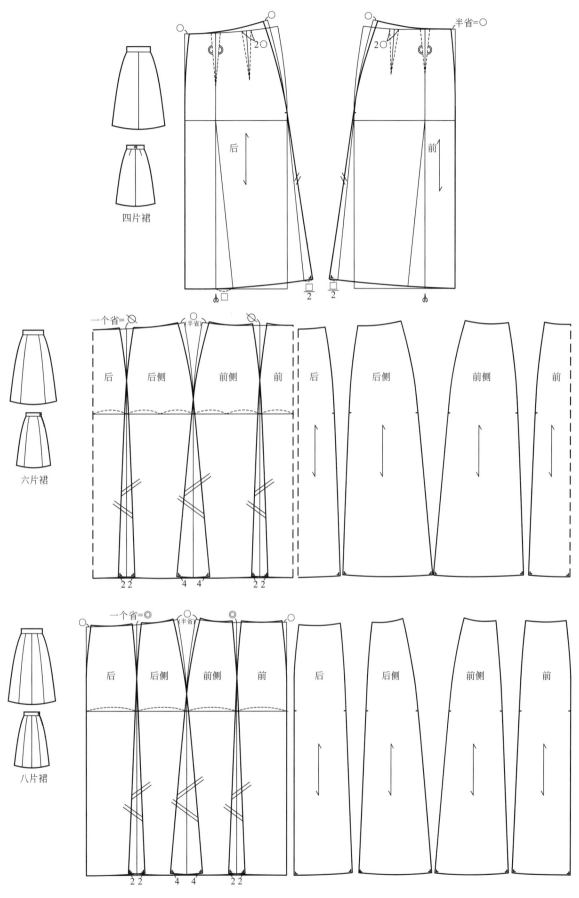

图2-13 竖分割线纸样系列设计

为使得腰臀部合身，最基本的方法就是通过省移实现育克的设计。方法是在A型裙基础上，把余省设计成育克线，通过育克线的走势形成不同的款式系列（图2-14）。

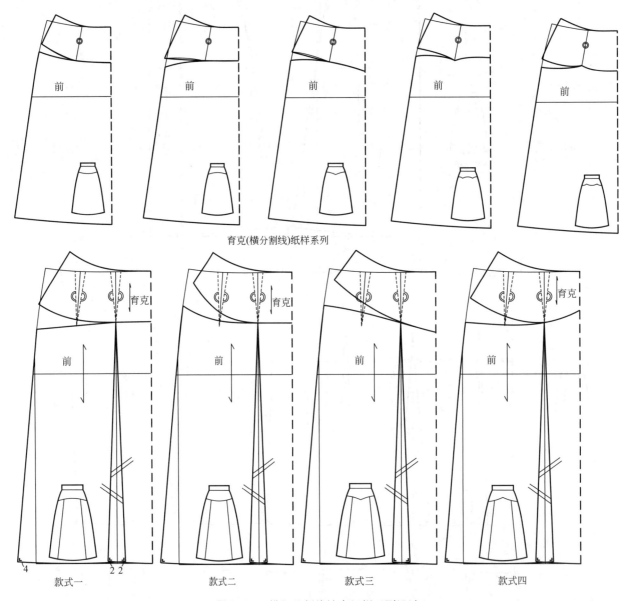

育克(横分割线)纸样系列

款式一　　　款式二　　　款式三　　　款式四

图2-14　横竖分割线结合纸样系列设计

单从结构而言，横竖分割线设计只要采用其中一种就可以达到塑形的目的，不过遇到特殊材料，如皮革，考虑其材料局限性和有效利用的目的，可以采用横竖分割线结合的设计。在基本纸样的基础上，采用六片裙的纸样结构，通过前省尖的位置作弧线分割变化，经过两次移省后修正腰线和育克线，得到的一组兼具功能性与装饰性的款式系列（图2-14）。

从理论而言，分割线的设计可以无穷无尽，但是实际应用时，要针对生产与材料的具体要求，以合理、经济、美观作为完美表现分割线设计的标准。

（四）多板多款裙子纸样系列设计

在裙子纸样系列设计中综合元素的运用就进入了多板多款的设计方法。综合高腰、育克和褶作为裙子的纸样系列设计。通过局部可变元素，如不同曲度的育克，不同形式的褶元素结合的深化设计推演开来，会使主板和局部都发生改变，创意就在其中（图2-15）。

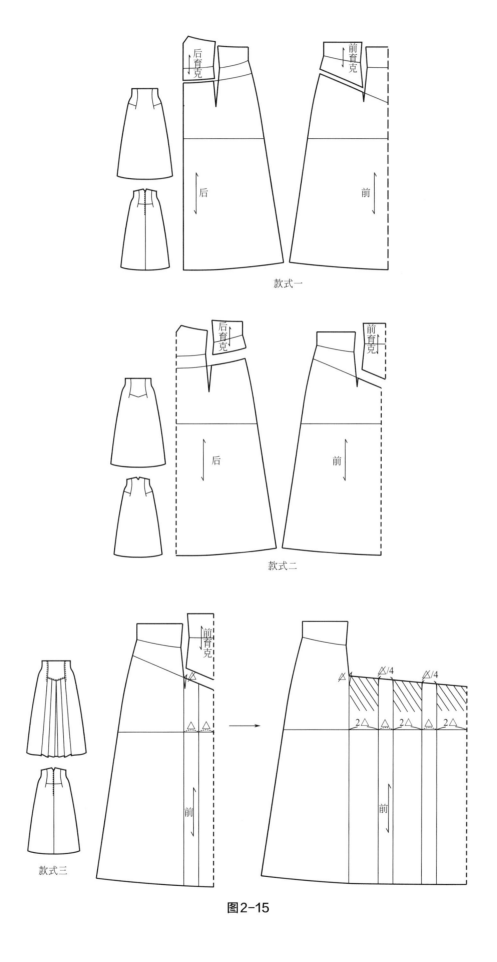

款式一

款式二

款式三

图2-15

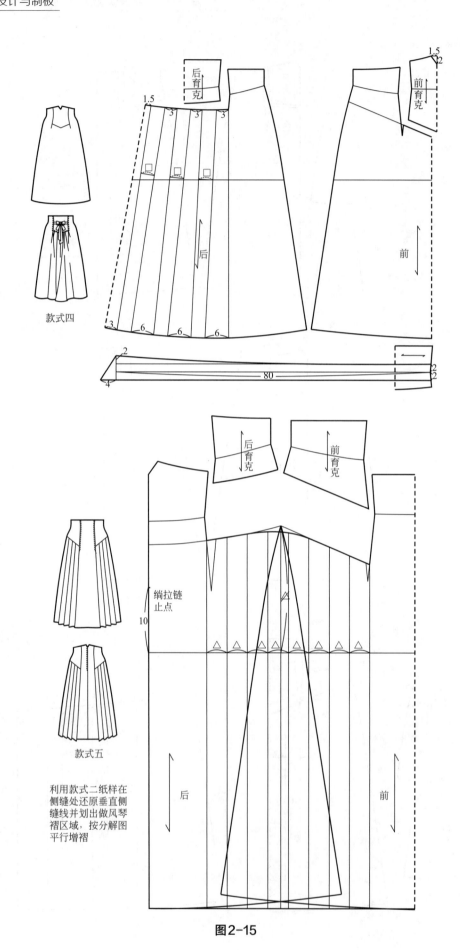

款式四

款式五

利用款式二纸样在
侧缝处还原垂直侧
缝线并划出做风琴
褶区域，按分解图
平行增褶

图2-15

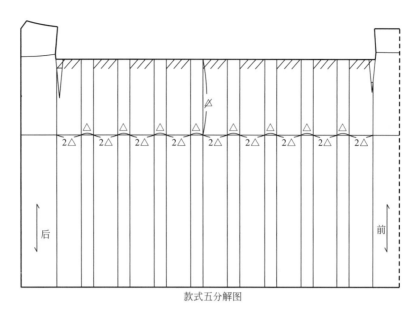

款式五分解图

图2-15　多板多款纸样系列设计

在保持高腰和育克设计为造型焦点的稳定状态，款式一是通过对育克的局部分割设计来完成的；款式二采用逆向思维的方法，在款式一相反的方向做分割处理，通过换位处理派生出新的样式，在侧面绱拉链，较款式一的设计更为简洁。

款式三后片直接采用款式一，前片在款式二的基础上将育克结合风琴褶做深化设计，设定好褶的数量和宽度，按照暗褶量为明褶量的两倍设计，通过切开平移的方法完成褶的增量。另外将前片的余省量分解，均匀的加入暗褶之中，通过在缝合时的叠褶工艺处理掉。

款式四的前片采用款式二，后片在后育克与裙片断开处设计缩褶，均匀的将褶量分为三份，通过上端加入3cm、下端加6cm均匀切展，使得下摆散褶大于育克缩褶，余省也归入褶中处理掉。另外，在腰部设计蝴蝶结用于调节腰部松紧且亦装饰作用。

款式五是在款式二的基础上，将前后裙片在侧缝水平对接，去掉翘量，根据设褶的区域，均匀的设计八等分的褶量，依据暗褶是明褶的两倍在纸样上平移出褶量，余省的处理同款式三。

通过以上纸样系列设计的实证，充分表明了系列纸样设计方法的优势与便捷性，如果将以上元素结合其他廓形，便会实现多板多款的全方位拓展设计。例如将这些成果直接搬到裙裤纸样系列设计中，就有效地开发了另外一个品种。

三、裙裤纸样系列设计

裙裤是裙子结构的复杂形式，是裤子结构的简单形式，在纸样系列设计中，裙裤是建立在裙子基本纸样系统中的，它们的廓形系统完全相同，因此裙裤基本纸样只需要在裙子基本纸样基础上加上横档结构即可，可以认为裙裤基本纸样就是在裙子基本纸样基础上派生的"类基本纸样"。

从造型而言，由于裙裤保持了裙子的外观效果，因而一切适合于裙子的款式设计都适合在裙裤中运用，在纸样处理上仅需要加入横档部分就可以进入到裙裤系列设计中，形成H型裙裤、A型裙裤、斜裙裤、半圆裙裤和整圆裙裤的一板多款系列（图2-16）。在这个类型的设计中，充分体现了系列设计方法理论的优势，依照裙子各个元素展开的一板多款主题系列设计以及控制造型焦点的变化在裙裤纸样设计中会有更好的表现（图2-17）。

用多板多款的方法在裙子多板多款纸样系列设计的基础上，通过加入横档结构完成裙裤综合元素纸样系列设计，呈现出系列设计最大化风格表现的无限优势（图2-18）。

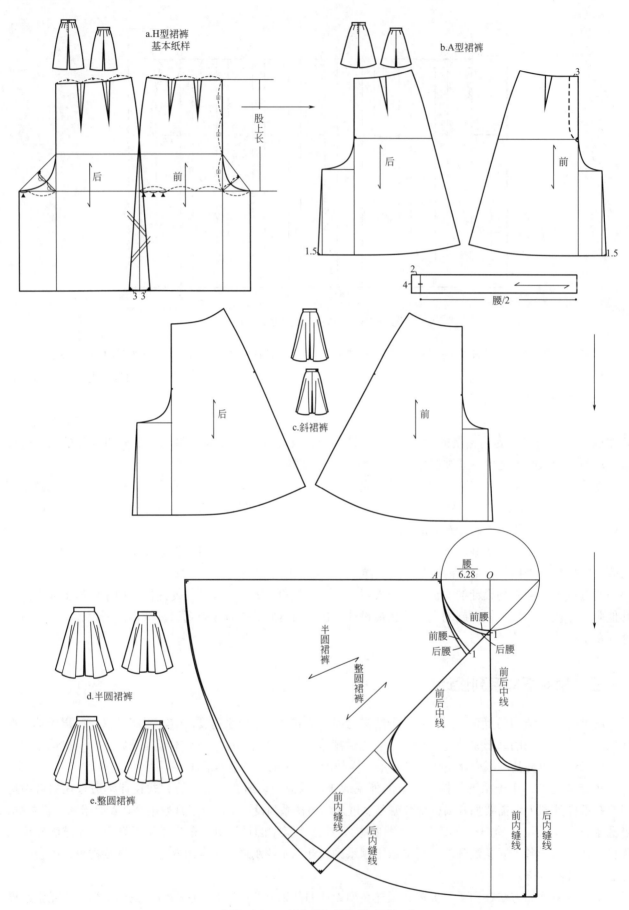

图2-16　一板多款裙裤纸样系列设计

a.腰位纸样系列设计

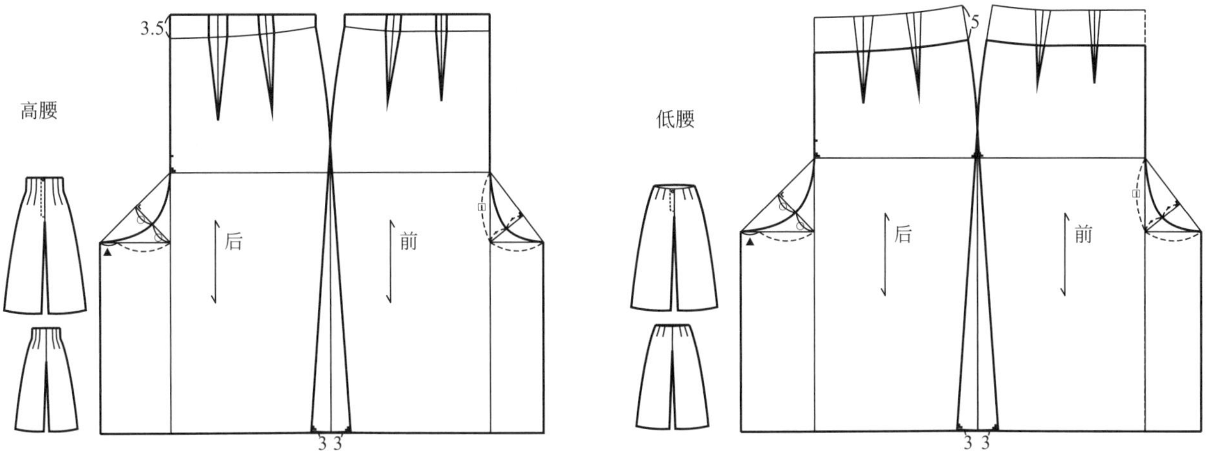

高腰

低腰

b.育克线裙纸样系列设计

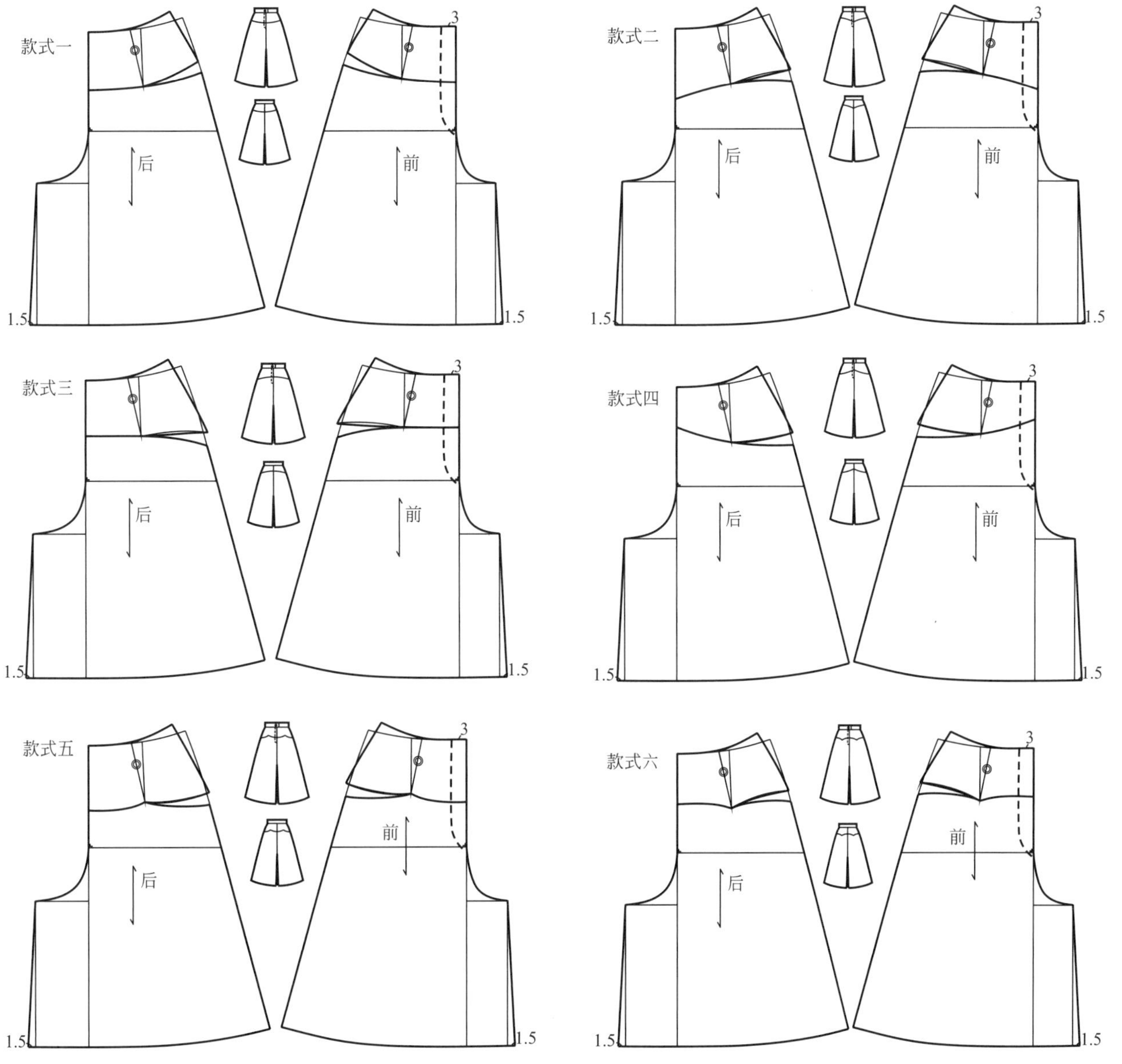

款式一

款式二

款式三

款式四

款式五

款式六

图2-17 一板多款裙裤纸样系列设计

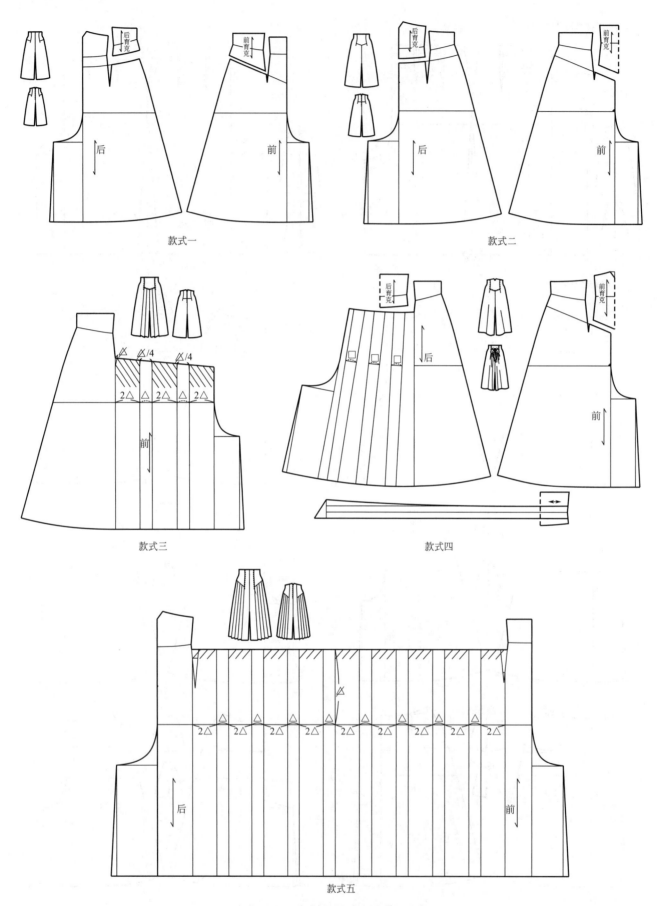

款式一

款式二

款式三

款式四

款式五

图2-18 综合元素裙裤纸样系列设计

第三章 ✦ 裤子款式与纸样系列设计方法的应用与训练

裤子这个品种最初起源于游牧民族，经历了一个由内衣化到外衣化，由男性专有到女性通用的发展历程。女裤的设计传承了男裤的一切元素和造型规律，根据TPO原则和女装特点，裤子在女装系统中不作为正式礼服使用，因此，男裤设计的众多禁忌对其影响有限。由于其元素流通相对自由，更需要系统方法规范设计。

一、裤子款式系列设计

由于女性的正式场合着装中裤装是被排除在外的，因而按照裤子与上装搭配的级别而言，女裤可以细分为常服裤、休闲裤和运动裤，款式设计也从廓形到局部元素展开系列设计。

裤子按照廓形可以划分为H型、A型、Y型和菱型（马裤，也称为O型）。作为中间状态的H型裤，通过腰臀部和底摆的变化实现Y型和A型系列设计。而且H型裤具有可兼容性强的特点，Y型和A型的设计要素都可在H型裤中应用。因此，以H型裤作为基本款展开女裤系列设计是顺理成章的。

在女裤设计中，除了菱型裤（马裤）是由专用服演变而来，造型夸张，可作为个性化样式，其他三种廓形都可适用于常服到休闲场合的裤装设计（图3-1）。

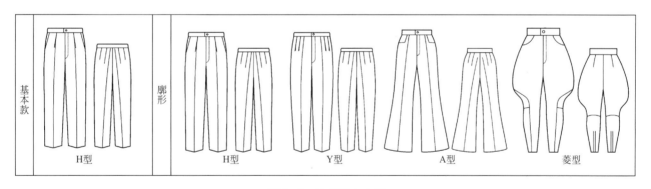

图3-1 裤子基本廓形

裤子结构比裙子复杂，它的构成元素也相对比裙子要多。将裤子的可变元素进行拆解可以得到以下主要元素，即腰位、裤长、分割线、褶、前门、口袋和裤口等（图3-2），其设计规律与裙子相通，可以互为借鉴。

（一）腰位主题设计

裤子的腰位设计多与廓形产生必然的联系。中腰作为中性结构，可以适用于各种廓形和褶式的变化。而低腰和高腰作为两极形式，除了中性元素可适用外，自身廓形有相应的局部元素，如Y型总是与高腰对应，而A型要和低腰对应，这都是结构自身的合理性所决定的，不能过度自由组合（图3-3）。

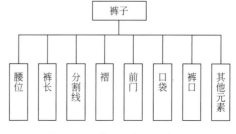

图3-2 裤子可变元素拆解

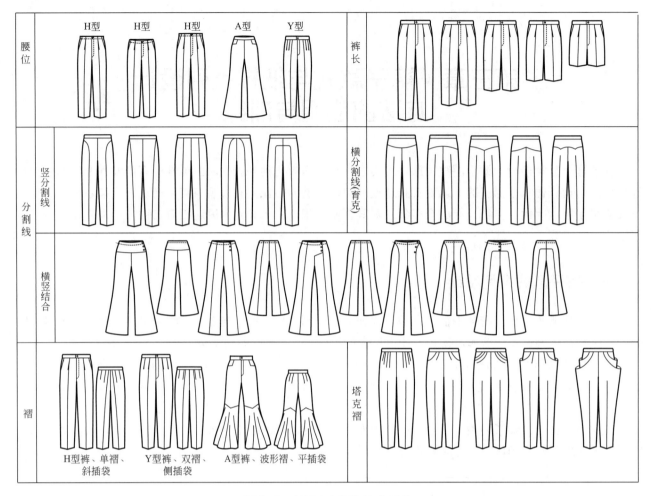

腰位	H型 H型 H型 A型 Y型	裤长	
分割线	竖分割线	横分割线(育克)	
	横竖结合		
褶	H型裤、单褶、斜插袋　　Y型裤、双褶、侧插袋　　A型裤、波形褶、平插袋	塔克褶	

图3-3　单元素主题的款式系列

（二）裤长主题设计

基于裤长的主题设计，由短到长有各自的经典设计系列，如牙买加短裤、百慕大短裤、步行短裤、捞蛤裤、骑车中长裤、卡普里裤等。但从长度分类基本上就是九分裤、七分裤、齐膝裤、短裤、超短裤等。在长度的变化基础上如果加入裤口和腰臀间的设计元素，可以进入固定裤长的多元素款式系列（图3-3）。

（三）分割线主题设计

裤子的腰臀结构与裙子的腰臀结构几乎相同，因此腰臀间的变化可依据裙子的设计规律进行。可以划分为横分割线款式系列、竖分割线款式系列和横竖分割线相结合的款式系列。当横竖分割线结合时，需要相应的腰位和裤摆的结合，低腰、宽摆的A型裤结构最适合展开此类设计（图3-3）。

（四）褶主题设计

从整体到局部而言，裤子廓形、口袋和裤褶三者是紧密联系、相互牵制的。总体而言，具有与裤子廓形的对应性；局部来讲，褶要和相应的口袋元素相组合。裤褶有无褶、单褶、双褶和多褶形式。单褶处于中性状态，适用于Y型、A型、H型，搭配斜插袋。双褶为休闲结构，适用于Y型裤，口袋形式为侧直插袋。无褶属于牛仔裤结构，适宜于A型裤，口袋采用平插袋形式。H型裤作为中性结构，适应性强，所有褶的形式都可以在此结构中实现。

对于女装而言，造型丰富的立体褶的设计，使得裤子的变化异彩纷呈。不过在设计中要考虑到不同的褶与不同的廓形相结合。如风琴褶不适合在所有裤子类型中使用，波形褶适合于A型裤，因为其造型特点有利于表现飘逸的下摆，与A型裤凸出腰臀曲线形成反差而更加凸显个性。塔克褶、缩褶则适宜Y型裤，因为这两种褶都需要在腰部固定，恰好与Y型裤的倒梯形结构相适应。塔克褶元素还可以结合口袋的设计形成立体变化。褶具有适用于下装所有类型的普遍性，如果结合其他元素的设计，款式的面貌会呈现令人"眼花缭乱"的效果（图3-3）。

（五）前门主题设计

裤子前门的设计有直门襟、斜门襟、明门襟、暗门襟和侧门襟形式，在男装设计中除了直门襟最为常用外，其他的设计甚至成为禁忌。但是在女装中没有限制，往往视为一种概念，只要结合合适的廓形变化反而更能表现女装特色，通常前门襟总是结合腰臀部的变化展开综合设计的（见综合元素设计）。

（六）口袋主题设计

在裤子品种中，口袋有前身口袋和后身口袋之分。前身的口袋形式有斜插袋、直插袋和平插袋。后身口袋有单嵌线袋、双嵌线袋、加袋盖的嵌线袋和各种贴袋形式。这些口袋形式都适合于女裤设计。根据TPO原则，从嵌线口袋到贴袋有从正式到休闲的暗示，休闲裤的设计多用贴袋但不拒绝其他袋型，正装裤的设计不适合用贴袋。作为女式正装裤的后身不设口袋，这样有助于强调臀部的曲线和完整性；若设口袋要用双嵌线形式，忌用贴袋（见综合元素设计）。

裤子除了以上主要的局部元素外，各种襟、腰带、工艺明线和其他多种装饰元素，在裤子设计过程中，要慎重使用才会起到画龙点睛的作用。

（七）基于廓形综合元素的主题设计

单一元素的系列设计是有针对性的主题变化，不过可变化的空间有限，如果在此基础上，再根据各自廓形的特点，以两个或者三个元素结合作为"设计眼"进行有序设计，就可以得到具有不同风格面貌的款式系列。

在A型裤基础上拓展分割元素的系列设计。梯形的造型特点决定了设计应侧重于综合低腰、育克和分割线的结合，使得腰臀与裤口的对比加大，强调A型的轮廓特征。在这样的设计思路指导下，以A型裤的简单基本款作为起点开始延伸设计，通过前、后片的横、竖分割线的设计结合口袋进行变化得到初始款式。然后通过横竖分割线改变走势，采用逆向思维做两极方向演化的设计，分割线位置从向内弯曲演化为向外弯曲，同时结合步步推进的思路，设计由A型裤的腰臀部开始向裤摆方向延伸，最终演化到裤摆结合波形褶而丰富的款式系列，从而完成款式设计的"自我增值"过程（图3-4）。

这个方法同样可以用在牛仔裤的设计上，以经典的五袋式Levi's牛仔裤作为基本款，它的特征是上紧下松、低腰、平插袋、后育克，在此基础上通过以分割线作为造型焦点结合口袋元素的设计，完成分割线由横到竖再到横竖结合演化为曲线分割的有序过程。口袋的变化与之配合，但贴袋的标志性样式不能改变。如果在此基础上再结合如补片、撞色线迹、刺绣、蕾丝镶边等元素设计，通过后期"洗、漂、染"等特殊工艺的处理，会使此系列的面貌呈现锦上添花的效果（图3-5）。

Y型裤和A型裤的造型截然相反，属于倒梯型，虽然设计的焦点也是腰臀部，但运用元素多采用高腰、育克、多褶和收缩下摆的手法来强调其廓形特征。Y型裤系列在选择元素和纸样处理方法上也与A型裤相反，个性风格鲜明（图3-6）。

休闲裤和运动裤都是以功用设计作为基本出发点，但是二者侧重点有所不同。休闲裤的设计，往往从已经定型的西裤、牛仔裤的元素中通过休闲化拓展实现的；运动裤则是依据具体的运动项目的要求进行针对性的设计，相对功能性和机能性的要求更强，设计必须做到有的放矢。适宜设计运动裤的廓形以H型和O型为主，在设计中要秉承功能第一的理念，充分考虑到腰臀部、膝盖部位活动的舒适性。依据以上考虑以H型裤展开设计，通过腰部可调节松量的抽带功能、增加裤管肥大的空间、口袋的实用简约设计来满足运动需求为主题的款式系列（图3-7）。

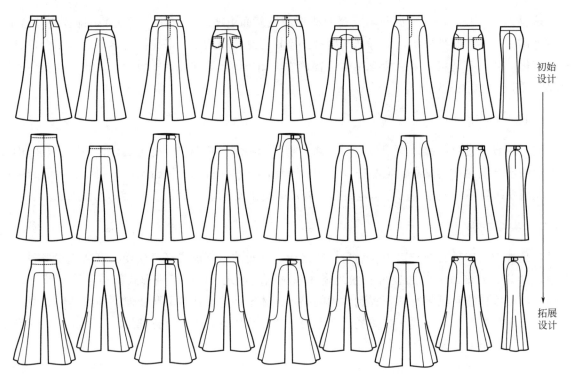

初始
设计

拓展
设计

图3-4 A型裤综合元素款式系列

图3-5 A型牛仔裤综合元素款式系列

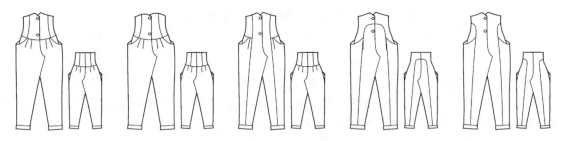

图3-6 Y型裤综合元素款式系列

图3-7 H型裤综合运动元素的款式系列

二、裤子纸样系列设计

（一）裤子基本纸样

女裤纸样系列设计在设计规律上和裙子相同，首先确定H型裤子基本纸样。基本型的前腰线采用 $W/4+1cm$，后腰线采用 $W/4-1cm$ 的设计，以保持腰围总量不变的状态下满足了前腰腹差量小、后腰臀差量大的人体特点。省量的分配遵循前身省量小于后身的原则，并根据后片的省位置的不同，靠近后中的省大于靠近侧缝的省。在裤子的侧面设计直插袋，袋口为13cm，由此完成的即是H型裤，也是裤子纸样系列设计的基本纸样（图3-8）。

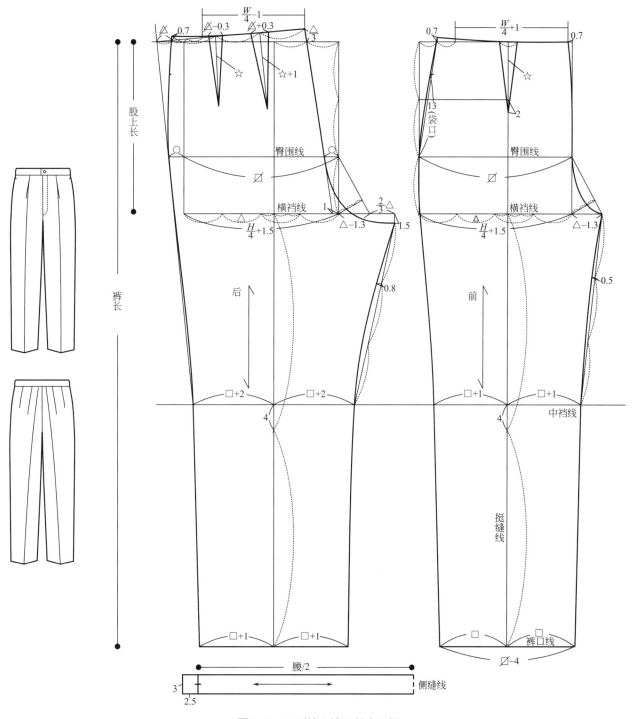

图3-8　H型裤和裤子基本纸样

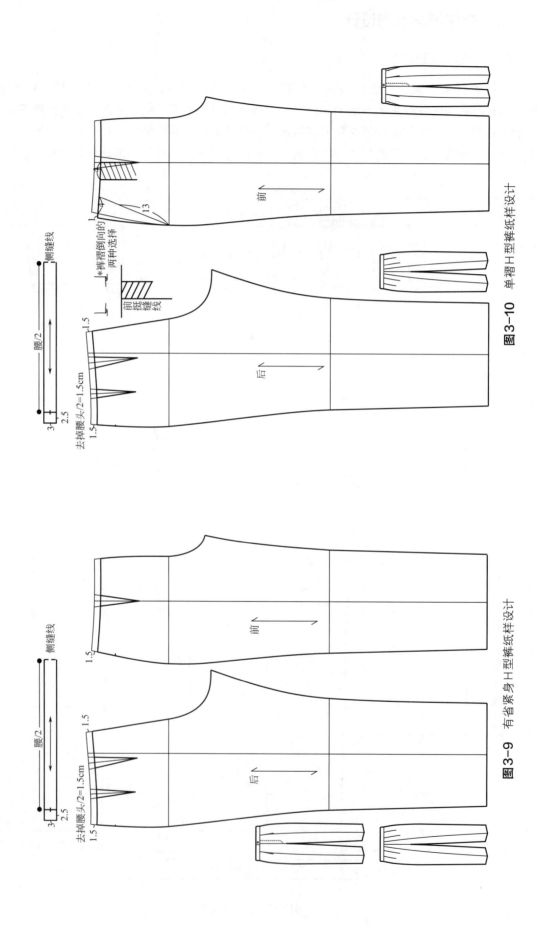

图3-9 有省紧身H型裤纸样设计

图3-10 单褶H型裤纸样设计

（二）基于廓形的一款多板裤子纸样系列设计

裤子的基本廓形分别为H型（筒型裤）、A型（喇叭型裤）、Y型（锥型裤）和菱形（马裤）。廓形的变化主要是通过臀部的宽松与收紧，裤口宽度变化和裤摆的升降来完成的。依据不同裤子的造型特点，各个主体结构互为转化形成不同廓形的板型，即多板。一款实际上是指相对不变的局部款式，客观上随着主板的改变，局部款式会有所调整，这只是适应性改变。所以绝对的"一款"或"一板"是不存在的（图3-9～图3-15）。

TPO品牌女装设计与制板

052

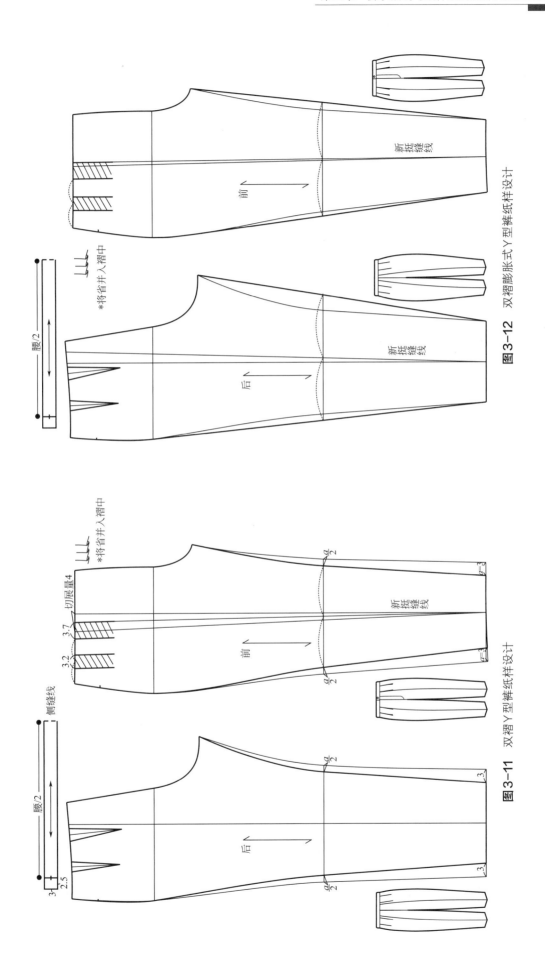

图3-12 双褶膨胀式Y型裤样设计

图3-11 双褶Y型裤纸样设计

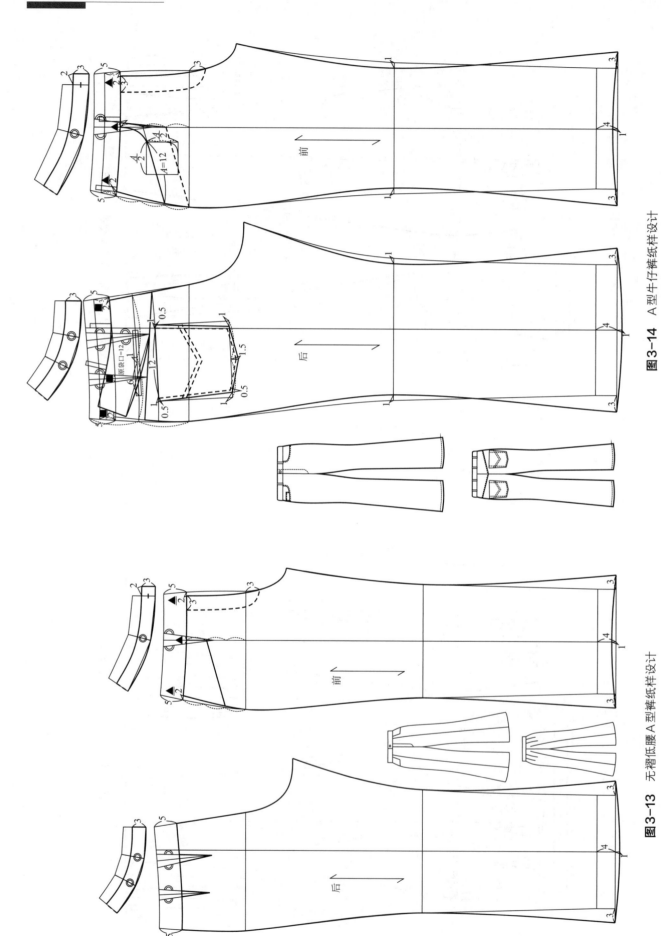

图3-14 A型牛仔裤纸样设计

图3-13 无褶低腰A型裤纸样设计

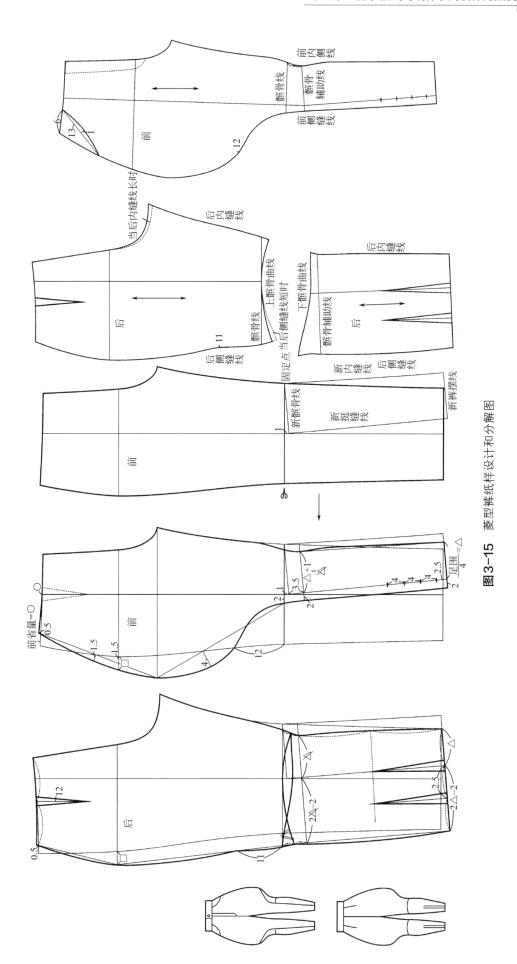

图3-15　菱型裤纸样设计和分解图

H型裤是直接应用基本纸样完成的，通过下降腰头的1/2后，收省，从而形成有省紧身裤。若要实现有褶紧身裤的设计，则仅在前片侧缝线向外加宽1cm后，在原前片省处按照设定的量做褶。由于前片做褶后，口袋的容量相应增加，所以改为斜插袋以强化其功能（图3-9、图3-10）。

Y型裤的纸样设计可以在基本纸样的基础上展开，因为Y型多为高腰设计，所以保持原腰线基础上加腰头即可。为了强化Y型的结构，将前片从挺缝线纵向剪开，依据要做褶的数量和造型特点在此处切展，然后收裤摆线，后片不用切展，仅收摆，此处要谨记收摆后裤口的总量不能小于足围，然后订正挺缝线，做褶和口袋的结构设计。在Y型裤的基础上，将侧缝和内缝线作直线或者内弧线的调整就可以完成两种Y型裤的纸样（图3-11、图3-12）。

利用基本纸样设计A型裤纸样，在结构上腰臀部要做收缩处理，裤长比标准裤延长4cm，依据裤摆的造型设计，以髋骨线为基准上下浮动至裤口作逐渐放大的处理，形成不同喇叭状的裤口设计。裤腰设计是直接在合并前臀松量后在原裤腰部截取合适的腰宽，前片可能余下省分别在裤侧缝和裤前中去掉，形成前片无省设计。A型裤无褶、低腰，形式简洁，又巧妙地利用腹股沟做平插袋，满足了口袋容量的要求，因而成为牛仔裤的经典样式。从A型裤到牛仔裤的纸样演变处理，需要作后省变育克的纸样处理，这也是牛仔裤标志性结构（图3-13、图3-14）。

菱型裤的纸样设计，需要完成的第一步就是先在基本纸样的基础上，在髋骨线与前内缝线交点做切展，追加髋骨处的凸量，然后重新订正髋骨线、挺缝线、裤摆线和内缝线。然后开始绘制前片，将前片去掉的部分在相应的后裤筒结构中补偿。马裤元素的构成很独特，是高品质个性化女裤，是很有开发潜力也很具挑战的廓形（图3-15）。

在基本纸样基础上拓展Y型、A型、O型的主板设计，局部结构必须进行适应性调整，使造型在理想状态下完成多种廓形的系列设计，这正是系列纸样技术的重要作用。

（三）一板多款裤子纸样系列设计

固定主板改变局部元素，如省、腰位、分割线和褶的主题设计与裙子的一板多款纸样系列设计有异曲同工之妙。以育克设计为例，都是通过省道转移来实现育克设计，通过改变育克线走势产生系列。采用裤子基本纸样，通过分割线曲度和方向的变化，产生育克主题的纸样系列。需要注意的是，在此系列中，分割线的设计要考虑前后裤片对接的准确性，通过前片省合并转移至分割线中，后片两省移至分割线后，如果在裤片上有余省，要在后中和侧缝处去掉，完成腰臀部育克的合体设计（图3-16）。以此举一反三运用所有局部元素，都会设计出一板多款的裤子纸样系列。

（四）多板多款裤子纸样系列设计

改变主板也改变局部元素的方法在裤子纸样系列设计中更为普遍。以牛仔裤作为类基本纸样，以腰臀部作为造型焦点设计，结合分割线和口袋元素展开系列设计。通过前片有序的结构变化、后片相对稳定改变贴口袋先实现一板多款设计（图3-17）。

款式一，前片通过腰部育克的改变，将省道转移至分割线处，与口袋的隐形设计巧妙结合。款式二，将育克在横线的基础上，变为折线，口袋相应做调整。款式三为连腰设计，在牛仔裤原腰线基础上，向上延伸一定的腰头，利用省道做竖分割线，裤摆处相应的增加阔量形成大喇叭口。款式四，通过省的转移，完成前片曲线分割线的设计。如果将四款通过主板处理变换H型和Y型廓形的裤筒结构就实现了多板多款的系列设计。

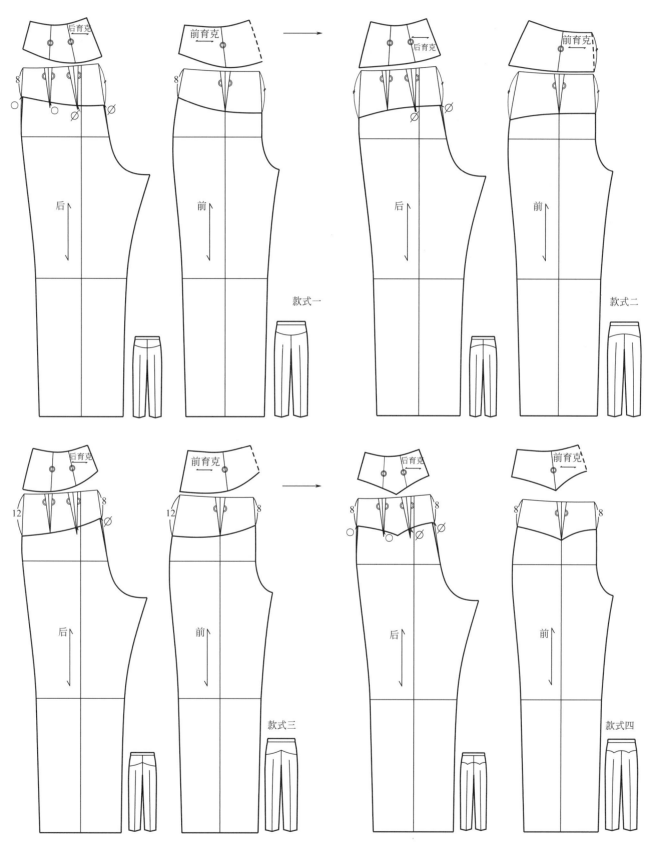

图3-16 H型一板多款裤子纸样系列设计

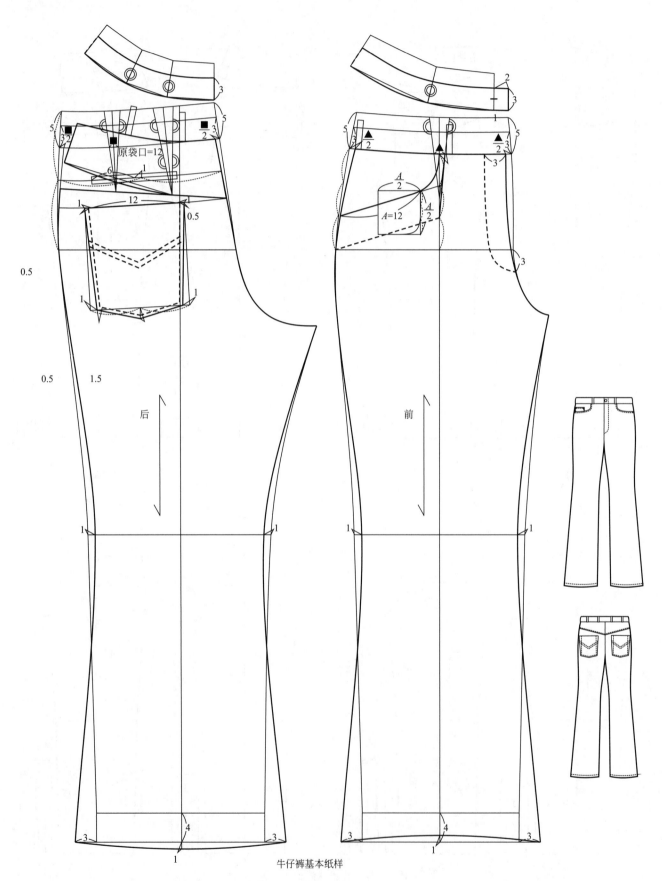

原袋口=12

后

前

$\frac{A}{2}$

$A=12$

牛仔裤基本纸样

图3-17

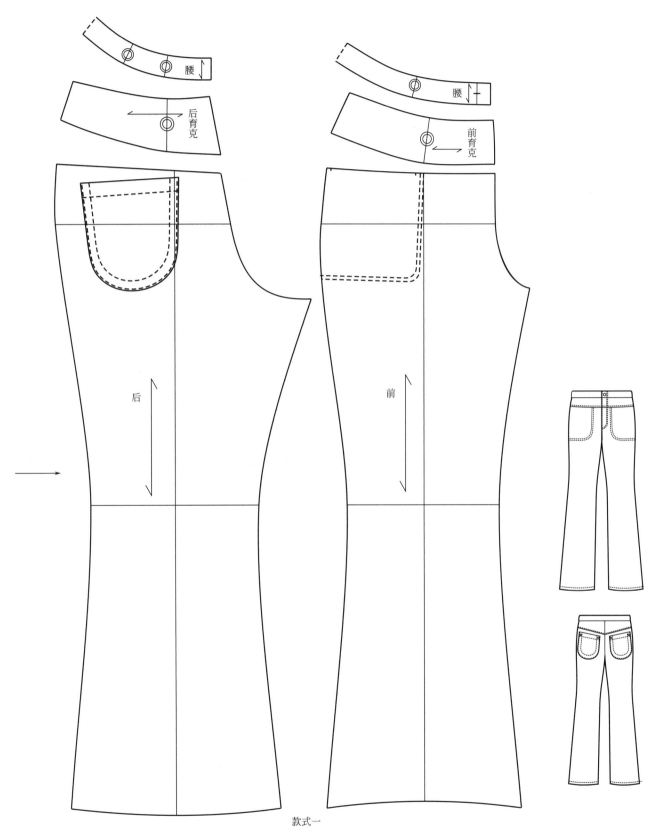

款式一

图3-17

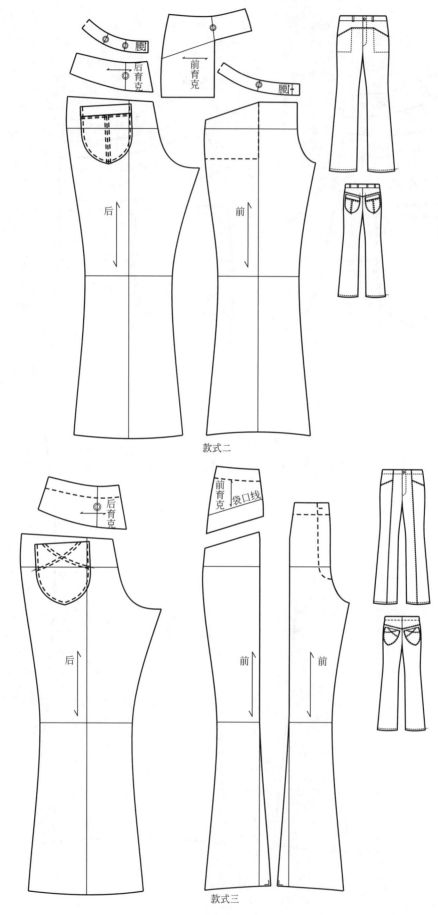

款式二

款式三

图3-17

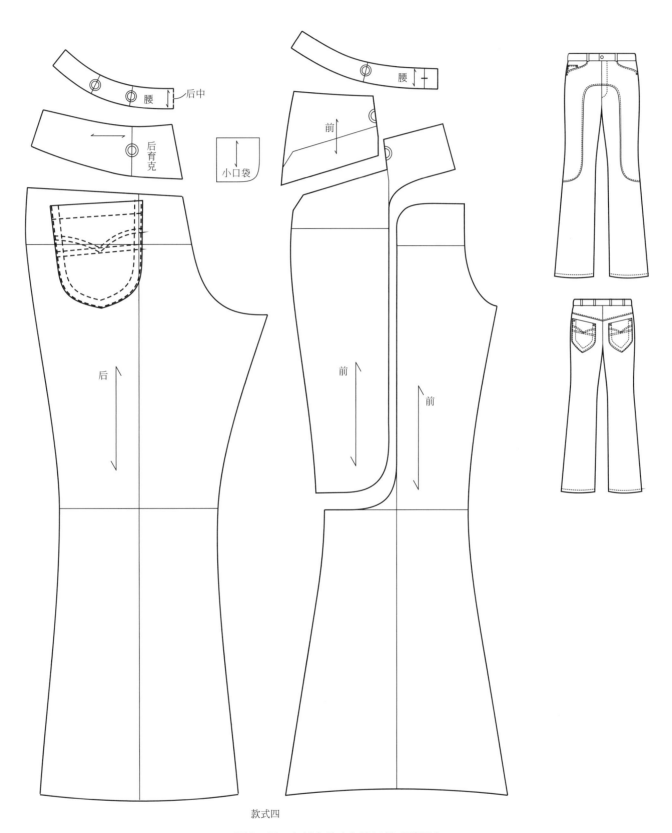

款式四

图3-17 多板多款牛仔裤纸样系列设计

第四章 ◆ 西装款式与纸样系列设计方法的应用与训练

女西装是由男西装演变而来的。最初西装三件套被女性采用作为骑马服、运动服而流行，但是仍沿用男装的裁剪和缝制方法。直到第二次世界大战结束，法国设计师推出了H型和X型的女西装，以此标志着职业女性的开始，西装也成为女性职业装标志性类型。随着突出女性曲线廓形和具有柔美特性面料的应用，结构设计和制作工艺逐渐形成了女装独立的生产体系。

在生活方式日益个性化、多样化的今天，西装作为女装中的主要品种广泛应用于正式场合和非正式场合。依据TPO原则和女装特点可以广泛运用梅斯、塔士多、董事套装、黑色套装、西服套装、布雷泽西装、夹克西装的所有元素。

在设计之初，需要从廓形和具体细节将男西装造型做适合女性化的转换。在具体细节处理上，门襟要从男装的左搭右变为女装的右搭左，衣长、下摆、袖口长度、后身开衩、手巾袋等元素变为女装可设计元素（图4-1）。完成这一步之后就可以选择其中一个类型进行款式系列设计。在结构上，将突出女性腰臀曲线的六开身X型作为基本款向两端发展，实现H型、Y型、大X型、A型及伞型一款多板的系列板型设计（图4-2）。

一、西装款式系列设计

选择男士西服套装作标准款式，在整体上作女装化调整就可以作为女西装标准款式（图4-2）。由于西服套装（Suit）适合于出席各种正式与非正式场合，在西装中应用范围最广，所以以此作为女西装基本款展开系列款式设计，对于其他同类型西装品种的设计具有示范和指导作用。

将西装按照元素的关系依次排列为领型、门襟、下摆、袖子、分割线、口袋、开衩、衣长等（图4-3）。通过对各个元素的主题款式设计形成西装款式主题元素的系列设计。

（一）领型与门襟主题设计

西装领型属于驳领系统，结构规律明显，通过改变领角、串口线（翻领和驳头连接线）、驳领宽度、驳点高低展开设计。在分类上也以此区别，如平驳领、锐角领、折角领、戗驳领、青果领等。设计方法在保持主体不变的情况下，只换掉领型，就得到了一组新的系列，而在新领型的基础上还可以继续做深化设计。如以戗驳领为例，通过对领角的改变，可以得到阿尔斯特领、半戗驳领、倒冠领等。任何一种驳领型，只要通过改变领子的宽度、串口线的倾斜度就可以得到更为细腻的系列设计，如扛领型的窄领或垂领式的宽领或它们换位的组合等（图4-4）。

西装的门襟形式有单排扣、双排扣、明门襟、暗门襟、偏门襟等，它通常与领型、下摆一体设计，彼此牵制。三个元素只要变化一个就会形成排列组合的系列膨胀趋势，可以想见如果在图4-4单排扣基础上换成双排扣，就形成翻一倍的款式系列。因此它是西装款式设计中最具代表性也是变化最为丰富的主题设计（图4-5）。

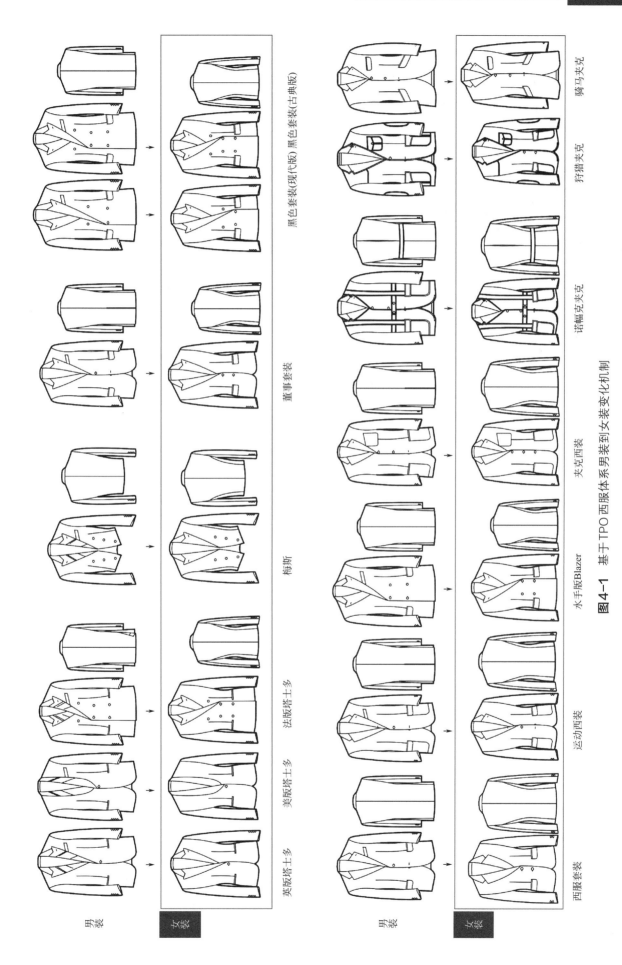

图4-1　基于TPO西服体系男装到女装变化机制

西服套装　　运动西装　　水手版Blazer　　夹克西装　　诺福克夹克　　狩猎夹克　　骑马夹克

男装　　女装

英版塔士多　　美版塔士多　　法版塔士多　　梅斯　　董事套装　　黑色套装(现代版)　黑色套装(古典版)

男装　　女装

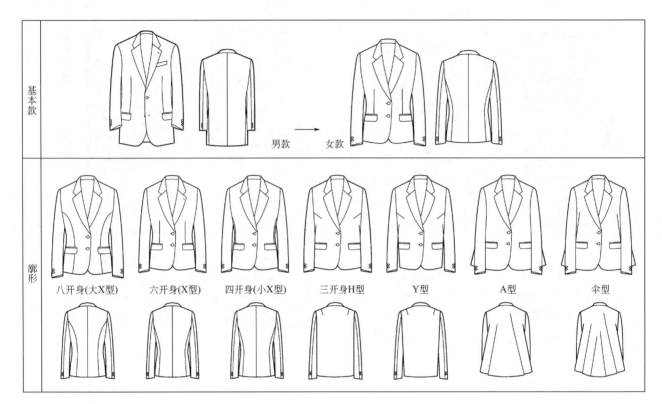

图4-2 西装基本廓形

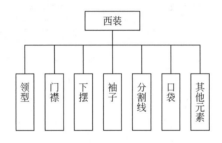

图4-3 西装可变元素拆解

（二）袖型主题设计

女西装的袖型多以装袖为主，这是继承男装的结果。但连身袖的类型也是女西装常用的，表现女装多元化、多变化的一面，像插肩袖、肩章袖、包袖、落肩袖以及连身袖状态下的装袖造型等都可在女西装上使用。值得注意的是，在TPO原则下，袖型款式越接近装袖的效果越保险但往往也缺乏个性（图4-4）。

袖型与袖口、袖扣、袖衩元素组合，形成局部元素的深化设计。如通过袖扣的数量、材质以及大小的变化来表示礼仪级别的高低；还可以通过袖开衩的直角、圆角的细微变化，以及袖口嵌边、装饰等产生饶有趣味的效果，但这需要有更好的专业修养。

（三）口袋与下摆主题设计

作为中性状态的西装，各品种口袋元素的流动相对自由。适合于西服套装（Suit）的口袋形式，既可以是双嵌线、单嵌线、有袋盖的嵌线口袋形式，还可以与具有"崇英"特质的小钱袋相互组合，形成具有传统气息的英伦风格。另外也可以采用骑马夹克的斜袋盖设计，或者结合夹克西装不同形式的明贴袋设计，从而使得西装更趋于休闲的味道。需要注意的是，依据TPO原则，从嵌线、袋盖加嵌线形式到不同的贴袋形式，礼仪级别是逐渐降低的，例如设计正式的办公室西装慎用贴袋的款式。

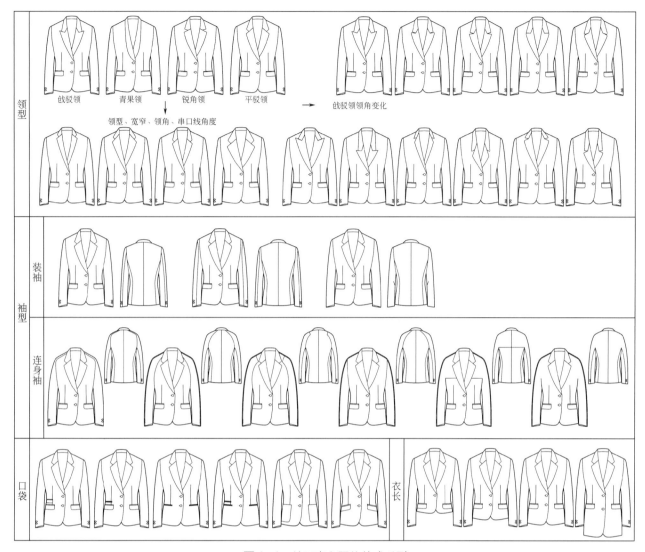

图4-4　单元素主题的款式系列

口袋通常要结合下摆综合考虑。西装的下摆设计从三方面入手。第一从长度而言，可以有长款、标准款和短款的设计；第二从形式而言，前片下摆可以设计为直摆、圆摆、斜摆；第三从后片下摆设计而言，有侧开衩、后中开衩和无开衩三种形式可选择。上述下摆设计都要以保证口袋设计的基本功能为前提，如下摆太短，口袋和下摆设计发生矛盾时要保证口袋的面积，下摆要让位于口袋（图4-4）。

除去以上元素外，线迹、绣花和各种装饰手法都可以极大地扩充西装的设计内容，不过这些都属于表面形式的附加设计，要慎用，特别是高级产品。

（四）综合元素主题设计

综合元素主题款式系列设计主要通过两个渠道实现。第一，通过在西装范围内的横向拓展，仅变化领型、门襟、口袋等局部元素就可以轻松实现一组以六开身X型作为主体结构的款式系列。如果加入双排扣元素做深化设计，领型随着驳点变化形成不同的组合形式，就实现了有序推进的款式系列，如图4-6（a）、（b）所示。第二，以分割线为主导变化局部元素的综合设计。分割形态、位置以及数量的不同组合，形成了上衣不同的造型和合身状态的变化。分割线有横、竖、直、曲、斜和组合式形态，通过起伏、转折从而产生不同的感觉，如图4-6（c）所示。同时省也可以转换为随意性或者秩序感的褶，具有独特的立体感。如在八开身的衣身结构中，由省形成的断，使得公主线的设计具有无穷无尽的变化。通过综合元素的系列设计，使得原本具有男性化的西装脱离了呆板、传统的风格，焕发出女性的光彩。

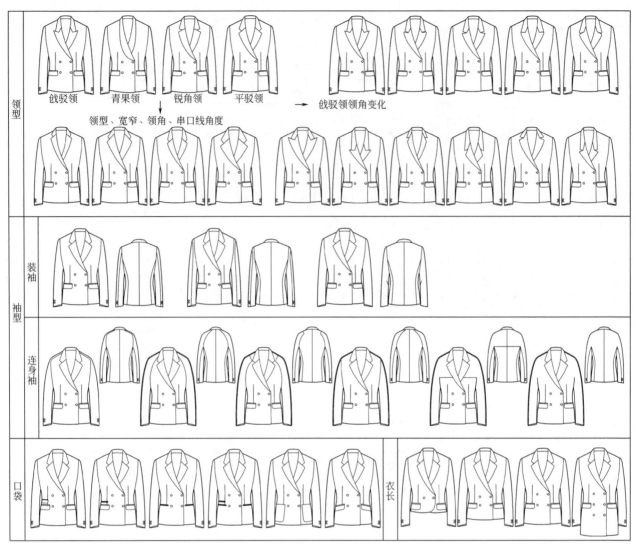

图4-5　结合双排扣元素主题的款式系列

领型

戗驳领　　青果领　　锐角领　　平驳领　　　　戗驳领领角变化

领型、宽窄、领角、串口线角度

袖型

装袖

连身袖

口袋

衣长

a.系列一

b.系列二

c.系列三

图4-6　综合元素组合的款式系列

西装款式系列设计具有典型性和示范性，同类型其他品种的设计可以如法炮制。重要的是要强化女装设计和造型特点以及女装设计创造性应用TPO元素流动的原则，西装各品种元素可以无界限地流动，只要将此方法推广应用，就可以实现各种风格系列设计，如休闲西装风格、布雷泽风格、塔士多风格、梅斯风格等。

二、西装纸样系列设计

西装纸样系列设计，严格遵守一款多板、一板多款和多板多款设计的方法是积极有效的，但这一切都要从西装基本纸样开始。

（一）西装基本纸样

由于女装基本纸样采用的松量设计为12cm，结构上处于中间状态，决定了它在纸样设计中具有普遍意义和辐射作用的基础地位，西装的松量亦处在此位置。换言之，基本纸样的设计就是以西装为蓝本设计的（图4-7）。因此，可以直接以此为基础完成西装类基本纸样的绘制。这里将六开身标准款式视为西装基本纸样。六开身纸样设计步骤是，先转移侧省的1/3作为撇胸量。扣位的设定是以腰部为基点上下浮动，扣距为8cm左右，搭门控制为1.5cm。腋下片的分割线设计，前片在袖窿深线上取前胸宽线到侧缝线的距离为半径，相交于前袖窿定为前片分割线的顶点，后片以背宽线到侧缝线的窿深线平分为两份，以三份为半径截取至后窿深线确定后分割线顶点。肩胛省的去掉可以通过肩线的前加后减，余量（0.7cm左右）做归拔来实现。在设计时要注重纸样松量的复核，即保证 $B \leqslant W$，$H \geqslant 8cm$，从而使得纸样的实施具有合理的松量保证和分布（图4-8）。

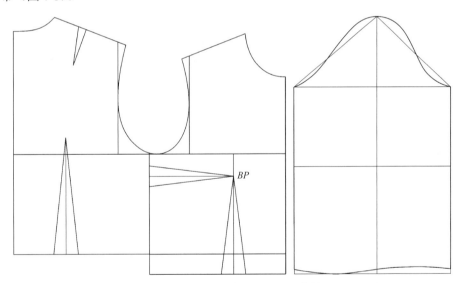

图4-7 女装衣身、袖子基本纸样（制图参数见图1-12）

前片通过隐形省的处理实现衣身的简洁，技术实施方案有四种。第一种是合并省即化整为零的方法，但这仅适合粗纺面料，而且这种方法一旦工艺处理不到位很容易出问题。第二种是将余省移至领口，这种方法的缺点是容易造成局部省量过大，所以在余量分配时，领口省和腰省作分散处理。第三种是将余省采用归拔的工艺处理掉，但这种方法仅适合粗纺、弹性大的面料，若为精纺面料，还需要通过加大撇胸量去掉一部分省量，再将剩余的省量归拔掉。第四种是综合前三种方法进行应用，这是成衣效果最完美的方案。本设计采用的是第二种方案（图4-9）。

西装袖为合体两片袖，袖山高为后片原肩点向下4cm量取至窿深线。袖长为准袖长加1.5cm，袖扣为两粒。以此为基本型通过袖扣数量的增减结合衣身主体结构的变化，可以实现适合不同礼仪级别的西装袖系列设计。

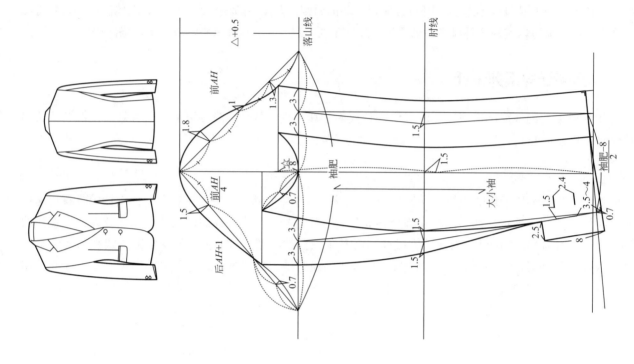

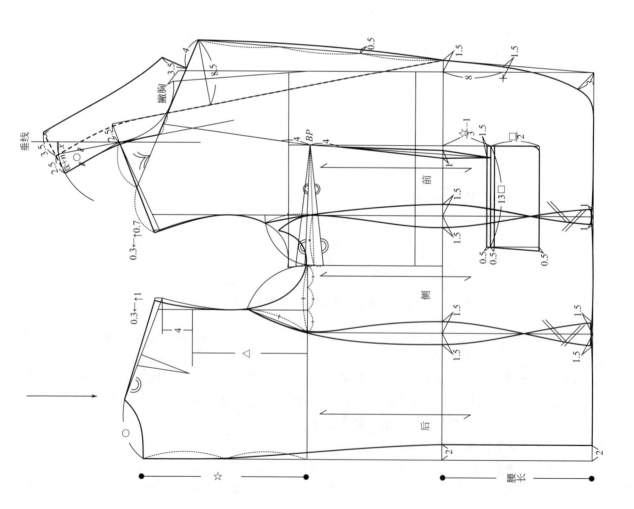

图4-8　西装类基本纸样

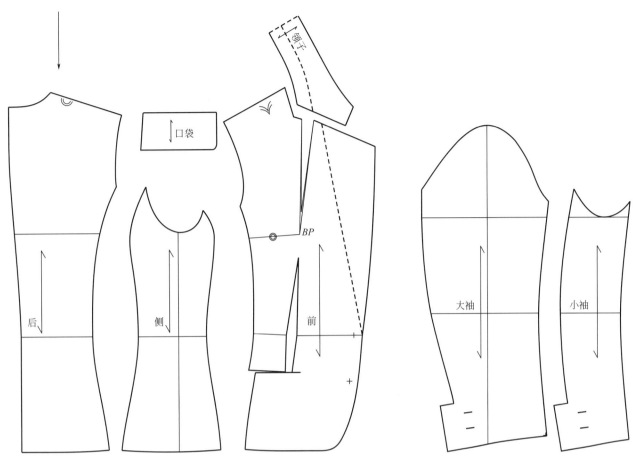

图4-9　西装类基本纸样分解图

（二）基于廓形的一款多板西装纸样系列设计

西装的一款多板主要体现在固定局部款式改变主体结构上，局部款式主要指领型、门襟、口袋、袖子等；主体结构主要指分割线（开身设计）、身长等，但它们之间关系紧密。以标准款式西装为例分析它是如何改变板型的。

以西装六开身X型基本纸样为基础，省与分割线的数量随着衣身由紧身、合体到宽松逐渐减少，省份也由大变小，由曲变直，形成衣身设计的八开身、六开身、四开身、三开身的结构系列，实现由"有省设计"的合体结构进入到"无省设计"的宽松结构。一般主体结构确定了，其分割线的状态数量也相对稳定了。

分割线因形态、位置以及数量的改变都会影响整体造型风格，在设计时要根据规格要求（胸腰差程度）确定分割线数量，按照人体凹凸点的情况在衣身上大致均衡分配，而不能凭主观臆想随意设计。

八开身结构适用于大X型，前片分割线，先以距离BP点2.5cm为起点，以此点至前侧缝的距离为半径截取至前袖窿为前分割线顶点，后片则是以后背宽的1/2为点至后侧缝为半径截取至后袖窿作为后分割线的顶点，从而确定了前片、前侧片、后侧片、后片相对均衡的分配比例（图4-10）。

四开身结构适用于小X型，是在六开身X型基础上完成分割线，只是前片与腋下片合二为一，将前侧缝处理成省，总体上减少了收腰量，因此较六开身稍宽松些（图4-11）。

H型即箱型西装，它保留了六开身的后侧缝线并作直线处理，肩胛省和侧缝余省作回归处理，侧省移至袖窿。而纸样分解后，造成前片袖窿顶端过于尖锐，因而从前片侧缝水平截取2cm借给后片，使得两片结构完善（图4-12）。

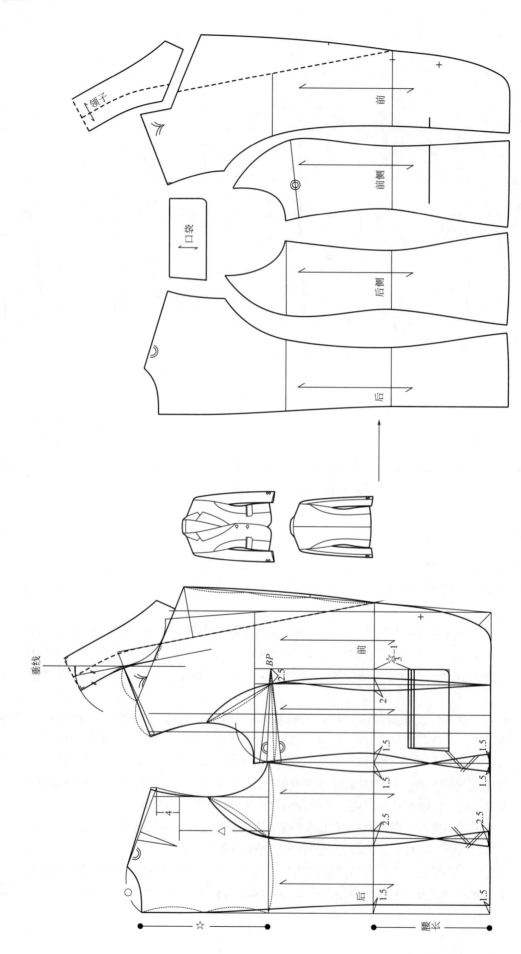

图4-10 八开身大X型纸样和分解图

领子

口袋

前

前侧

后侧

后

垂线

前

后

BP

2.5

2

1.5

1.5

1.5

2.5

2.5

1.5

1.5

4

腰长

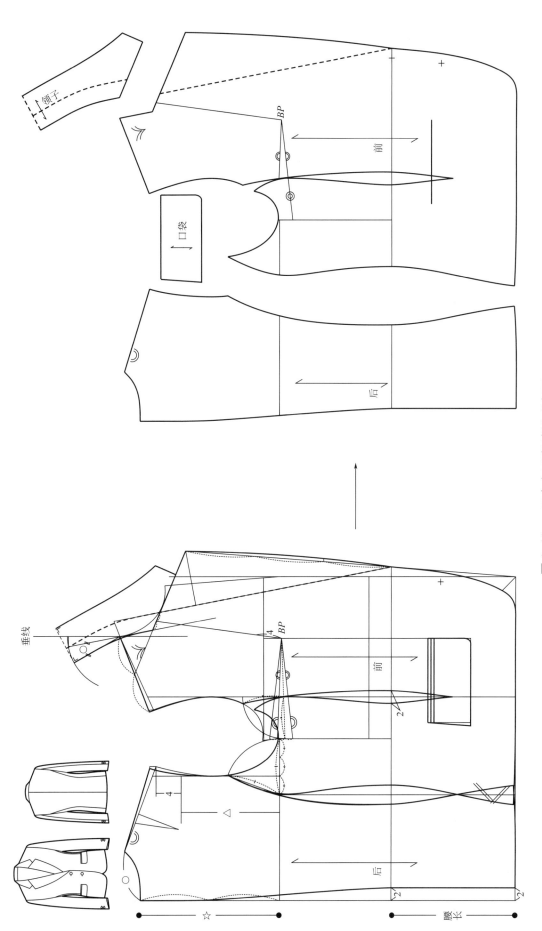

图4-11 凹开身小X型纸样和分解图

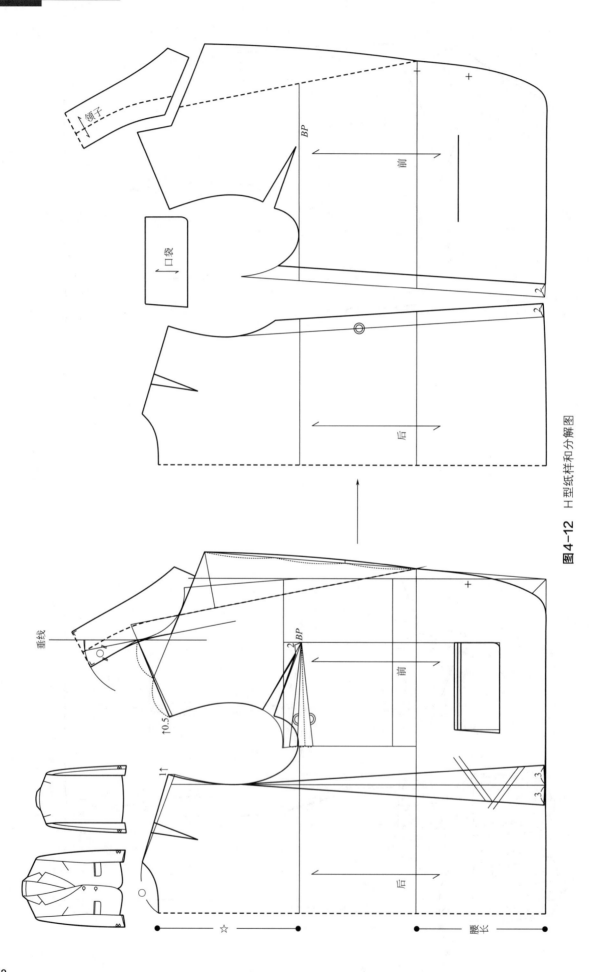

领子

口袋

BP

前

后

垂线

BP

前

后

↑0.5

↑

腰长

☆

图4-12　H型纸样和分解图

在H型基础上通过收缩下摆完成Y型，下摆收缩量是通过在前、后肩部切开并加入下摆收缩量以补偿，从而塑造出上宽下窄的倒梯形结构（图4-13）。

A型和伞型与Y型处理方法相反，造型表现为上窄下宽。A型在H型基础上通过胸省转移至下摆，后片将肩胛省转移至下摆从而完成底摆的宽阔造型。伞型是在A型基础上完成的，分别在前后片通过三次等量切展实现比A型底摆量更大的伞型结构（图4-14、图4-15）。

在六开身和八开身下摆翘量的设计上要满足基本的活动机能，根据人体后活动量大于前的实际情况，分配次序为，侧缝＞后侧缝＞前侧缝＞后中缝。

以上基于廓形的一款多板西装纸样系列设计虽然只完成了八开身、六开身、四开身到三开身的不同廓形，实际上也完成了西装全部开身的结构设计，这是因为八开身已完全可以满足所有合体的西服要求，过多开身会造成浪费。相反，三开身就是西装的最小开身，再宽松也能满足设计。值得注意的是，根据TPO原则，西装的合体度结构最适合六开身，越合体如八开身更适用礼服；宽松如四开身、三开身更适用休闲服。在结构规律上，这个过程逻辑性明显，每个环节都有承上启下的作用，呈现递进式的步骤演化。这个规律很具典型性和示范性，对各上衣品种设计具有指导意义。

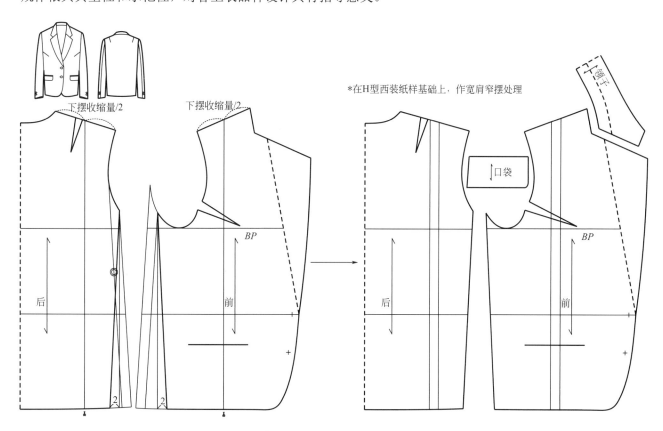

图4-13　Y型纸样和分解图

（三）一板多款西装纸样系列设计

固定一个主板结构如六开身结构，改变它的局部款式，如领型、门襟、口袋、袖型等，注意根据TPO知识系统将局部元素纳入其中是明智的设计。

1.局部元素领型、门襟、衣长主题的纸样系列设计

西装虽然品种多样，不过都可以在六开身结构稳定的状态下，通过前片领型与门襟的变化得以实现，具体而言就是通过串口线、驳点和扣位等元素的结构设计来完成。

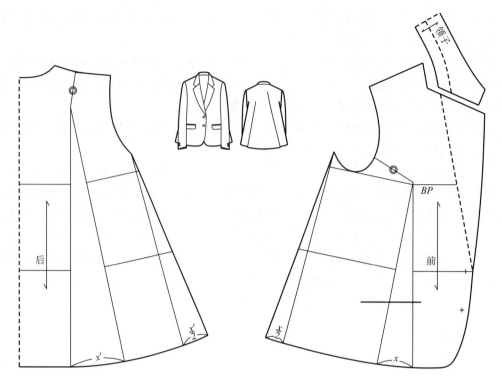

图4-14 A型纸样和分解图

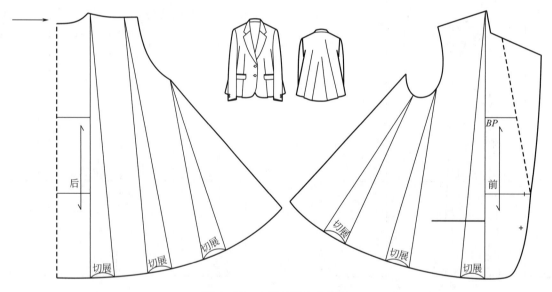

图4-15 伞型纸样和分解图

　　如通过串口线的倾斜角度变化，在肩线的1/2处做斜线与领口相切，适合于平驳领的设计；在肩线的1/3处做斜线与领口相切，适合于戗驳领的设计；通过串口线的上下浮动即可实现扛领和垂领的变化。在领型变化的同时结合门襟、驳点的变化即可实现同类型其他品种的多个纸样。如同为平驳领的布雷泽西装和夹克西装，通过驳点、口袋的变化既可以实现不同的品味。若领型变化为戗驳领，仅通过局部微调即可实现两粒扣的董事套装，一粒扣、戗驳领或者青果领的塔士多，再结合双排扣的结构，即可完成法国板塔士多、黑色套装、水手板布雷泽、海军制服等。这些品种一旦确定，又可以继续拓展，展开具体品种的系列设计，如塔士多款式系列、黑色套装系列、夹克西装系列等。这所有的款式都可以缩短衣长变为短款，也可结合门襟、口袋等元素深化设计（图4-16、图4-17）。

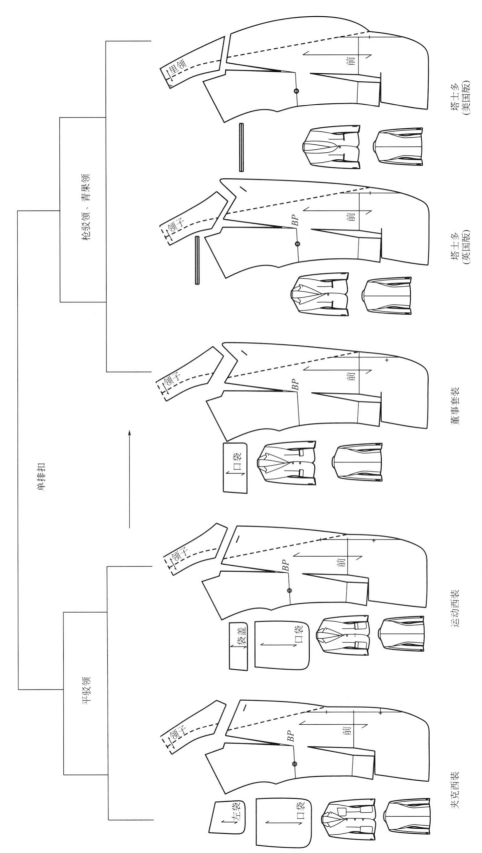

图4-16 单排扣主题—板多款西装各品种纸样系列设计

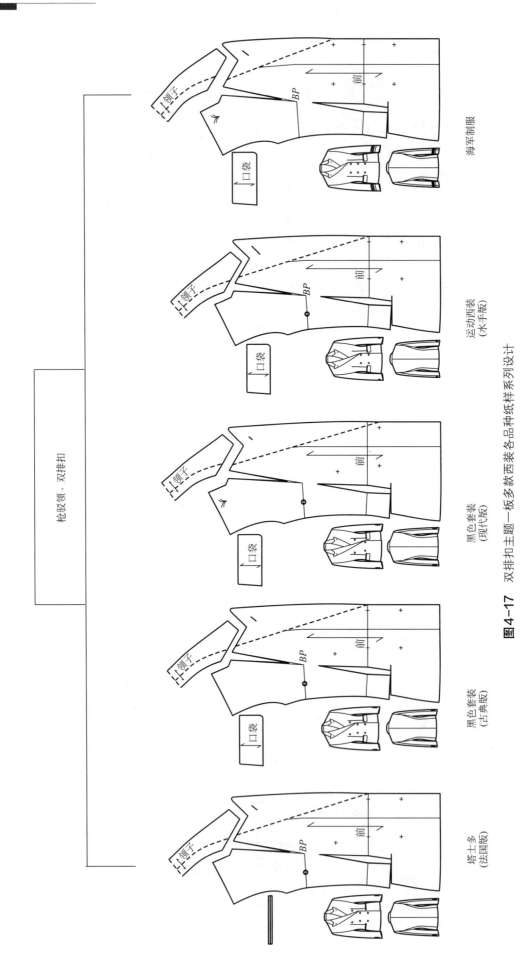

图4-17 双排扣主题一板多款西装各品种纸样系列设计

2.分割线主题纸样系列设计

公主线是最具女性化的结构，八开身是其典型的表现形式。变化是以BP点为原点，呈现辐射状态的分割线设计，可以成就无数款式。在八开身板型的基础上，通过分割线的形态变化得到多个不同款式（图4-18）。这仅是以西服套装（Suit）为例的示范，其他品种也都可依此原理完成系列设计。

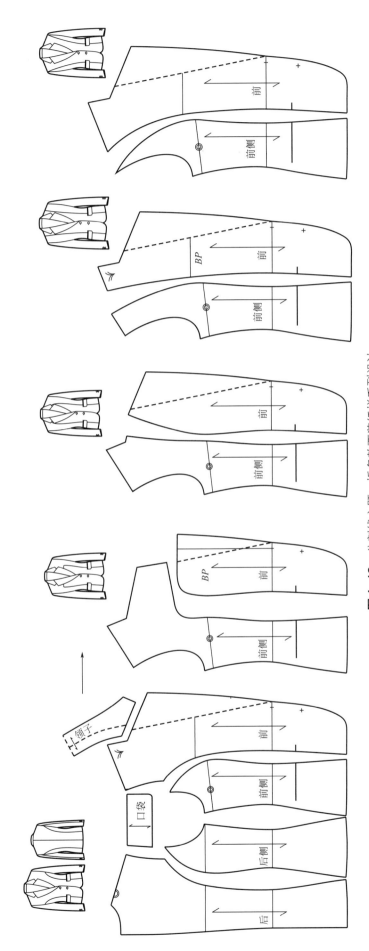

图4-18 分割线主题一板多款西装纸样系列设计

若在八开身基础上做深化设计，如缩短衣长、结合连身袖型、双排扣门襟、口袋的结构变化，就可以完成多个主题的一板多款纸样系列（图4-19）。这个规律也完全适用于外套。

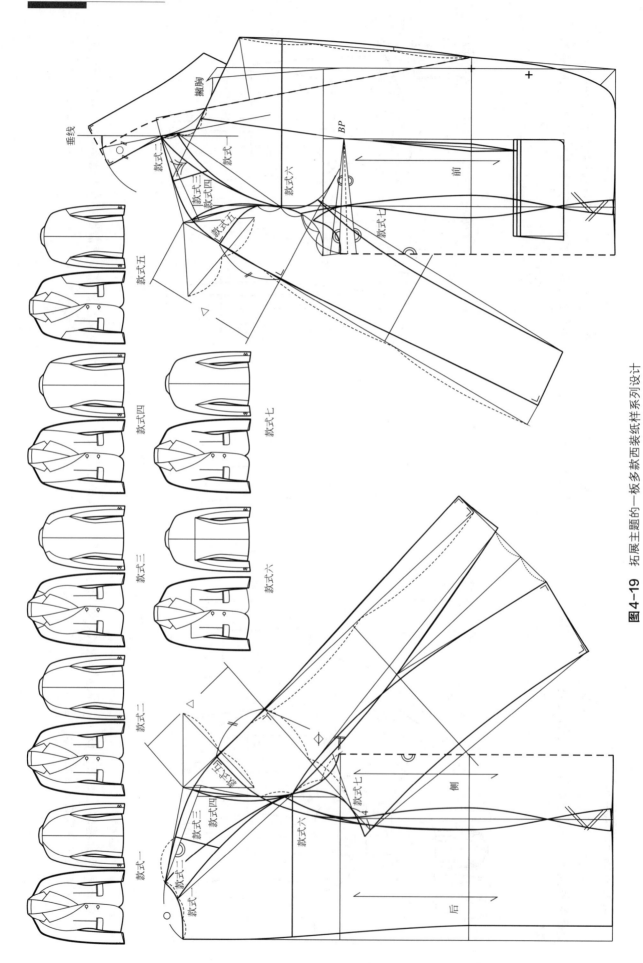

图4-19 拓展主题的一板多款西装纸样系列设计

（四）多板多款西装纸样系列设计

多板多款是主板结构和局部款式有机结合并同时改变的西装纸样系列设计。以单排扣六开身的连身袖西装作为系列设计的起点，将衣长缩短，驳点降低的铰铰驳领双排扣两粒扣门襟，直摆作为相对稳定的局部元素，通过插肩线的局部变化，位置的变化，轻松地实现了从款式一到款式五的多板多款的演变（图4-20～图4-27）。在此基础上再结合廓形如八开身大X型、H型和伞型进行变化就产生了基于廓形的多板多款的纸样系列设计（图4-28～图4-38）。由此完成了庞大的多板多款西装纸样家族。

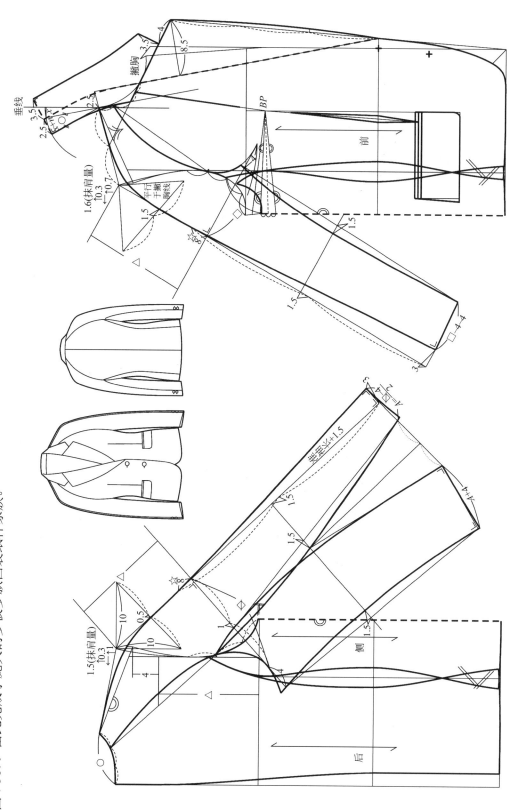

图4-20 单排扣六开身X型连身袖西装基本纸样设计

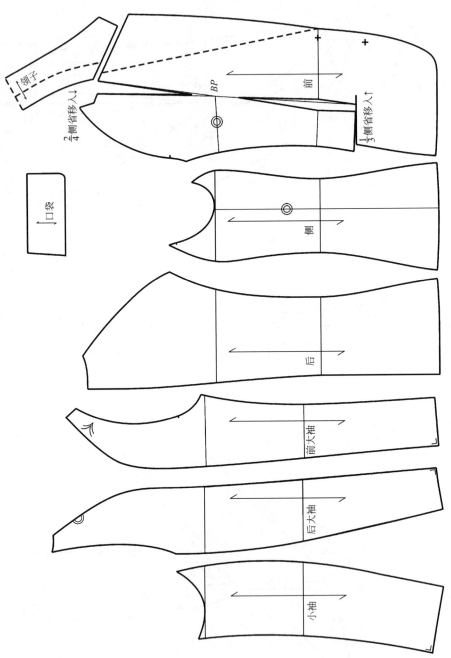

图4-21 单排扣六开身X型连身袖西装纸样分解图

领子

口袋

$\frac{2}{4}$侧省移入

$\frac{1}{3}$侧省移入

BP

前

侧

后

前大袖

后大袖

小袖

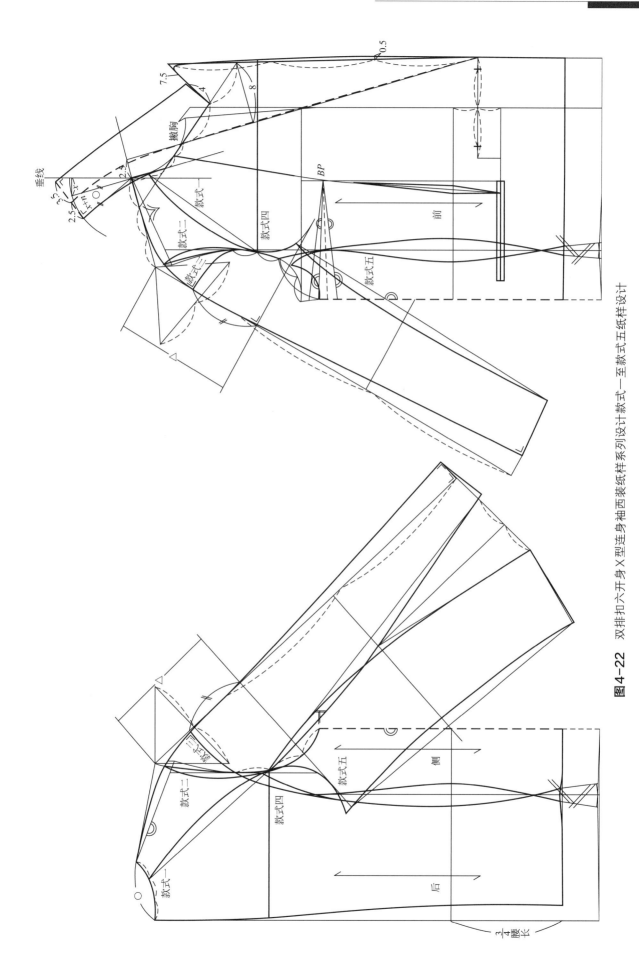

图4-22 双排扣六开身身X型连身袖西装纸样系列设计款式一至款式五纸样设计

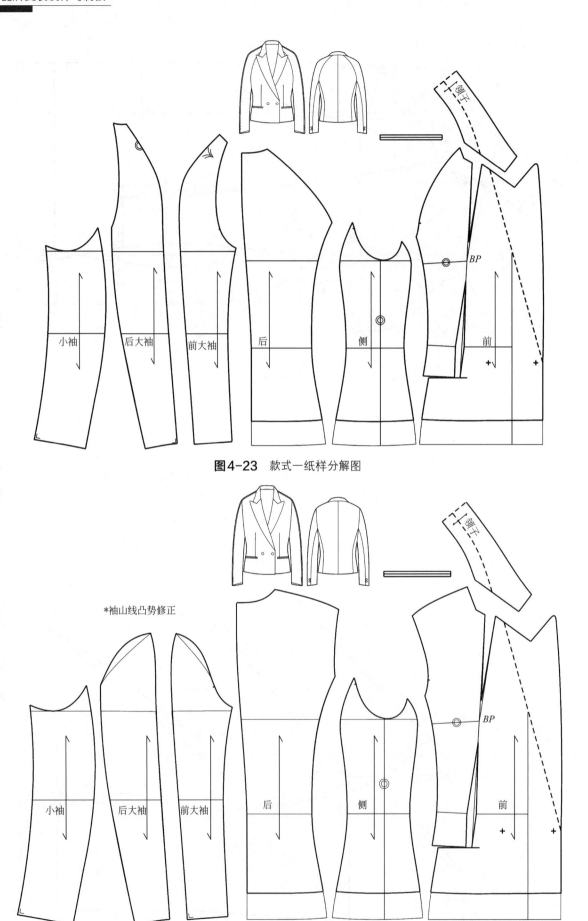

图4-23 款式一纸样分解图

*袖山线凸势修正

图4-24 款式二纸样分解图

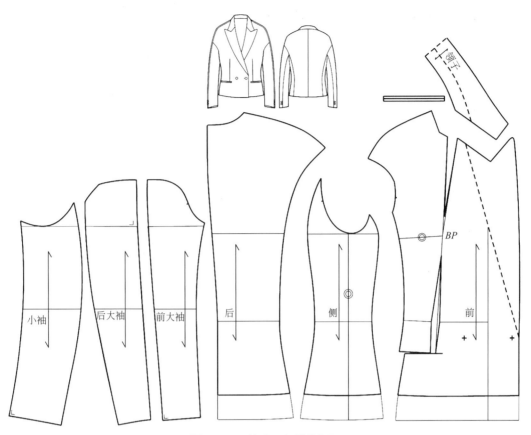

图4-25 款式三纸样分解图

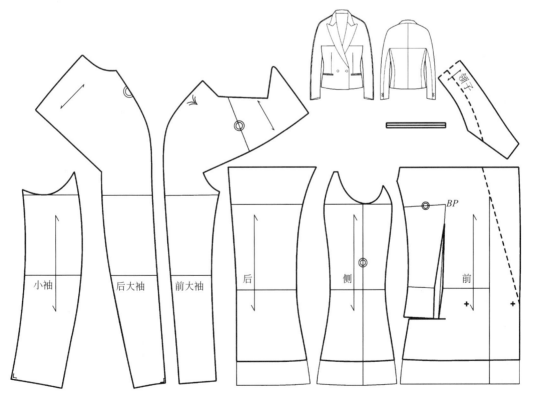

图4-26 款式四纸样分解图

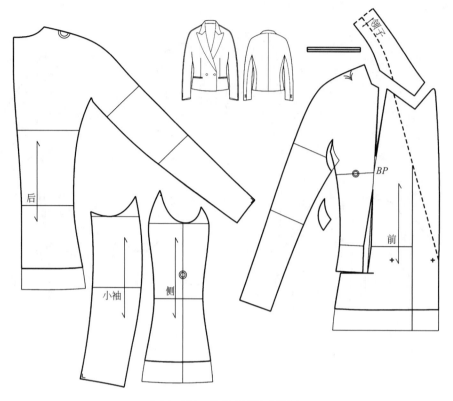

图4-27 款式五纸样分解图

图4-28 八开身大X型连身袖双排扣西装纸样系列设计款式六（半枪驳领）

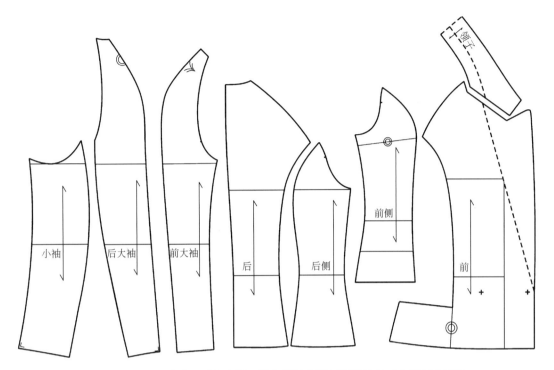

图4-29　八开身大X型连身袖双排扣西装纸样系列设计款式六纸样分解图

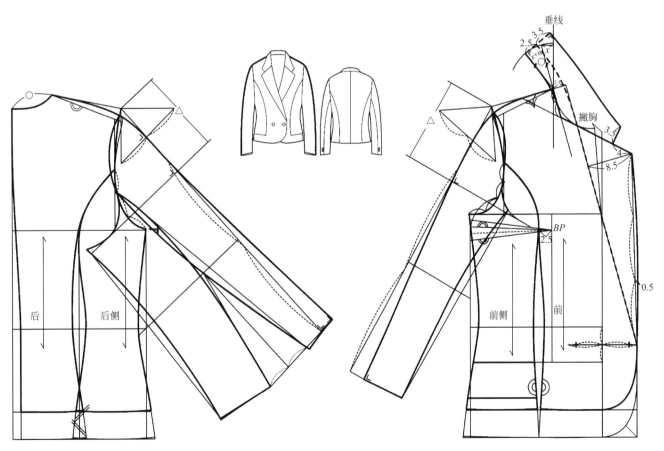

图4-30　八开身大X型连身袖双排扣西装纸样系列设计款式七（平驳领）

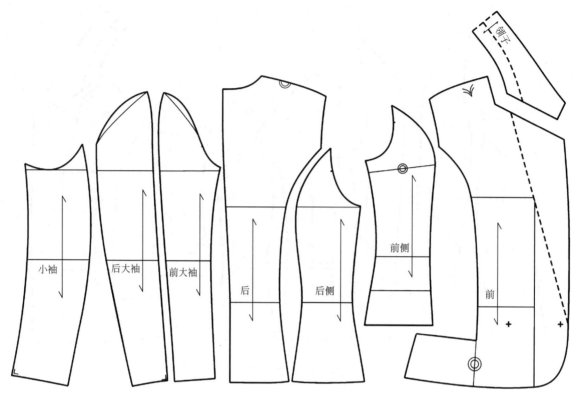

图4-31　八开身大X型连身袖双排扣西装纸样系列设计款式七纸样分解图

图4-32　八开身大X型连身袖双排扣西装纸样系列设计款式八（拿破仑领）纸样

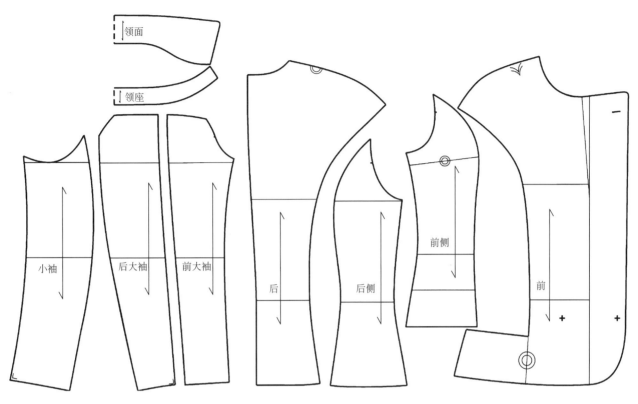

领面

领座

小袖　　后大袖　　前大袖

后　　后侧　　前侧　　前

图4-33　八开身大X型连身袖双排扣西装纸样系列设计款式八纸样分解图

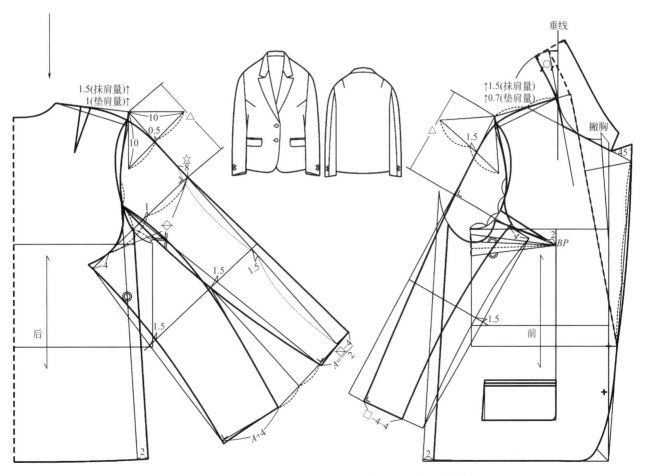

垂线

1.5(抹肩量)↑
1(垫肩量)↑

↑1.5(抹肩量)
↑0.7(垫肩量)

撇胸

后

前

图4-34　三开身H型连身袖折角领西装纸样系列设计款式九

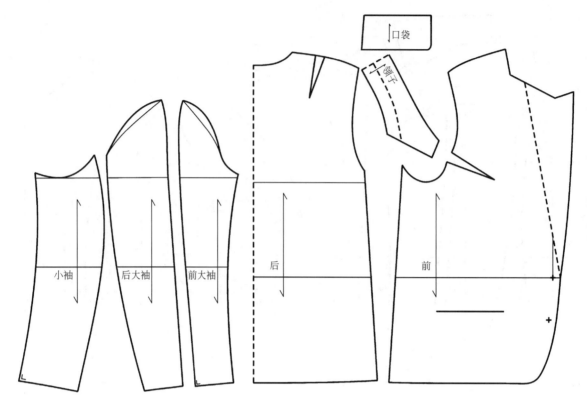

图4-35 三开身H型连身袖折角领西装纸样系列设计款式九纸样分解图

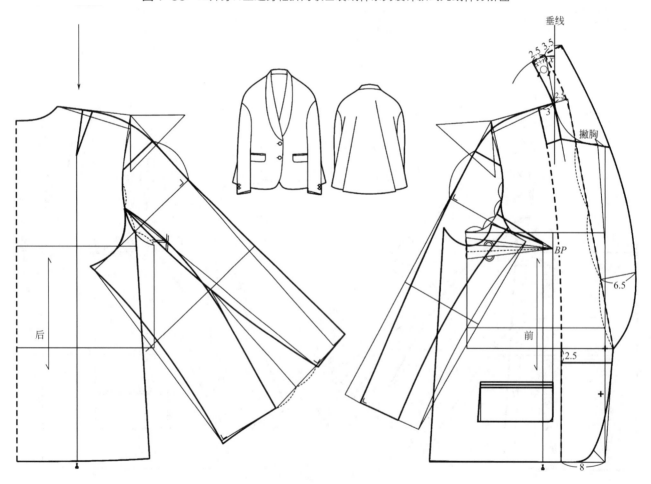

图4-36 三开身A型连身袖青果领西装纸样系列设计款式十

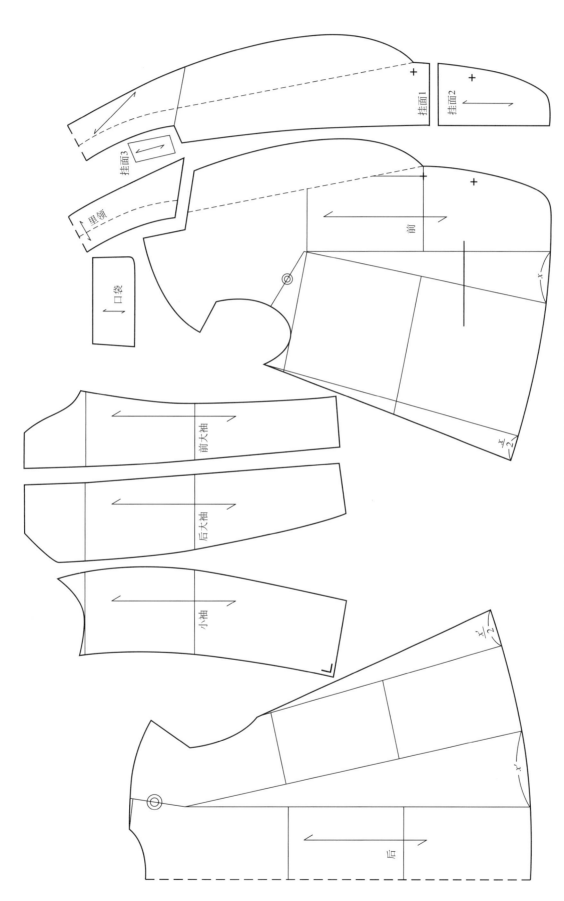

图4-37 三开身A型连身袖青果领西装纸样系列设计款式十纸样分解图

图4-38 三开身伞型连身袖平驳领西装纸样系列设计款式十一纸样分解图

第五章 ◆ 外套款式与纸样系列设计方法的应用与训练

　　现代意义的女装外套是从男装外套借鉴而来的，外套按级别分为礼服外套、常服外套和休闲外套。按照TPO经典外套由高到低的级别依次排列为，柴斯特外套、POLO外套、乐登外套、巴尔玛肯外套、泰利肯外套、堑壕外套、达夫尔外套等。男装外套的设计受到礼仪程式化因素制约较多。不过对于女装设计而言，既可以原汁原味地继承传统也可以打破界限，进行创新。

　　女装外套体系的款式系列设计要把握两点。一是继承外套TPO的传统，保持品种的独特性；二是寻找内在共性，遵循规律组织设计。这种共性体现有两点，第一，外套的设计与西装的设计一脉相承，要在男装外套平台上实现女装外套标准款的转换，廓形由男装的四开身H型转化为六开身X型，门襟由左搭右转为右搭左，衣长保持标准长度，具体到细节部分要根据具体的品种做调整（图5-1）；第二，所有外套的廓形变化不受男装限制，都可细分为合体型、宽松型、斗篷型。其可变元素拆解后分为领型、门襟、衣长、袖型、口袋等几个主要元素，其衣长有短外套、中长外套和长外套等形式；袖型有从装袖到连身袖的全程变化。以上从整体到局部在女装外套设计中通用无忌，元素流动的自由度远远大于男装。

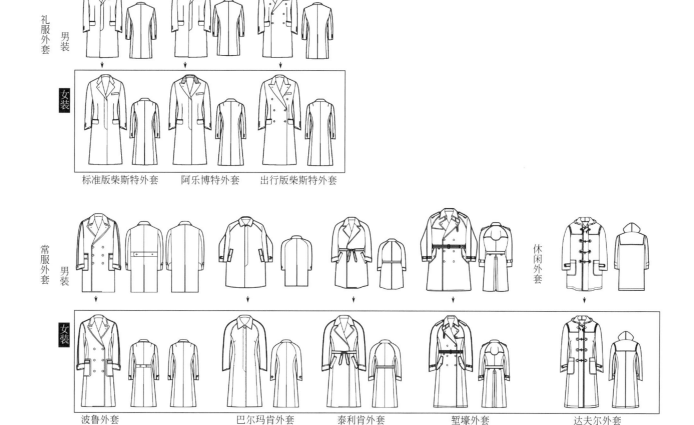

图5-1 基于TPO外套体系男装到女装变化机制

　　每个品种的元素是相对固定的，但依据元素流动的TPO规律，其组合形式却是无限的，不过在具体的款式设计中元素运用要因品种而有所选择。在此，仅通过最具典型的柴斯特菲尔德外套和巴尔玛肯外套作外套款式系列设计分析。

一、礼服外套款式系列设计——柴斯特菲尔德外套

柴斯特菲尔德外套由19世纪中叶的英国名绅柴斯特菲尔德伯爵的爵名命名的。按照款式特征可细分为标准版、阿尔博特版和出行版。这三种款式分别为单排扣暗门襟平驳领、单排扣戗驳领和双排扣戗驳领型。另外，阿尔博特版标志性元素是翻领部分采用天鹅绒面料制作。柴斯特菲尔德外套属于正式场合穿着的礼服外套，多采用开司米、海力斯、羊绒等高档面料制作，主色调为深蓝、黑和驼色。

女装柴斯特菲尔德外套以六开身X型作为标准款式展开系列设计，其廓形可以细分为合体型和宽松型。合体型如S型、六开身小X型、八开身大X型，此类型能完美的突出女性曲线，属于传统板，适合于正式场合穿着。宽松型有H型、Y型、A型，此类型无论正式与非正式场合都可以穿着，但是非正式场合更为适合。在变幻廓形的同时，基于内部元素的与整体廓形的相关性，因而领型部分要做适当调整，如阿尔博特版将天鹅绒领换为与衣身同质地的面料，同时将戗驳领变为半戗驳领，以降低其礼仪性，从而与廓形的休闲感形成协调（图5-2）。

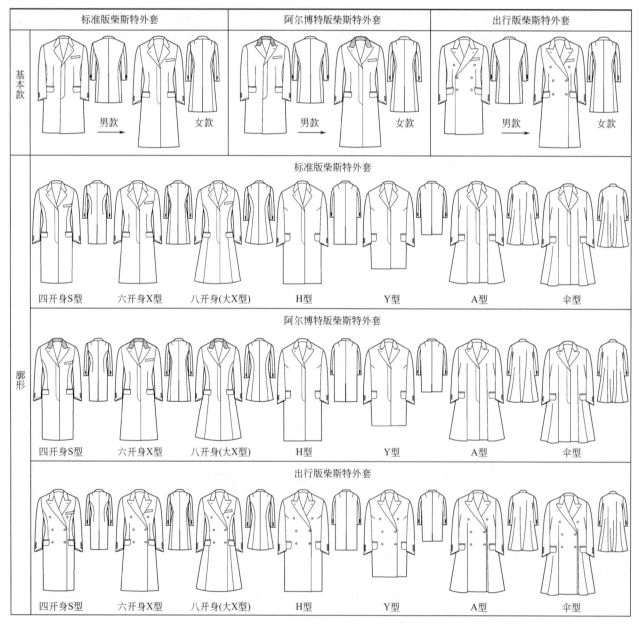

图5-2 柴斯特菲尔德外套基本廓形

将柴斯特菲尔德外套的构成元素逐个拆分，可得到领型、门襟、袖型、袖口、口袋等元素进行单元素主题的款式设计（图5-3）。

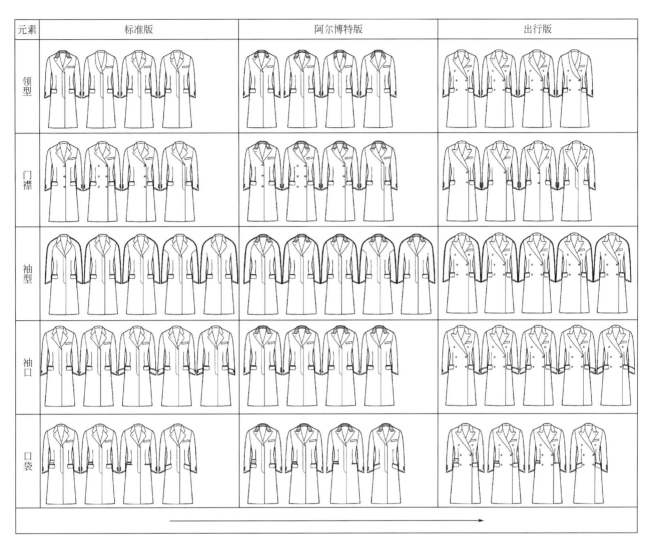

元素	标准版	阿尔博特版	出行版
领型			
门襟			
袖型			
袖口			
口袋			

图5-3　单元素主题的柴斯特菲尔德外套款式系列

（一）单元素主题设计

1.领型主题设计

适合于礼服类的领型有典型的戗驳领、青果领，也可借鉴常服领型如平驳领、折角领。同时可以依据串口线的倾斜角度、领子宽窄、驳点高低的变化形成不同形式的领型深化设计。在以阿尔博特板展开的领型设计时，无论哪种领型，还是要保留其翻领部分的天鹅绒材质，这是其标志性元素。

2.门襟主题设计

门襟部分的设计，有单排扣、双排扣、明门襟、暗门襟、偏门襟的形式，下摆随之产生变化，一般而言下摆只作长短变化。

3.袖型主题设计

袖型可以设计为装袖、连身袖，也可以有袖长的不同变化，或者设计为具有传统气息的披肩袖。袖口部分可以借鉴常服外套如波鲁外套、泰利肯外套的元素，也可在袖扣的数量上变化，如四粒扣更古典，三粒扣为中性，两粒、一粒扣较为随意，这也体现出穿着者的价值取向和归属性。

4.口袋主题设计

基于TPO礼仪级别和外套功能的限制，在口袋的形式上可供选择的就只有嵌线口袋和加袋盖的嵌线口袋，也可以选择具有"崇英"暗示的小钱袋，进行组合设计。根据"高级别向低级别流动容易，低级别向高级别流动困难"的规律，柴斯特菲尔德外套如果使用自身级别以下的外套品种的口袋就有休闲化的趋势，如柴斯特外套使用波鲁外套的复合贴口袋（图5-4）。

（二）综合元素主题设计

综合元素分为综合不同外套的元素（纵向设计）、综合自身元素（横向设计）。

纵向设计将同类型的不同品种在基于柴斯特外套礼仪性的基础上进行元素的整合设计，如标准版柴斯特外套与巴尔玛肯外套的结合，其口袋的简洁与柴斯特的款式非常协调，通过插肩袖的变化，形成脱离传统，具有现代气息的外套。出行版柴斯特外套可以与同为双排扣的波鲁外套和泰利肯外套进行元素的结合，形成具有二者特质的新颖款式（图5-4）。

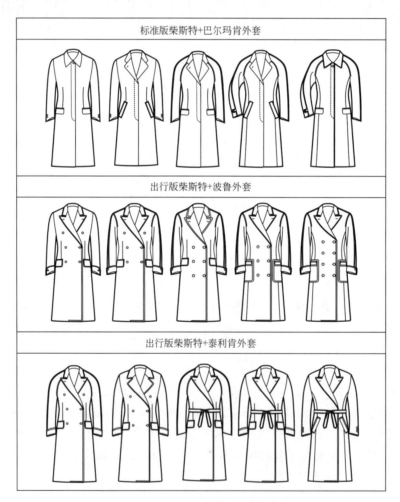

图5-4　纵向不同品种元素结合款式系列

横向设计既可以在各自的版本内展开，也可以将不同版本进行结合，如阿尔博特版与出行版进行结合，还可以结合纵向其他品种的元素。图5-5中的三个版本都是以领型、门襟、口袋为造型焦点展开的设计，却形成各自不同的风格，接着通过版本间的组合，从而由"必然王国进入自由王国"形成形式多变的柴斯特创造款式系列。

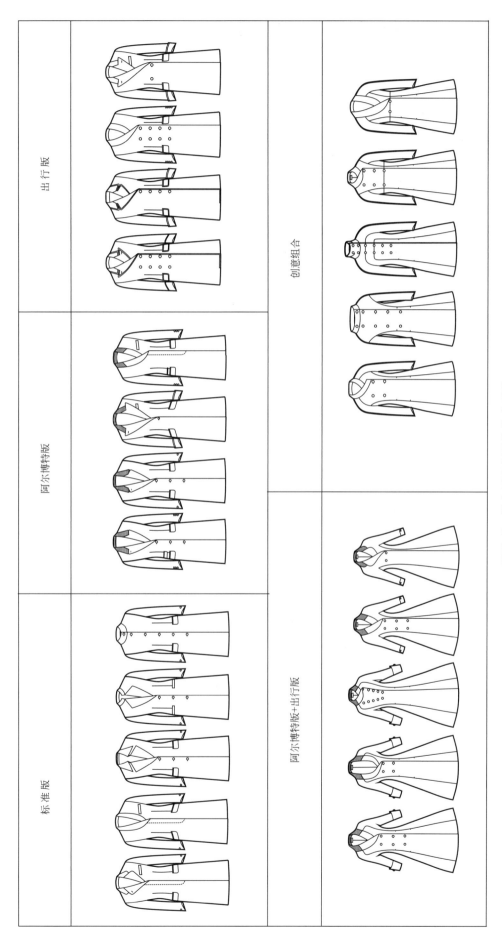

图5-5　横向元素主题的款式系列

二、全天候外套款式系列设计——巴尔玛肯外套

巴尔玛肯外套是最具国际化的品种，有"全天候外套"之称，在当今白领社会无论男装女装最受推崇，无论是在趋势发布会还是在日常商务、公务、国事交往中，都可以频频看到它的身影。

巴尔玛肯外套在整个外套体系中处于中间位置，对于不同礼仪、不同时间、不同季节都适用，但它的标准形态是雨衣外套，其标准色为土黄色，在面料的选择上，春秋季节为棉华达呢、水洗布、防雨布，冬季则可选择保暖性好的厚实面料，这种对季节的跨越性在同类型外套中是不多见的。

由于女装具有多元设计的特点，女装巴尔玛肯外套的设计呈现出颜色丰富、面料新颖、款式多变的现象，在每一季的芭布莉（Burberry）品牌的成衣发布会上，这种经典的品种总是焕发着新鲜的气息。

由男装巴尔玛肯外套转化为女装巴尔玛外套，廓形由宽摆箱式的外观变为收身小X型造型，衣长有所延长，口袋由复合型斜插口袋变为口袋与结构线融为一体的简洁设计。其他元素如插肩袖、箭型袖襻、巴尔玛领、暗门襟、后开衩隐形搭扣等均有所保留（图5-6）。

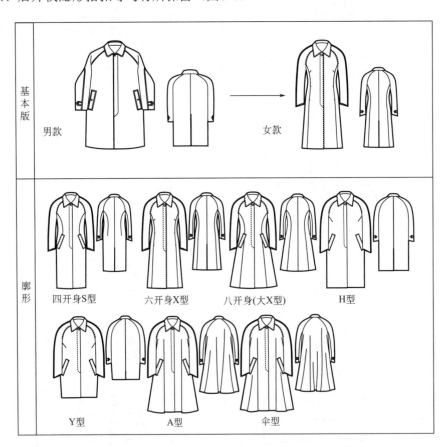

图5-6 巴尔玛肯外套基本廓形

由于巴尔玛肯的款式简洁，柴斯特菲尔德外套的廓形也同样适用于巴尔玛肯，而且H型、Y型和A型的设计同样适用于出席正式场合。

（一）单元素主题设计

将巴尔玛肯的元素进行拆解，可以得到单个元素"用尽"的可变元素款式系列。"用尽"是指每单个元素要尽量将效果发挥到极致。适合巴尔玛肯的领型既可以是关门领，也可以是开门领。驳点设计根据外套的功能不适宜太低。门襟可以在暗门襟形式下，设计为偏门襟，或者有单排扣、双排扣的明门襟。袖口设计可以借鉴同类型达夫尔的袖襻或者泰利肯、波鲁外套的袖头元素。口袋的变化最为丰富，既可以是斜

插袋，也可以是平或斜的有袋盖的嵌线口袋，还可以是贴袋形式，几乎涵盖了外套口袋由高到低的所有级别的形式，不过休闲类的风琴袋要慎用（图5-7）。

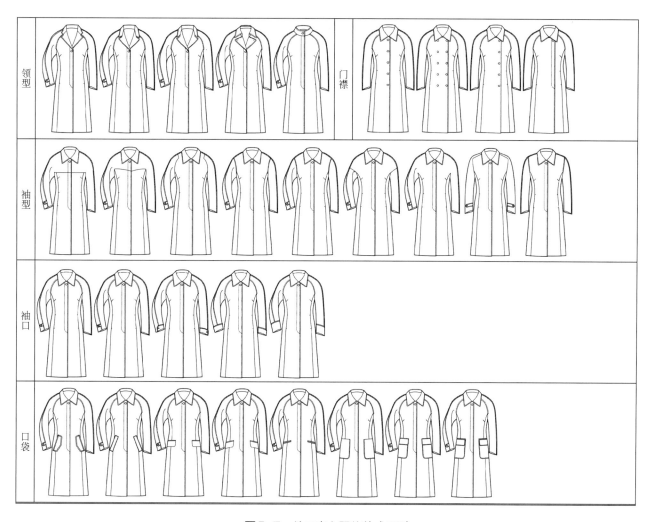

图5-7　单元素主题的款式系列

（二）综合元素主题设计

巴尔玛肯外套的系列设计具有广阔的发展空间，随着面料厚薄的变化呈现不同的风格。纵向而言，它既可结合同类型的堑壕外套，也可以与纯毛面料的波鲁外套元素结合，通过保留二者典型元素的方式形成系列。将巴尔玛肯外套的元素通过与波鲁外套的典型元素如阿尔斯特领、双排扣门襟、复合式贴口袋和半截式袖卡夫、后腰带等的置换设计，从而形成具有休闲风格的外套系列（图5-8）。

巴尔玛肯　　　　波鲁

图5-8　纵向不同品种元素结合款式系列

　　女装外套品种多样，横向同类型的所有元素都可以相互流动。系列一以局部元素如领型、门襟、袖型、袖口作为造型焦点展开设计，接着从系列一到系列二保持了款式的稳定性，仅将六开身小X型变化为A型，就形成了统一款式中却有着严谨与飘逸风格的两组款式系列，设计的连贯性显而易见。其实每一个单独的廓形都是一个横向的变化，结合廓形就成为经纬交织的款式系列，最终形成一张系列设计的网络（图5-9）。

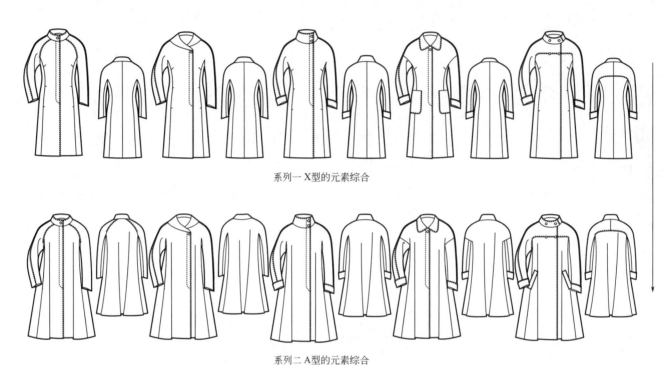

系列一 X型的元素综合

系列二 A型的元素综合

图5-9 综合元素主题的款式系列

三、综合外套款式系列设计——外套其他品种

　　通过柴斯特外套和巴尔玛肯外套款式系列设计实例训练，可以看出系列设计的流程就是，首先导入TPO知识系统对具体品种进行分析，确定其款式、穿用场合、面料、色彩和禁忌；然后确定不变因素，拆解可变元素进行主题设计；接着再发展到综合元素的款式系列，从而进入到"自我增值"的"无限繁殖"状态。这种设计并不是凭空想象，客观上我们不太可能创造新的元素，就像不太可能创造新的汉字一样，但新的词汇却层出不穷，因此时装都是基于经典款式基础上的衍生，因此这种方法具有很强的可靠性和传承性，这种创新更加理性，市场可信度高。将这种方法推而广之，外套其他品种如波鲁外套、泰利肯外套、堑壕外套、达夫尔外套的设计都可依此流程创造它们庞大的款式帝国。

　　在综合元素设计阶段，虽然是将外套的元素打散重组，但是每个系列的主体相对稳定，细节特征也都很明显，当某个品种的元素成为主导时，主题风格便被确立下来。如波鲁外套的设计始终都保持了其双排扣、半截式卡夫的特点；泰利肯外套主题的设计以门襟的简洁和系扎腰带作为相对稳定的元素贯穿始终；堑壕外套主题设计中胸档布、肩襻元素相对稳定；达夫尔外套主题的设计始终以保留其扣襻、帽子的独特性展开（图5-10）。每个品种在经典元素的适当保留以及与其他外套元素的流动基础上展开造型焦点的设计，从而形成了很好的互动，最终完成了既有"整体感"又有"独特性"的系列设计。

波鲁外套综合元素的款式系列

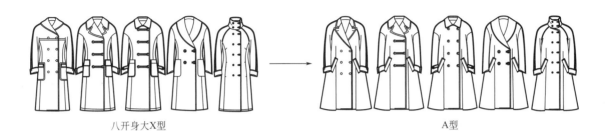

八开身大X型　　　　　　　　　　　　A型

泰利肯外套综合元素的款式系列

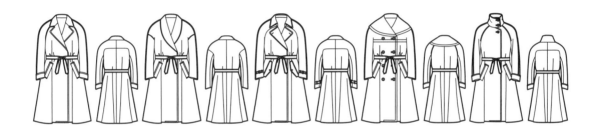

堑壕外套综合元素的款式系列

达夫尔外套综合元素的款式系列

八开身大X型　　　　　　　　　　　　A型

图5-10　外套各品种综合元素组合的款式系列

四、外套纸样系列设计

外套纸样系列设计表现的系统性最强,它是通过基本纸样、亚基本纸样、类基本纸样进入一板多款、一款多板和多板多款系列设计的。

(一)相似形亚基本纸样

按照男装习惯外套是套在西装外边的,与西装纸样相比呈相似形。这就是亚基本纸样的特点。制图步骤在基本纸样基础上首先要采用侧省的1/3量作撇胸,然后将基本纸样做相似形的放量设计,将追加放量按照几何级数的方式进行分配,在具体的操作中依照微调设计的方法,即强调不可分性和可操作性放量设计的分配原则综合运用,从而得到相似形基本纸样(图5-11),然后再进入到外套类基本纸样的绘制。外套类基本纸样分为两种,一种是以标准柴斯特菲尔德外套为基本纸样的装袖结构,一个是以巴尔玛肯外套为基本纸样的连身袖结构。

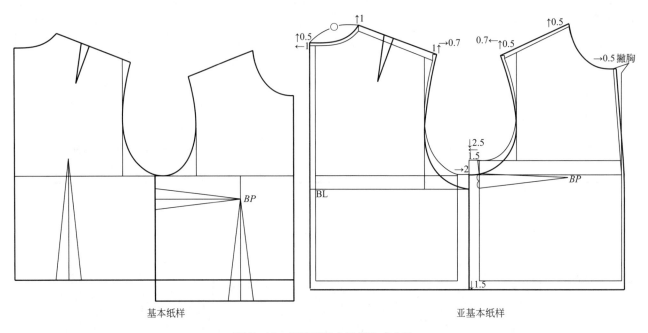

图5-11 相似形基本纸样生成方法

(二)装袖类外套基本纸样——标准柴斯特菲尔德外套纸样系列设计

以六开身X型标准柴斯特菲尔德外套作为装袖类外套基本纸样。在基本纸样12cm松量基础上追加了10cm,一半制图为5cm,按从大到小依次为后侧、前侧、后中和前中递减分配(图5-12)。局部尺寸要根据柴斯特外套款式特点进行设计,如门襟单排扣明门襟搭门设定为2cm,暗门襟则为2.5cm,衣长在背长的基础上追加1.5cm背长减去10cm等。六开身的结构设计原理与西装的完全相同,包括隐形省的处理以及分割线位置的确定。袖型为合体两片袖,袖长为西装袖长加3cm,袖山高采用基本袖山加上袖窿开深量($\triangle +n$,见图5-12),按照西装方法完成大小袖装袖设计。一旦完成了标准柴斯特外套基本纸样的绘制,仅通过前片门襟和领型的局部变化,就可以实现一板多款的阿尔伯博特版、出行版柴斯特菲尔德的纸样系列设计(图5-13)。

女装柴斯特菲尔德外套的廓形变化和西装一样丰富,也有八开身大X型、四开身S型、四开身H型、四开身Y型、三开身A型和三开身伞型的变化,此系列可视为一款多板的柴斯特菲尔德外套纸样系列设计(图5-14~图5-19),同类型其他品种也都适合于这几种廓形设计,形成多板多款的外套纸样系列设计。

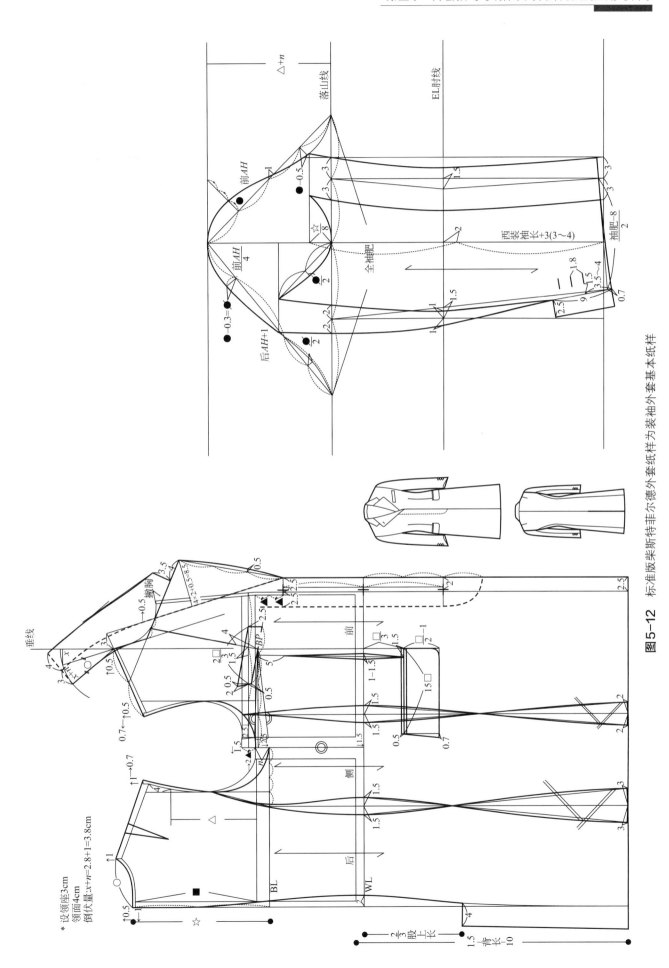

图5-12　标准版柴斯特菲尔德外套纸样为装袖外套基本纸样

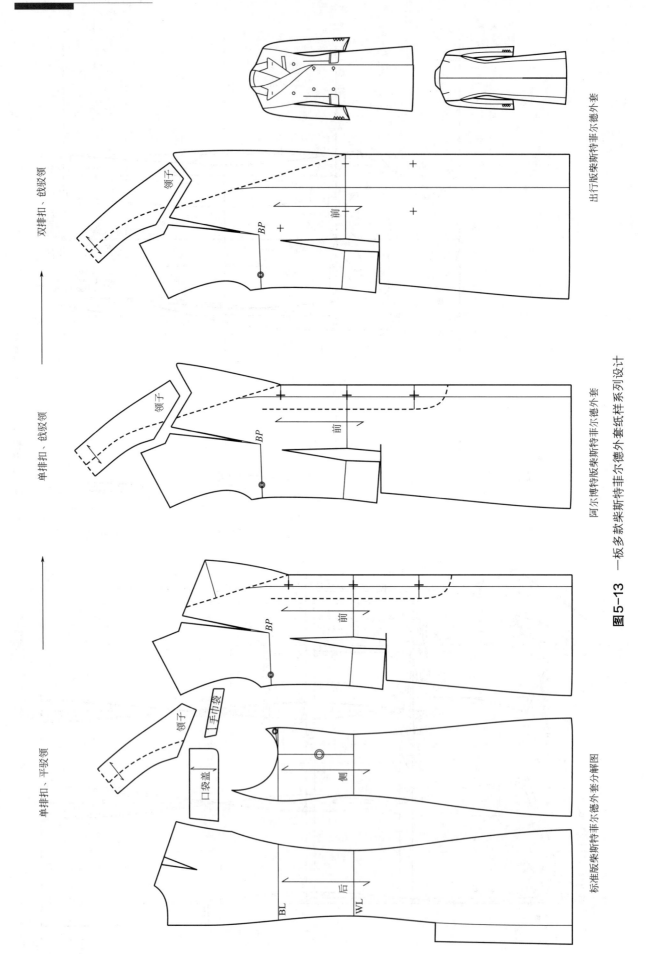

双排扣、戗驳领

领子

BP

前

出行版柴斯特菲尔德外套

单排扣、戗驳领

领子

BP

前

阿尔博特版柴斯特菲尔德外套

单排扣、平驳领

领子

手巾袋

口袋盖

BP

前

侧

BL

WL

后

标准版柴斯特菲尔德外套分解图

图5-13 一板多款斯特菲尔德外套纸样系列设计

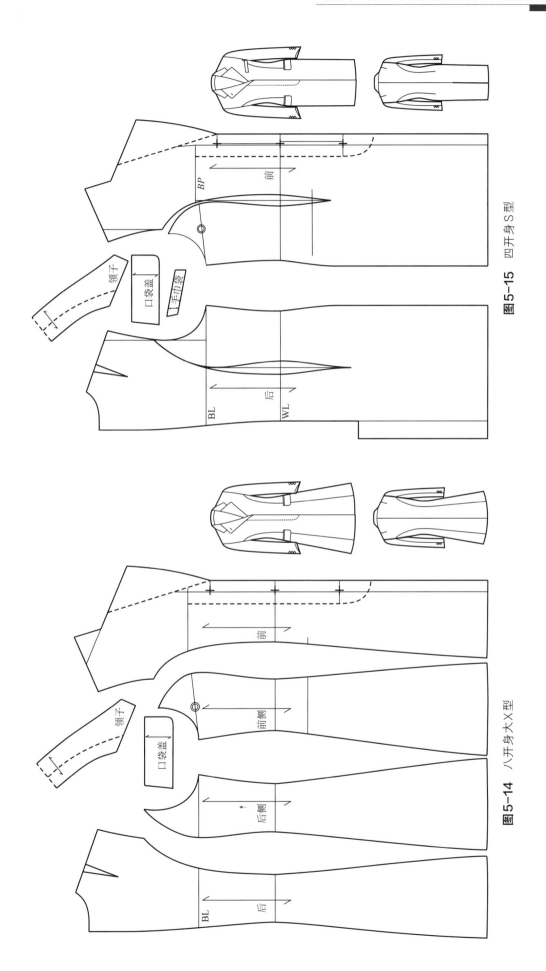

图5-15　四开身S型

图5-14　八开身大X型

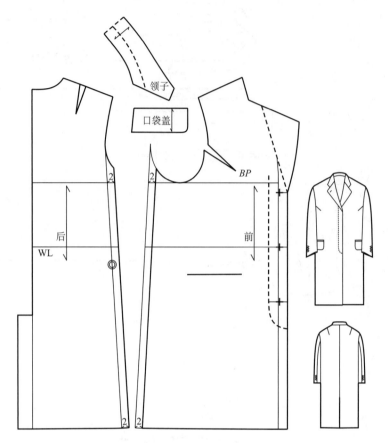

图5-16 四开身H型

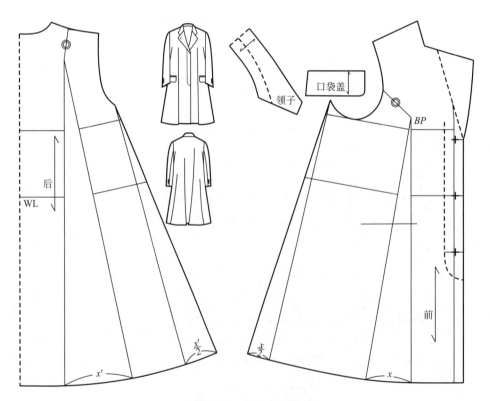

图5-17 三开身A型

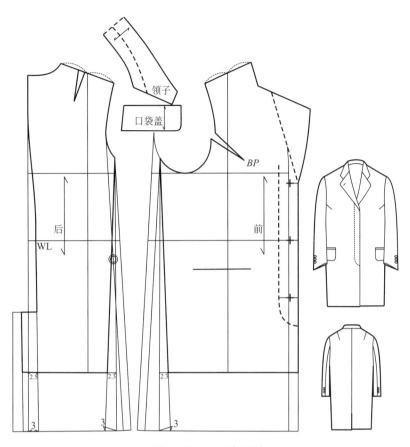

图5-18 四开身Y型

图5-19 三开身伞型

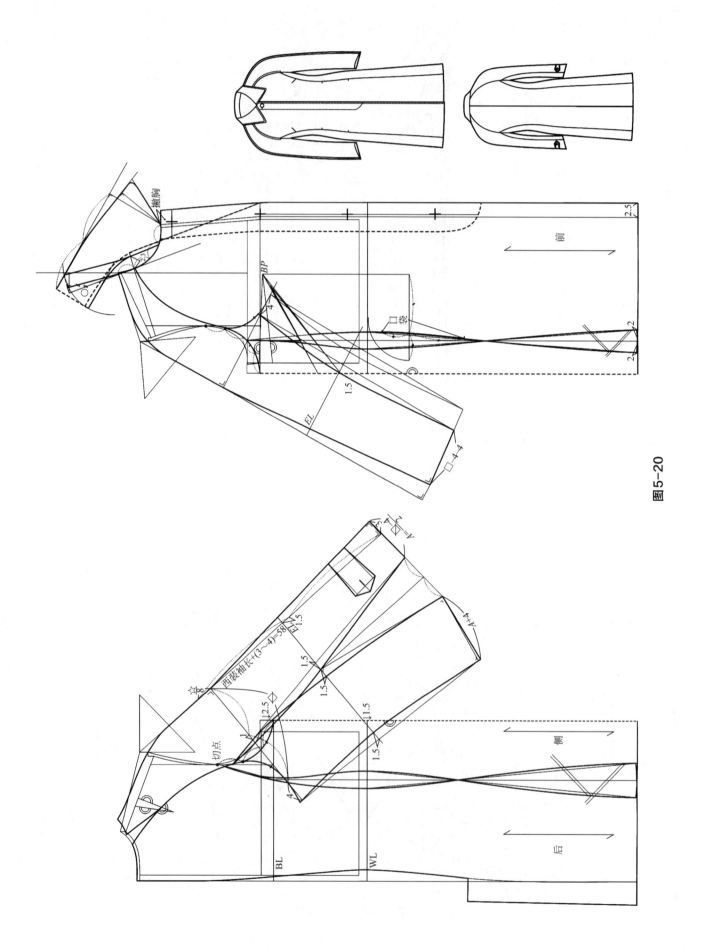

图5-20

撇胸

前

口袋

BP

EL

1.5

BL

WL

后

侧

西装袖长+(3~4)=58

切点

（三）插肩袖类外套基本纸样——巴尔玛肯外套纸样系列设计

巴尔玛肯外套与柴斯特菲尔德外套最明显的差异就是插肩袖结构和可开关式的巴尔玛领以及前片胸省的处理不同。此纸样可视为插肩袖类外套基本纸样，在此基础上适合于波鲁外套、泰利肯外套、堑壕外套的纸样系列设计（图5-20）。

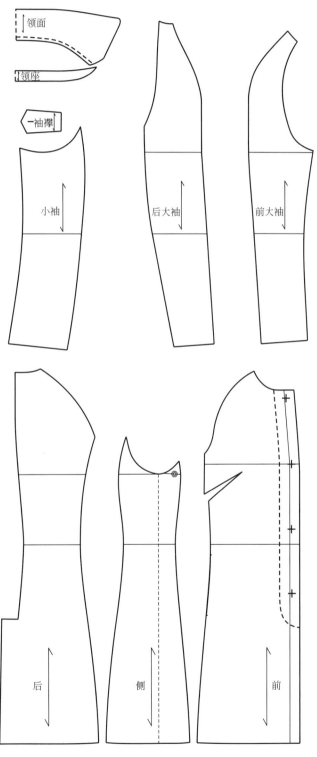

图5-20 巴尔玛肯外套纸样为插肩袖类外套基本纸样及分解图

外套的所有元素都可以在巴尔玛肯外套中互相流动，没有界限，如果将巴尔玛肯与柴斯特菲尔德外套的廓形平台相互融合，并不需要重新制板就可以完成装袖巴尔玛肯外套一款多板的系列设计。在柴斯特外套装袖结构平台上实现一款多板巴尔玛肯外套的装袖六开身X型、八开身大X型、四开身S型、四开身H型、四开身Y型、三开身A型和三开身伞型的纸样系列设计（图5-21～图5-27）。

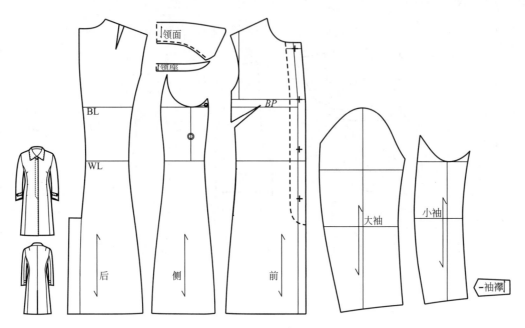

图5-21　六开身X型

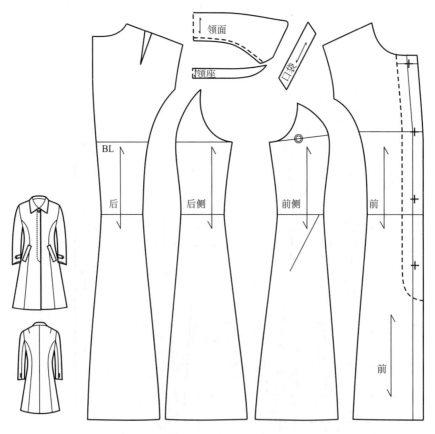

图5-22　八开身大X型

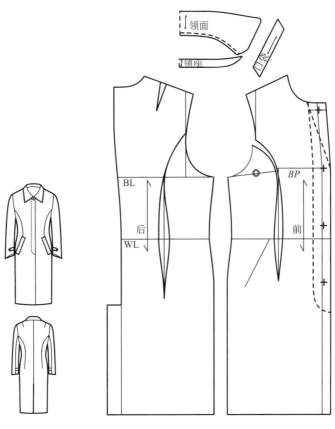

图5-23　四开身S型

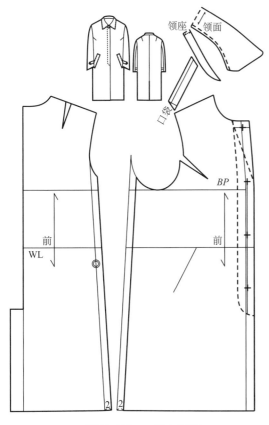

图5-24　四开身H型

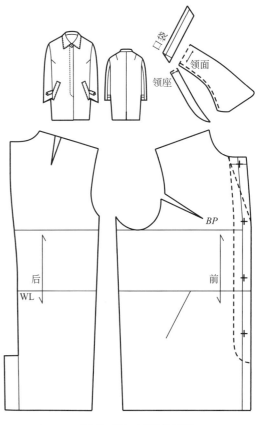

图5-25　四开身Y型

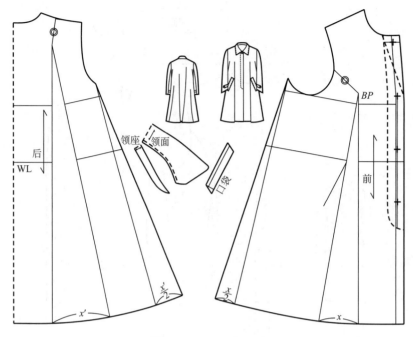

图5-26 三开身A型

图5-27 三开身伞型

（四）多板多款外套纸样系列设计

以巴尔玛肯插肩袖基本纸样为基础，首先完善连身袖设计的几款造型焦点，然后综合两种外套的构成元素就完成了多板多款的外套纸样系列设计，这时外套风格呈现一种全新的面貌但又不失其传承性。如图5-28款式一、图5-29款式二分别在连身袖巴尔玛主板基础上加入了柴斯特菲尔德外套的平驳领、戗驳领型和有袋盖的嵌线口袋。款式三在领型变为青果领的基础上，加入了隐蔽简约的口袋设计。款式四将领型变化为巴尔玛领型、将口袋设计与插肩袖、分割线巧妙结合。款式五则是在款式四基础上，重新设计了分割线的走向。这个系列以单排扣、暗门襟、连身袖作为相对稳定的因素，通过以领型、分割线、口袋形式的变化作为个性设计，从而形成了一组稳中有变，循序渐进的纸样系列设计（图5-30～图5-32）。

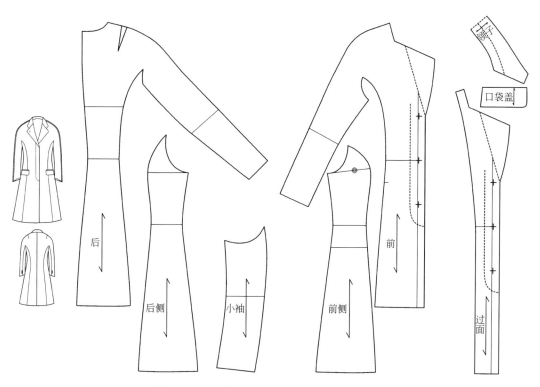

图5-28　款式一（更多信息见323～326页）

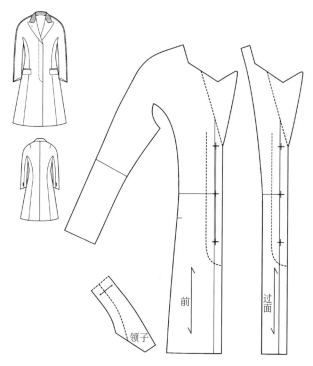

图5-29　款式二（更多信息见323～326页）

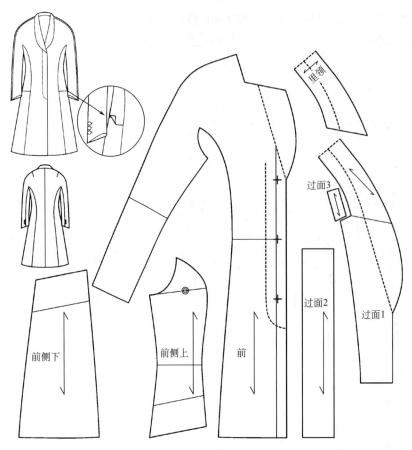

图5-30 款式三（更多信息见323～326页）

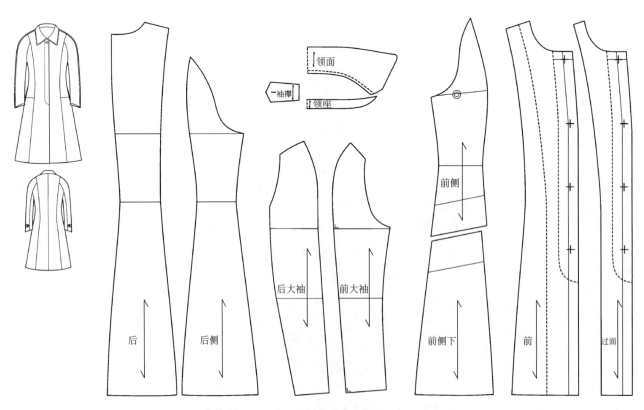

图5-31 款式四（更多信息见343和344页）

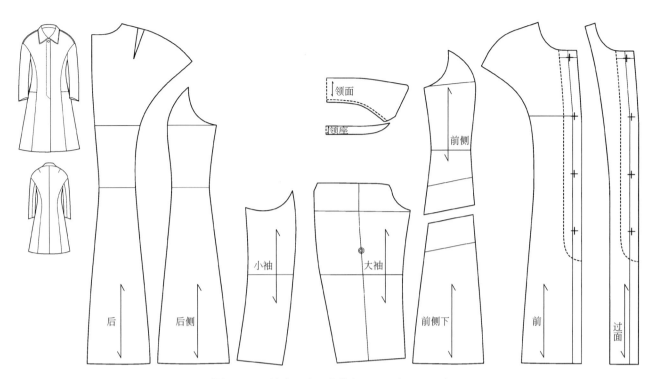

图5-32　款式五（更多信息见343和344页）

这种结构的设计具有很大的灵活性，各种元素的流动非常自由，如果保持这种趋势延伸，再结合泰利肯或者是波鲁外套的领型，口袋等形式进行变化，将会实现更多外套纸样系列设计的尝试。

以上实例训练仅是通过外套中的两种结构展开的设计的实践，其实将这种方法推而广之，每个外套品种都可以在这种方法指导下形成各自的设计系统，因此系列设计的系统方法在整个纸样设计中具有普遍性和可靠性。后面通过更多类型的设计实践中会得到证实。

第六章 ◆ 衬衫款式与纸样系列设计
方法的应用与训练

女装衬衫是从男装内穿衬衫演变出来的，它是重要配服，从形式上可以分为内束式和外穿式。一般内束式贴合身体，又可以理解为合体衬衫，这种衬衫既可以独立穿着也可与套装组合穿着，设计风格侧重于简约优雅。外穿衬衫因为衣摆露在裙子或裤子外面，表现为外衣化，造型上具有明显独立性，设计富于变化，功能性强，具有男性化风格。

在衬衫面料的选择上，要根据TPO的级别而定。一般日常穿着的内穿衬衫因为多束进裙子或者裤子与套装组合搭配，为避免下摆束入后显得臃肿，所以选择的面料多为轻薄柔软的织物，吸湿防皱的棉布与化纤混纺织物最为常用。礼服衬衫，选择轻柔有光感的丝绸类织物。外穿休闲衬衫，其面料多为自然粗犷、肌理感丰富的材质，根据季节的不同，秋冬季适合选用薄毛织物或者细条灯芯绒，夏季适合选择棉、麻等天然纤维的织物。

衬衫颜色，内穿衬衫和休闲衬衫的选择标准不同。内穿合体衬衫，依照TPO规则，白色级别最高，越深级别越低；在花色方面，净色级别最高，其次为竖条纹（越暗越高、越亮越低），再次为格子（小格子级别高于大格子），最后为自由图案花色。不过基于女装的多彩化和多样化的追求，在穿着搭配上相对男装具有极大的自由度。休闲衬衫对于色彩的要求相对宽泛，没有较多的限制，一切颜色和花色都不拒绝。在搭配上，既可以单独穿着，也可以与众多的户外服进行组合。

一、合体衬衫款式与纸样系列设计

合体衬衫对体型的塑造效果明显，能表现出女装特点，它可以组合，也可以单独使用，在设计上可以全方位运用男装衬衫元素，而同类型男装衬衫要保守得多。

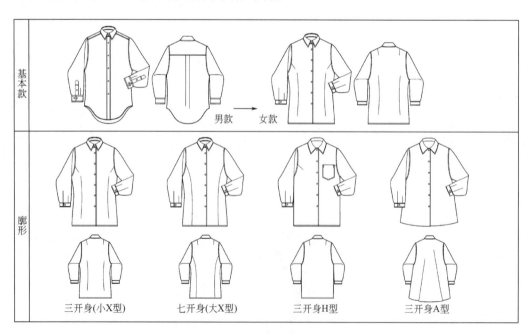

图6-1 衬衫的基本廓形

（一）合体衬衫款式系列设计

男士内穿衬衫按级别可划分为礼服衬衫和常服衬衫。常服企领衬衫是应用范围最广的类型，由此款过渡到女衬衫基本款，对于满足系列设计的拓展具有一定的基础意义。

依据女性特点将男士内穿衬衫基本款进行合理的调整，去掉男士衬衫特有的育克，袖头设计成窄卡夫，将剑形明袖衩改为简易的开衩设计，下摆为直摆，根据女性特点设计必要的省道来塑形，前门襟为单排七粒扣，领型保持保持标准企领形式（图6-1）。

女装衬衫的廓形可以细分为三开身小X型、七开身大X型、三开身H型以及三开身A型。其中小X型和大X型均为合体状态，可以内、外两用，而H型和A型状态相对宽松，适合于单独穿着。其中以三开身小X型结构作为衬衫基本款展开设计。

将基本款衬衫的构成元素进行拆解，按照元素重要性依次排列为领型、卡夫、袖型、门襟、下摆、胸前装饰等（图6-2）。按照各主题依次展开设计，可以获得不同的款式系列（图6-3）。

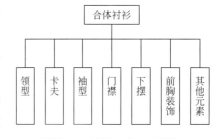

图6-2 衬衫可变元素拆解

1.领型主题设计

衬衫领型可变化的形式有立领、翼领、企领、扁领、小翻驳领和蝴蝶结领等。立领是翼领的前身，其风格较为传统，基于现代生活的休闲化和舒适性的需求，立领设计要遵循宁低勿高的原则。翼领属于古典风格，在TPO规则中，赋予翼领搭配领结的专属性，搭配领结是晚礼服；搭配领带是日间礼服，不过这些规则在女装中设计中更多视为概念化符号。现代衬衫的领子是以企领作为基本标志，企领的基本类型有标准领、锐角领、直角领、钝角领、圆角领和领角加固定扣等领型。越接近锐角领越传统，越接近钝角领越现代，对于领型选择的不同也可以体现出穿着者对于时尚理解的不同和处世态度，这些造型规律仍没有脱离男装传统，突破这个传统对于女装设计是没有禁忌的。重要的是先要了解、认识这个传统，才能突破。

2.卡夫主题设计

衬衫卡夫有单层与双层两种形式。在男衬衫中双层卡夫配袖扣与礼服搭配，在女衬衫设计中，双层卡夫也仅是某种设计概念的符号，可以不考虑场合的暗示。单层卡夫的应用范围最为广泛，无论是合体衬衫还是休闲衬衫都普遍使用。袖卡夫角饰有直、方、圆、抹角。卡夫的宽窄、扣子的多少结合袖型进行设计，可以有多种组合。需要注意的是，对于女衬衫而言，卡夫设计可以超宽或者超窄，但是忌讳中庸的风格，这样可以避免"男装女装"的倾向。

3.袖型主题设计

合体衬衫的袖型多为装袖，既可以是简洁的设计形态，也可以有灯笼袖、泡泡袖、打褶等装饰性的袖型变化，还可以有连身袖的设计。袖子由长至短可有长袖、七分袖、短袖等不同长度的设计。随着袖型形式的丰富，衬衫内外穿的分别变得模糊不清。

4.门襟主题设计

衬衫的门襟分为暗门襟、明门襟，形式上可以有单排扣、双排扣、偏门襟以及套头式的设计等。

5.胸饰主题设计

基于女衬衫内衣外穿的趋势，男装礼服衬衫胸饰元素被广泛使用，这样无论组合或单独使用都会提升视觉美感。在此既可以采用男士礼服衬衫的U型结构，也可以利用荷叶边进行变化，还可以结合蕾丝的拼接或是缎带蝴蝶结等。装饰元素种类繁多，省、断与不同形式的褶和工艺明线设计结合，会使女衬衫更具华丽感和装饰性。

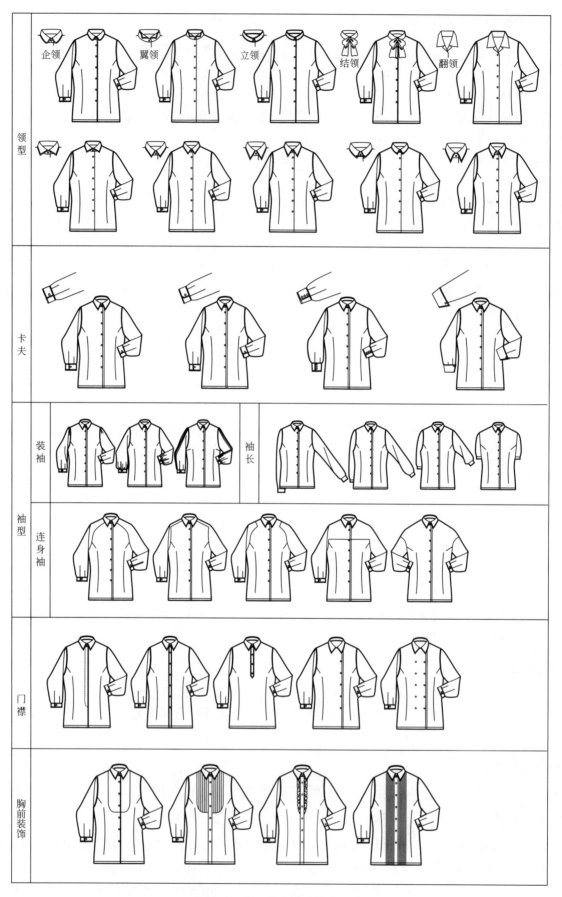

图6-3 单元素主题的款式系列

除了以上主要元素的设计变化外，下摆的直摆、圆摆变化，口袋的设计等都可以成为设计的焦点。衬衫口袋设计要恰到好处，不是必要时可以不设袋，这样更能突出女性前胸部线条的简洁和完整性。

6.综合元素主题设计

当综合多个元素展开系列设计时，必须使其中元素结合成焦点设计，如采用小X基本廓形和领子、袖子、分割线和褶元素结合，其中分割线和褶结合最具特色而成为焦点设计。结合不同的领型、袖型，形成一组整体感强变化丰富的衬衫款式系列（图6-4）。

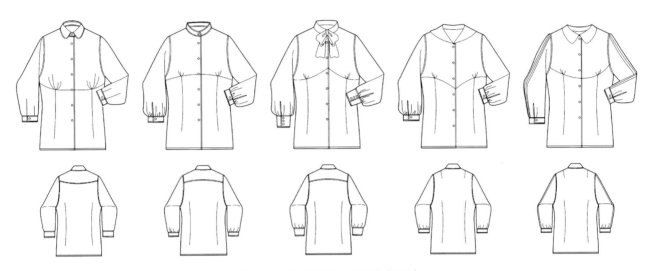

图6-4 综合元素主题的款式系列

（二）合体衬衫纸样系列设计

合体衬衫纸样系列设计可以直接从基本纸样中获得类基本纸样展开一款多板、一板多款和多板多款的设计。

由基本纸样到合体衬衫基本纸样，需要进行减量设计。基本纸样的松量为12cm，合体衬衫的松量为7cm，减量为5cm，一半制图减量为2.5cm，根据前减量大于后减量缩量设计原则，分配为1.5：1。下摆最低松量为6cm，衣长设计为臀围线向下截取一个腰长作为标准衣长，如果做短款设计，可以采用3/4腰长。腰省按照后大于前的原则，后片收省量最大为3cm，故设2.5cm。门襟宽为1.5cm，扣位设定以腰位作为基本点，从领围下降6cm，确定第一粒扣子，之后平分4份，然后取其中一份确定腰线以下的扣位（图6-5）。

领型为企领，袖型为一片袖，采用减量设计后的前AH和后AH＋1的基本参数绘制袖子纸样，卡夫宽度为3cm，长度为腕围加10cm。袖口与卡夫长缝合，袖口宽多余卡夫的余量作为褶量。

（三）基于廓形的一款多板衬衫纸样系列设计（合体型）

以三开身小X型作为合体衬衫基本纸样，保持领、袖等局部款式不变，通过省缝断缝、直开身、切展等手段实现大X型、H型和A型的一款多板系列设计。所有后片中线不作破缝设计，这主要考虑到合体衬衫的面料较为轻薄柔软，保持衣片的简洁和完整性是必要的。

七开身大X型的纸样设计完全在小X型基本纸样（图6-6）的基础上展开，领型、扣位、门襟保持不变。仅改变分割线的状态，由省变为断，分割线的位置综合考虑各片的比例平衡进行设定，也和西装八开身的分割线确定方法相同（图6-7）。

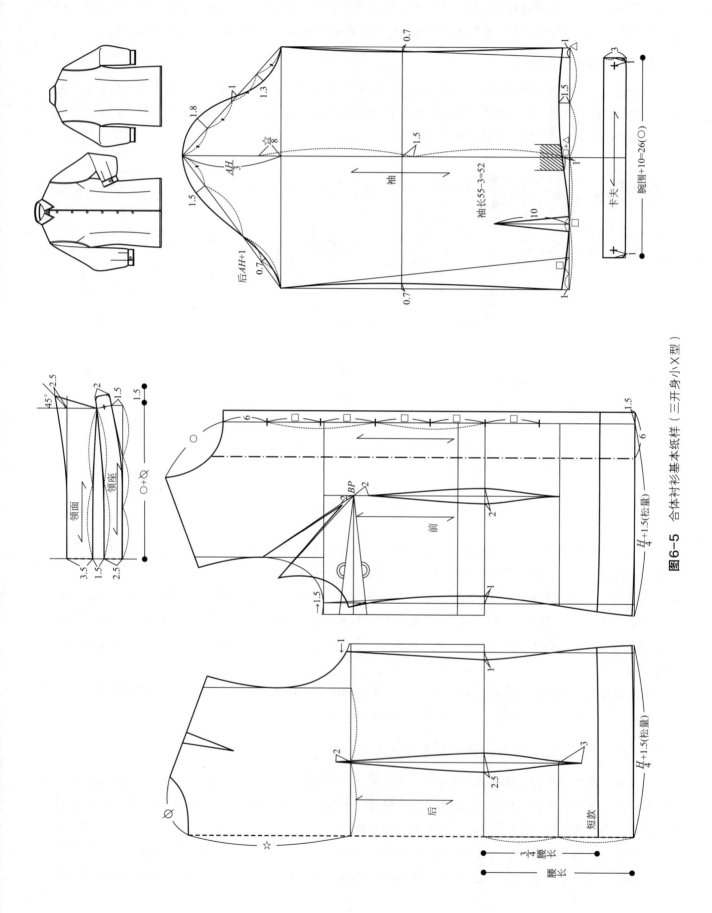

图6-5 合体衬衫基本纸样（三开身小X型）

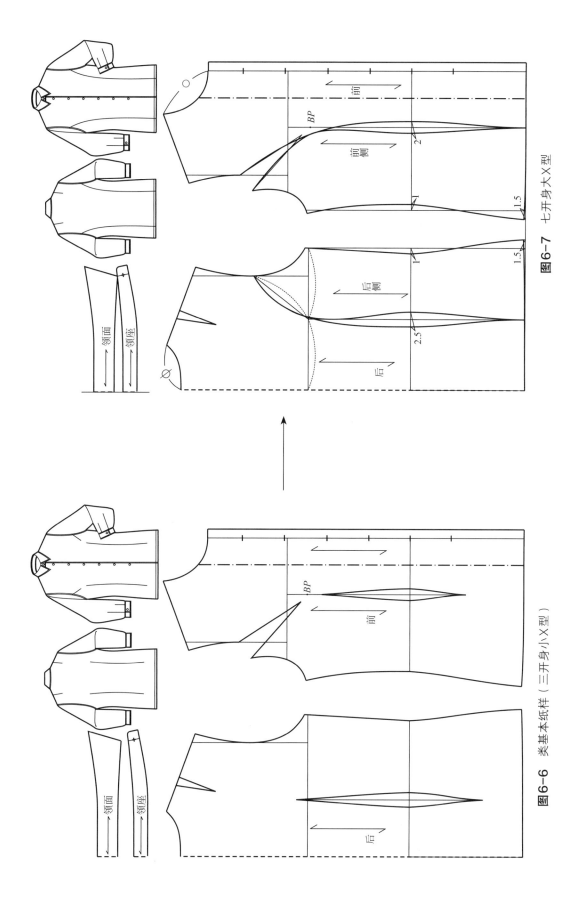

图6-7　七开身大X型

图6-6　类基本纸样（三开身小X型）

领面　领座

前

BP

前侧

后侧

后

2

1

1.5

1

1.5

2.5

BP

前

后

领面　领座

H型纸样在三开身小X型基本纸样基础上，作无省直线开身处理。因为衣身趋向宽松状态，配套领型变为翻领，左胸设计一个明贴袋袋是必要的（图6-8）。

A型是在H型基础上展开的，领型和扣位不变，下摆展开量通过切展省道转移的原理实现。具体方法是前片通过胸省转移到下摆，并取前下摆的打开量的1/2追加在前侧缝，同样取后下摆的打开量的1/2放在后侧缝后下摆，后片将肩胛省转移至后下摆，后片侧缝完成上窄下宽的梯形结构（图6-9）。

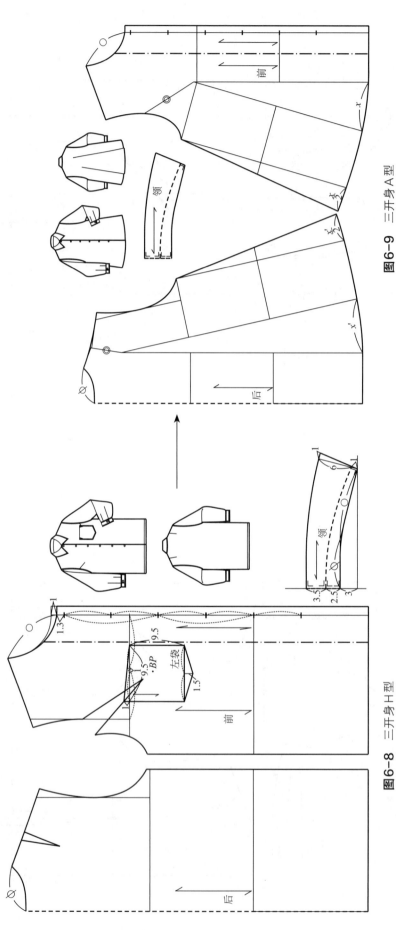

图6-8 三开身H型

图6-9 三开身A型

（四）综合元素衬衫纸样系列设计

在小 X 型基本纸样基础上运用两个以上元素展开衬衫一板多款的深化设计，系列设计中的五个款式都是在主体结构稳定的基础上展开的局部元素变化实现的，围绕褶、分割线和领型元素强化造型焦点展开有序纸样系列设计（图6-10）。

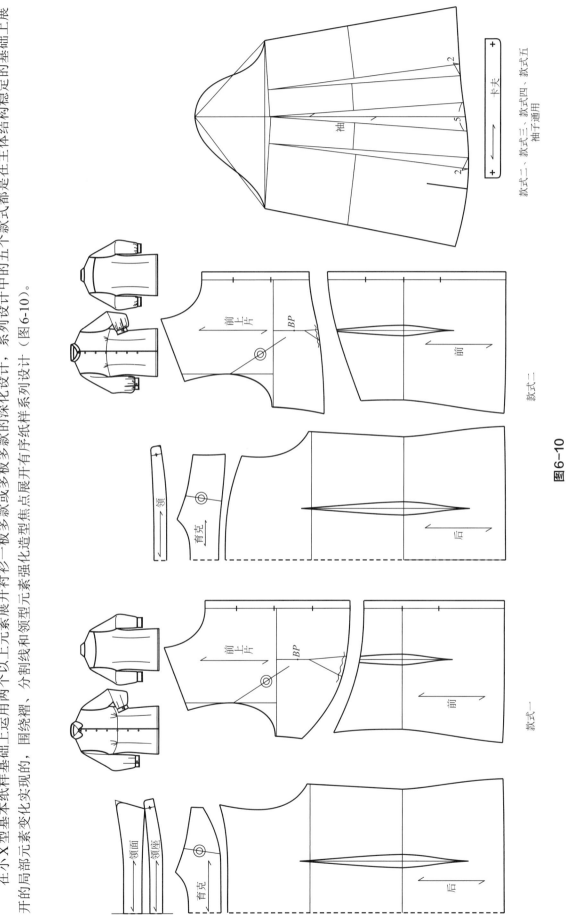

图6-10

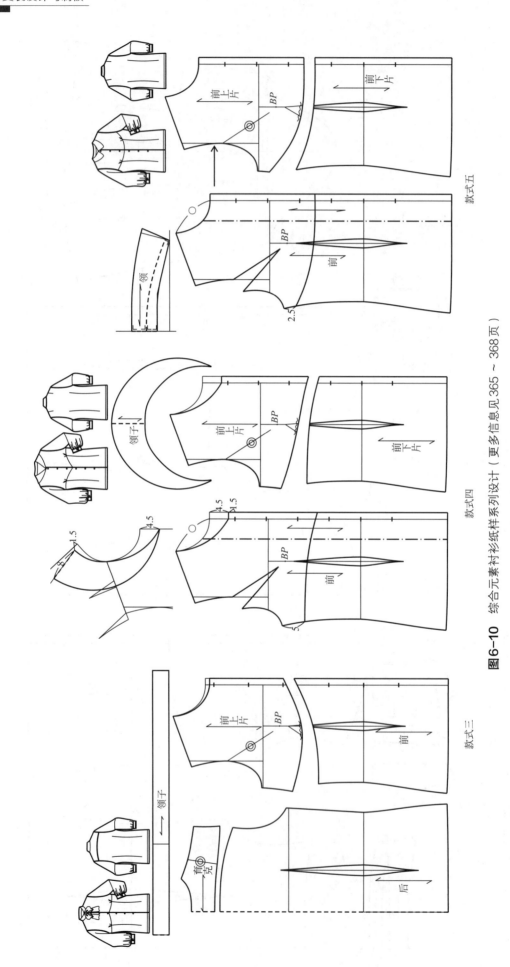

图6-10 综合元素衬衫纸样系列设计（更多信息见365～368页）

款式一的前片分割线为上弯，余省结合侧省的转移量用来做褶，领型在企领基础上变化尖角为圆角。后片通过肩胛省的转移完成分割线上弯育克设计，袖型不变。

款式二的前分割线为款式一的逆向弯曲，褶的处理方法同款式一。领型变化为立领。后片育克曲线也采用款式一后片的逆向弯曲。袖子通过袖中线和距离袖中线左右各5cm的位置均匀切展获得袖口的收褶量。

款式三、款式四和款式五的前片分割线曲向都有所改变，款式三领型为系带打结的形式，款式四的领型为扁领（水兵领），款式五为翻领造型。这三款的袖型都延续款式二的设计。

二、休闲衬衫款式与纸样系列设计

休闲衬衫与合体衬衫最大的不同是它要通过"变形亚基本纸样"增加放量再进入类基本纸样进行系列设计。它的款式系统是在这种技术支配下形成的。

（一）休闲衬衫款式系列设计

首先确定休闲衬衫的标准款式，由男士外穿衬衫转化为女士休闲衬衫，仅需要将门襟位置由左搭右变为右搭左，袖子去掉袖花（剑型袖衩）改为一般的开衩。因为外穿衬衫宽松、随意，男性化风格明显，所以口袋、育克、圆弧形下摆的"原生态"设计形式均可保留（图6-11）。

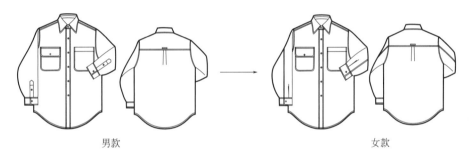

男款　　　　　　　　　　　　　女款

图6-11　由男士外穿衬衫转化为女士休闲衬衫基本款

休闲衬衫是由内穿衬衫演化而来，因此在款式设计规律上具有相通性，如卡夫和袖型的变化，只设胸袋，腰线以下不设口袋等，但是在领型、袋型、门襟以及下摆等元素的变化女装的设计空间要大得多。更为重要的是休闲衬衫从面料到工艺以及纸样设计方面，都已经由内而外的发生了本质的变化，总之朴实无华、自然随意是它的风格主旨。

通过对休闲衬衫元素进行拆解，可以获得领型、育克、袖型、门襟、下摆、口袋等细节元素（图6-12）。这些元素的变化规律与内穿衬衫的系列设计规律相同，不过在休闲衬衫的系列设计中要注意遵循以功能制约形式的原则，不能过多追求装饰性，根据其休闲化的特点，在开展元素的主题设计时要以功用作为基本出发点（图6-13）。

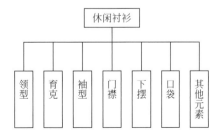

图6-12　休闲衬衫可变元素拆解

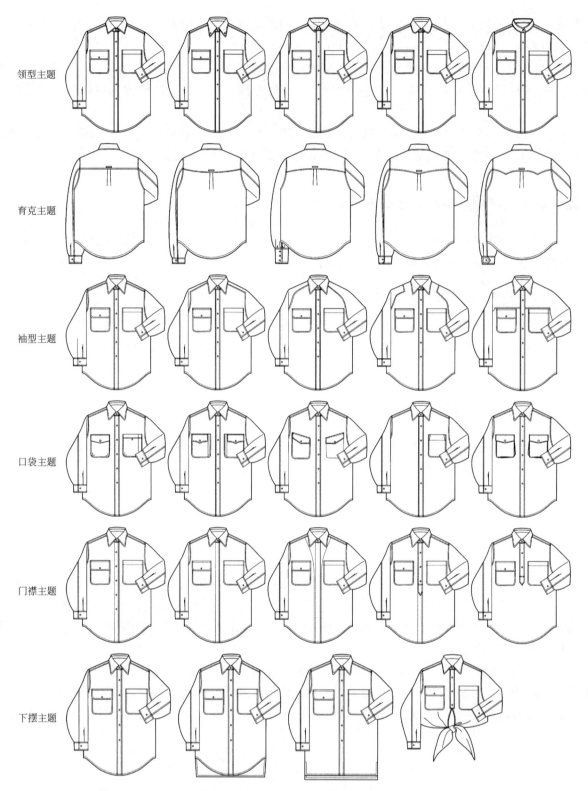

图6-13 单元素主题的款式系列

1.领型主题设计

休闲衬衫宽松、舒适，强调机能性，决定了其面料与工艺特点，它与内穿衬衫最大的差异就是领子工艺的不同。休闲衬衫的领子柔软，不束缚脖子，只需要一般黏合衬（非织造黏合衬）在加工时定型。几乎所有内穿衬衫的领型都可以在外穿衬衫的设计中应用。领扣的设计可以保证洗涤后免去熨烫而依然平整，有时前领扣和后领扣配合设计，这是休闲衬衫所特有的领型。

2. 门襟主题设计

休闲衬衫由于面料粗犷朴素不易烫平，因而必须通过工艺外化的明线来固定，不同曲度的线迹变化也形成休闲衬衫独特的装饰性风格，特别在门襟的设计上通过弧形或直线形贴边车缝明线形成趣味变化。

3. 下摆主题设计

休闲衬衫的外穿化使下摆也成为视觉要素。下摆设计既可以是前后一样长的直摆、圆摆形式，也可以有前圆后直，或者前短后长的变化，另外具有女性化风格的前片打结设计也是不错的选择，多种形式的变化较男装外穿衬衫要丰富很多。

4. 口袋主题设计

形式是功能设计外化的表现，休闲衬衫的口袋设计要特别坚守这个原则。在休闲衬衫的前胸设计了两个不对称的口袋，左襟的口袋由于应用频繁可以不设计袋盖和袋扣，右襟的口袋由于应用频率低于左袋，亦保证较好的私密性，可以设计有扣子的口袋盖。根据"相近元素流动容易"的TPO元素流动法则，几乎所有户外服的口袋元素都可以应用于休闲衬衫的设计中，如挖袋、贴袋、立体袋等，在设计中还要考虑到某些细节的处理，如明贴袋的袋角必须设计为圆角或钝角（便于清理）；袋盖的形式除了直角设计外，还可以有圆角、山形等。

5. 育克主题设计

育克又名过肩，是男装衬衫设计必要元素，但对于女装设计则可有可无。当设计女装合体衬衫时，为强调女性化特点，采用无育克的设计。当设计休闲衬衫时，为了突出男性粗犷的风格，就可利用育克的元素作为概念主题展开设计。育克变化主要表现在结构的线性特征上，如曲、直、上弯下弯等。

6. 袖型主题设计

与男装相比，女装休闲衬衫袖型设计比男装没有过多的禁忌，几乎所有其他服装类型可用袖型都能使用，如装袖和连身袖系列，也正因为如此表现出女装衬衫活泼灵动的一面。

7. 综合元素主题设计

图6-14是根据造型焦点的原则综合单一元素展开系列设计。在形式上加入了领子、卡夫、门襟、育克、口袋单一元素，焦点设计通过前摆打结设计，突出女装动态变化的灵性。后身减短与过肩元素相结合展开设计，后片的设计主要从功能性的需要出发，如褶、吊襻和领扣设计。

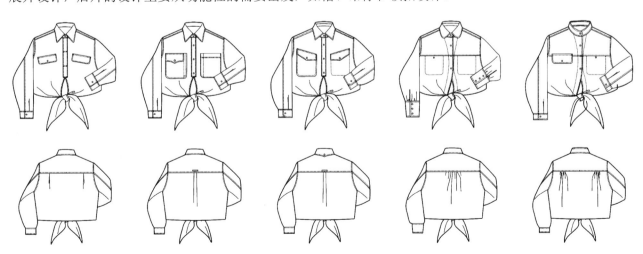

图6-14　综合元素主题的款式系列

（二）休闲衬衫纸样系列设计

休闲衬衫先要通过"变形亚基本纸样"完成追加放量的要求，这是进入休闲类衬衫纸样系列设计的前提。

1.变形结构亚基本纸样

休闲衬衫的内在结构和户外服休闲装趋于同化。如果成衣松量为26cm，在基本纸样基础上（12cm松量），就要设追加量为14cm，一半制图为7cm，按照变形结构的放量原则与方法完成休闲衬衫的亚基本纸样，与户外服不同的是衬衫的领口要还原为最初的领口，与颈围尺寸保持高度的合适度，而不是按照胸围放量的增加而增加（图6-15）。

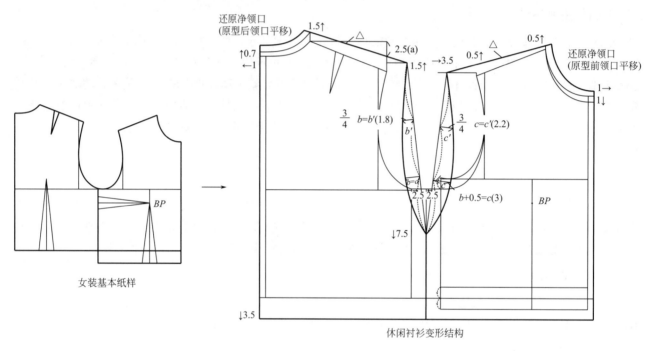

图6-15 亚基本纸样——休闲衬衫基本型

2.休闲衬衫基本纸样

在亚基本纸样基础上进入休闲衬衫的类基本纸样设计。休闲衬衫前胸口袋左右为不对称设计，根据功能的要求比例变大。领子为企领结构，衣长为背长减4cm，考虑到人的后屈大于前屈，下摆处理成前短后长，前长短于后长4cm，育克设计延续着男装的习惯比例，这亦保持了男士外穿衬衫的审美习惯（图6-16）。

每一种上衣类型的主体结构，都有与其相适应的袖子。休闲衬衫由于主体结构是宽松造型，与其相配合，袖窿加深宽度变窄，呈现剑型，因而休闲衬衫的袖子采用的袖山高为原肩点下3～4cm至原窿深减去袖窿开深量，袖山偏低，袖肥变大，袖山曲线变平缓。袖长为准袖长加3cm减卡夫宽再减肩加宽量。从袖山高和袖长的结构设定就可以看出休闲衬衫与合体衬衫在美观和功能的追求上是截然相反的，二者在纸样系列设计上的风格上也就不同。

3.一板多款休闲衬衫纸样系列设计

以休闲衬衫类基本纸样为基础整合单一元素展开纸样系列设计，通过改变门襟、下摆、后片、口袋等局部，并与前摆打结式的结构设计相协调完成一板多款纸样系列设计（图6-17～图6-21）。

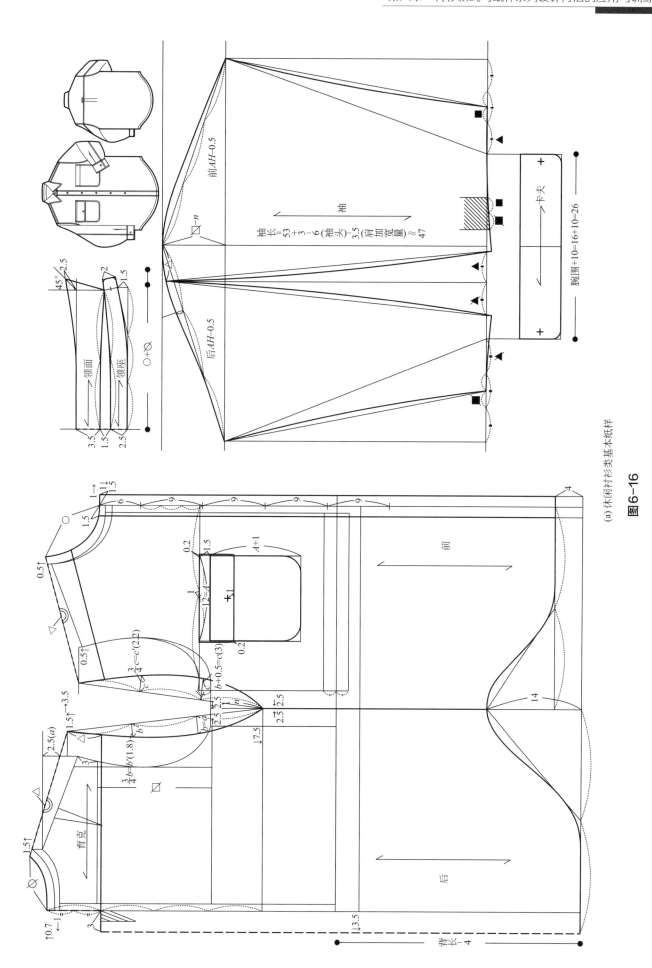

(a)休闲衬衫类基本纸样

图6-16

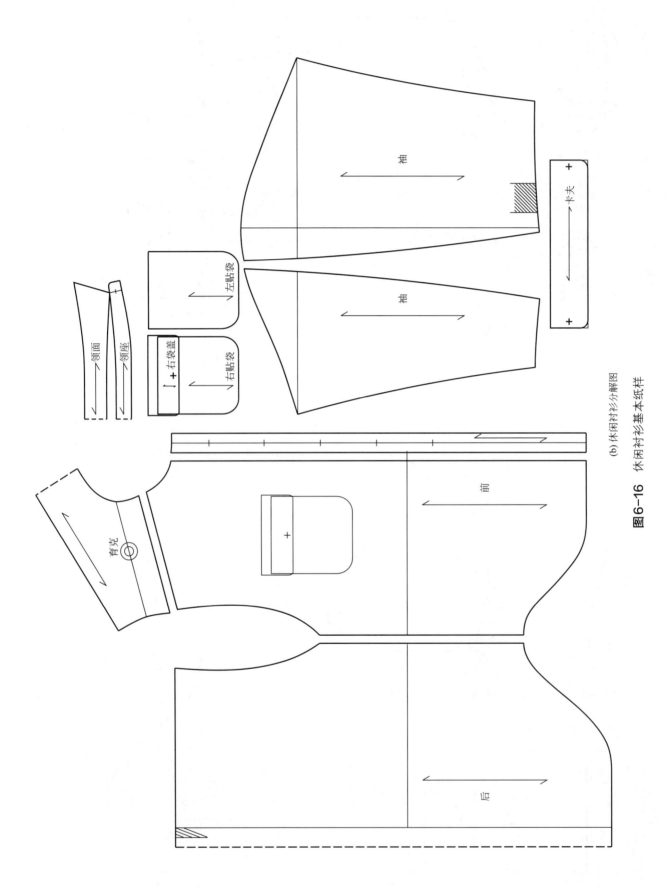

袖

卡夫

左贴袋

右袋盖

右贴袋

领面

领座

前

育克

后

(b) 休闲衬衫分解图

图6-16 休闲衬衫基本纸样

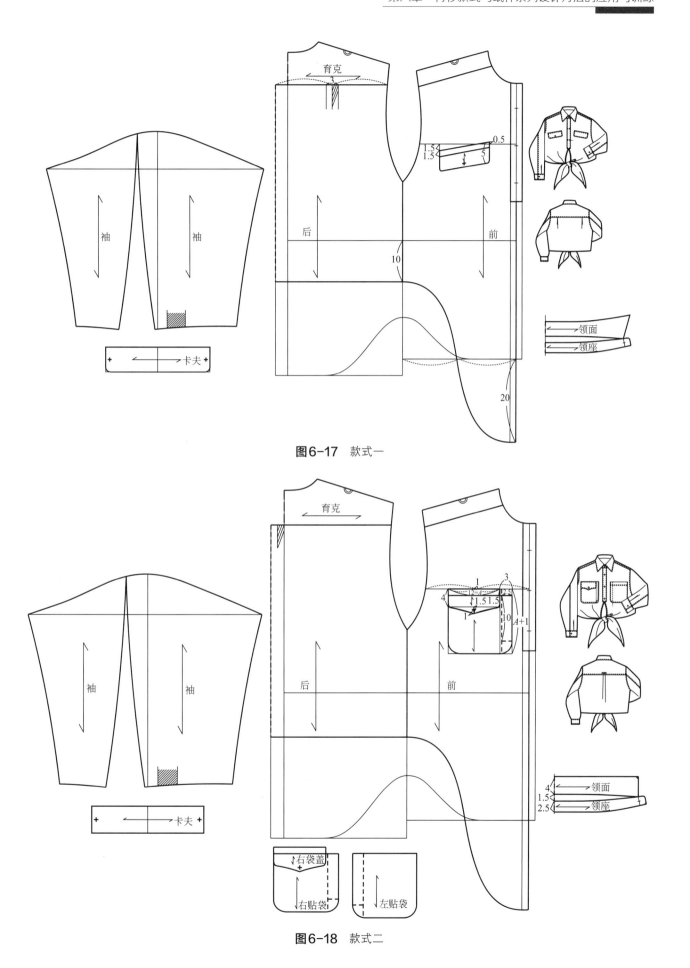

图6-17 款式一

图6-18 款式二

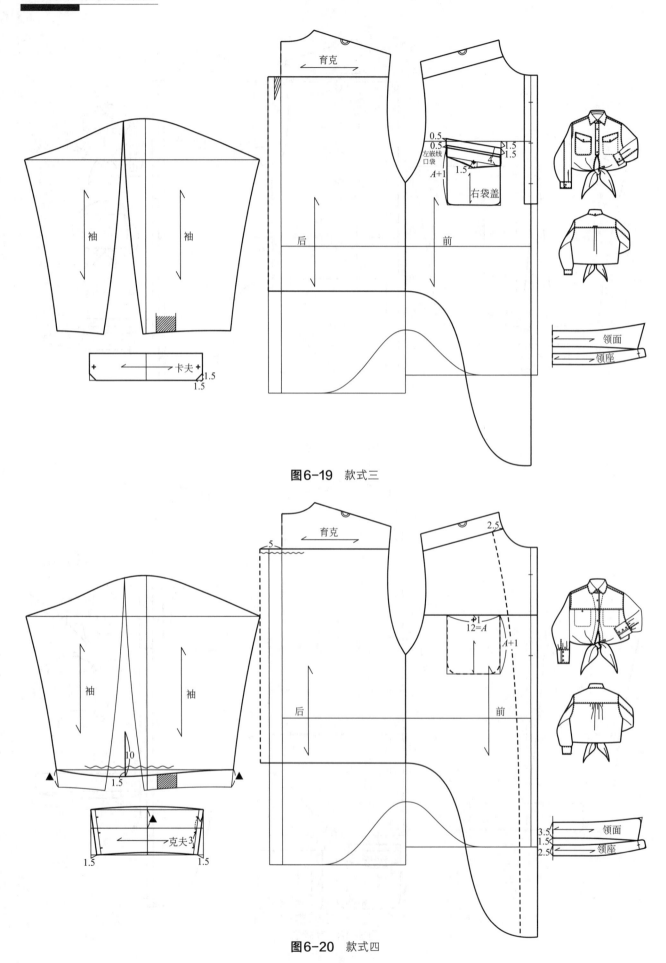

育克

袖　袖

后　前

卡夫　→1.5
1.5

0.5
0.5
左嵌线
口袋
A+1

1.5
1.5
4
1.5

右袋盖

图6-19　款式三

育克

5

袖　袖

后　前

2.5

+1
12=A

A+1

10
1.5

▲

克夫3

1.5　　1.5

▲

3.5
1.5
2.5

领面

领座

领面

领座

图6-20　款式四

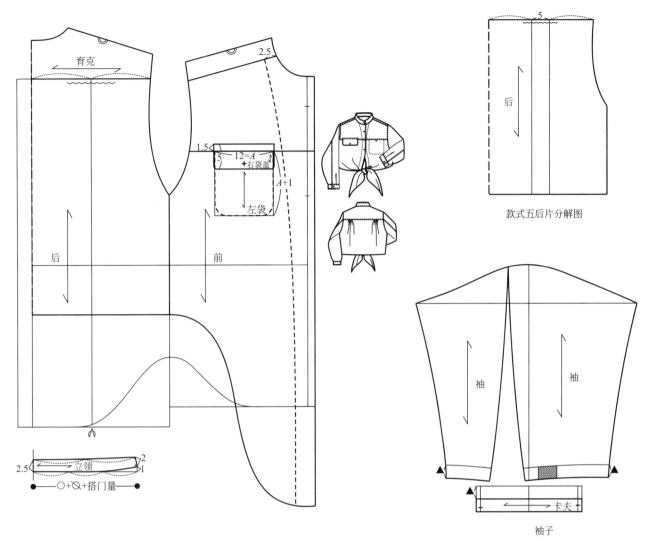

图6-21　款式五

　　款式一、款式二、款式三的门襟设计相同，区别在于领型、口袋形式改变和后片褶的位置设计。袖子是在基本纸样的基础上在卡夫的转角做圆、直角及折角的变化。款式四和款式五的门襟设计相同，采用暗贴边车明线的形式。口袋的设计和门襟的形式呼应，明袋盖、暗口袋车明线固定。款式四沿用企领结构圆角设计，款式五为立领。款式四的后片将褶量加大设计为缩褶形式，位置沿用基本纸样的后片，依然在后中位置，款式五依然沿用缩褶形式，位置在后片的1/2处。款式四袖子在基本纸样基础上配合宽卡夫设计变为袖口缩褶的形式，款式五将卡夫变窄，卡夫去掉的量加入袖身中。

　　一款多板和多板多款休闲衬衫纸样系列设计，在一板多款纸样系列设计基础下，选择单一款变化主板和单一款式和主板同时变化就可以实现休闲衬衫全方位的纸样系列设计。

第七章 ◆ 户外服款式与纸样系列设计方法的应用与训练

户外服（Outdoor）是国际服装界针对休闲型服装通用的叫法，在TPO知识系统中指用于户外非礼仪性的劳作、园艺、外出、郊游、采风、体育运动等场合穿用的服装，也作为日常生活的便装使用。由于其起源于欧洲贵族户外生活的传统，因而散发着绅士的气息而成为白领最爱的女装。户外服具有良好的功能性和实用性，在当今社会迎合了崇尚体育运动的主流休闲生活方式，使其具有亲民性而深入民间，成为非正式活动中应用最为广泛的服装。

户外服沿用了男装的分类习惯，分为休闲服和运动服。休闲服的品种包括防寒服、巴布尔夹克、钓鱼背心、外穿衬衫、牛仔夹克等。运动服的品种有T恤、摩托夹克、斯特嘉姆夹克等。这些品种不仅具有深厚的文化积淀和精神层面的追求，而且更为重要的是其"原生态"的设计处处渗透着"合理主义"思想。功能性设计是户外服合理主义的造型宣言，根据品种的差异，其功能设计呈现不同的形式，形成各品种特有的风格和趣味，造就了一个个无法超越的经典款式。

在女装户外服类型的设计中，通过结合女装的造型特点，以能明显反映女性特色为主旨进行款式系列设计。

一、户外服款式系列设计

户外服类型中牛仔夹克和摩托夹克很经典也最适合开发成女装户外服。在纸样上具有户外服的通用性，以此作为户外服款式与纸样系列设计方法应用与训练的典型案例具有示范性和通用性。

（一）牛仔夹克款式系列设计

牛仔装来源于艰难的生活环境，它的每个细节对生活的现实功能的表达都充分而准确。从最初李维·斯特劳斯为美国"淘金热"的矿工开发的工装裤到后来的军服再发展成为今日的时装，牛仔装是牛仔文化对大众生活最直接的诠释，渗透着美国民族精神和功能性为核心的实用主义思想而成为当今时尚的主流。

牛仔夹克作为牛仔王国中举足轻重的品种，因其面料成分为全棉材质，吸湿透气，符合卫生学原理，且具有耐磨、耐脏的良好耐用性，外观因工艺需要而造就的装饰性和口袋、配饰等的观赏性，有机洗、免烫的方便性，穿着搭配的随意性，性别、年龄的无差异性而使其成为普及率最高的品种之一，从平民百姓到贵族富豪，牛仔夹克成为衣橱中的必备品种。

牛仔夹克的基本形态为传统的H型结构，关门领，前片胸前有一道横分割线两道竖分割线，两个有袋盖车明线的暗口袋，前片有明门襟单排五粒金属扣，后片有育克，两条纵分割线。装袖，袖口为开衩的卡夫结构。因为牛仔质地厚实，为了造型服帖，所有接缝处均采用双明线固定，形成独特的装饰观赏性。

女牛仔夹克保持了男式标准牛仔夹克的"原生态"元素，只是将门襟改为右搭左，衣长要缩短至腰臀间，以突出女性的小巧、精干的风格，越短设计可以至腰间或者以上都无妨（图7-1）。

牛仔夹克与女装类型中的很多品种都有着密切的亲缘关系，这种关系都是基于以功能设计为主导的造型特点决定的，所以在做系列设计时这些元素互通容易。如横向的同类型巴布尔夹克、摩托夹克，纵向的外套品种如巴尔玛肯外套、堑壕外套、达夫尔外套等的元素皆可结合。

男款　　　　　　　　　　　　女款　　　　　　　　　　短款

图7-1　由男士牛仔夹克演变为女士牛仔夹克基本款

牛仔夹克的可变元素分别有领型、门襟、袖型、袖口、下摆等（图7-2）。在开展可变元素的系列设计时，要充分考虑到该品种面料的特点，牛仔夹克和摩托夹克，虽前者是牛仔布后者是皮革，但质地都较厚较硬，这类材质适合平整的平面处理手法，如分割线、明贴袋等工艺外化处理，不适合立体造型效果的结构，如过多褶设计不适合出现在此类型中。因面料的厚重而产生的堆积不但令穿着者不适，还会产生臃肿、繁复感，所以袖口、下摆采用松紧带的设计是不适合的。

1.领型主题设计

牛仔夹克的标准领型为关门领（连体巴尔玛领），其自身的角度变化就极为丰富，如钝角、直角、锐角等，领角的直、圆，领子的宽、窄变化等都可以继续做深化设计。其他类型的领型也可采用，如立领、拿破仑领等，还可以通过驳点的升降，领面与领座的配比关系形成各种高低、大小不同形态的领型。

2.门襟主题设计

牛仔夹克的门襟基本形态为车明线固定的单排扣明门襟，与这种结构相似形态的其他品种如外穿衬衫系列门襟设计就可以与之互通，流动，如偏门襟单排扣，明门襟双排扣，还可以借鉴同类型的摩托夹克的元素形成斜门襟的设计。采用巴布尔夹克的装拉链复合门襟会提升更完备的功能设计。

3.袖型主题设计

牛仔夹克的标准袖型为装袖，采用具有良好运动机能的连身袖系列同时会丰富它的表现力。在袖口的设计上可以借鉴同类型的外穿衬衫和摩托夹克的设计，形式上可以采用不同宽窄的卡夫，也可以是具有调节功能的拉链设计。但是在设计方法上要注重形式美的协调，袖口和门襟的变化要保持一致性，如都采用纽扣的设计，或都采用金属拉链、金属扣等，总之要形成呼应的关系。

4.口袋主题设计

关于口袋的设计，只要是户外服类的口袋元素皆可以借鉴，像堑壕外套、巴布尔夹克、钓鱼背心等口袋形式变化，如明贴袋、有袋盖的暗袋、复合口袋等都不拒绝。但是礼服级别的口袋元素，如较窄的单嵌线、双嵌线口袋则需要慎重。这主要是因为礼仪级别的面料质地柔软、细密，易于实现嵌线口袋的平整帖服，而牛仔面料质地厚实、朴素，传统的面料由至少11盎司的斜纹布制作，因而很难使嵌线口袋达到理想的外观效果，而且嵌线越窄越难以实现，若是较宽的单嵌线口袋还可以在相对较软的牛仔面料上实现，但双嵌线口袋的礼仪性符号则过于细密不符合粗犷的风格，功用性也差，所以在牛仔装设计中基本是排除的。

以牛仔夹克的款式特点而言，口袋与分割线是这个品种最富有变化的标志性元素，通过二者的结合，巧妙地通过各自的位置、口袋的形状、大小以及不同形式的袋型转换会形成众多变化，其个性的概念化会增加选择性。

5.下摆主题设计

牛仔夹克的下摆，既可以与衣身连为一体，采用明线固定折边的方式，也可以采用单独拼接贴边的形式，在搭门的选择上可以变换为宝剑头的设计，或者可调节松紧的腰带扣的变化。

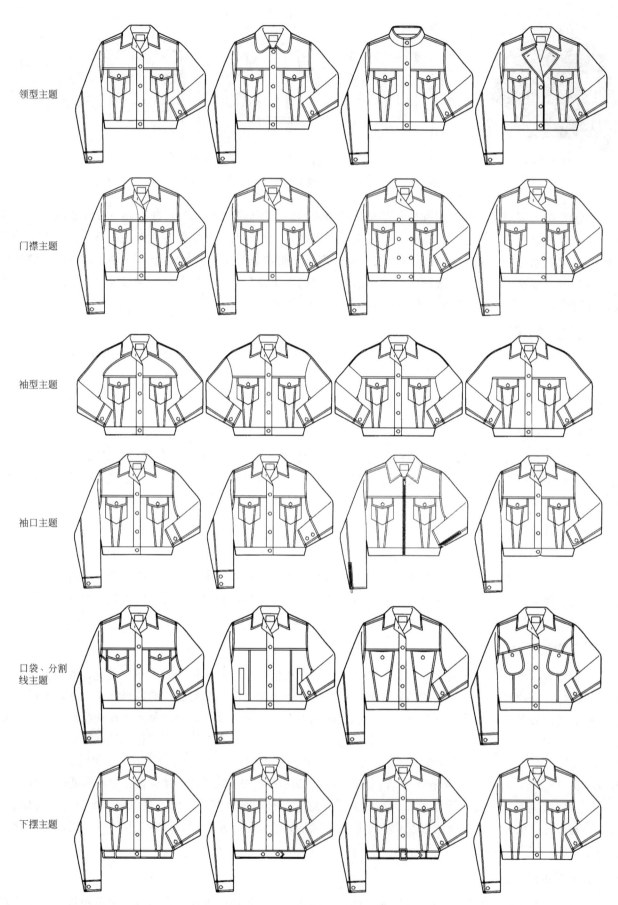

领型主题

门襟主题

袖型主题

袖口主题

口袋、分割
线主题

下摆主题

图7-2 单元素主题的款式系列

6.综合元素主题设计

牛仔夹克的设计形式多样，从面料、色彩、款式都可以推陈出新。在此通过整合门襟、口袋和分割线等构成元素的变化形成系列设计。在这个系列里，整体统一的元素为H型主体结构，衣长用短款，关门领型以及装袖状态都相对稳定。仅通过前片口袋由暗袋到明袋的形式变化，结合育克的直、曲、斜和分割线的位置改变，运用对称与均衡的方法，实现各个元素之间协调有序的系列演化。后身的设计也是能够表达智慧的地方，但要与前身协调（图7-3）。

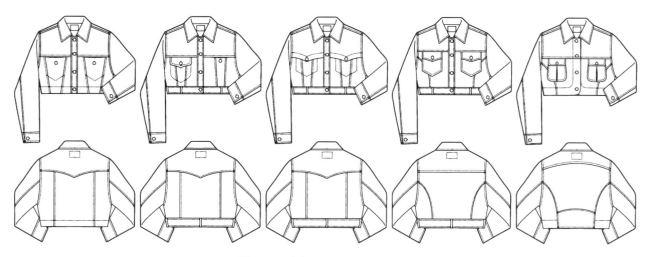

图7-3 综合元素主题的款式系列

在综合元素变化的基础上如果再结合"前期"和"后期"的工艺处理，其设计变化将更为丰富。对于这个品种来说，前期处理主要是款式的设计、变化，当然也包括一些装饰设计，如印花、绣花、植绒，或明装饰线等；后期的处理主要是指通过洗、漂、染的手段，如水洗、砂洗或者是加上酵素喷上硫酸等方法来达到洗旧、做烂、磨损的目的，或添加荧光剂使面料有光泽感，或通过扎染、漂染形成具有"个性"的色彩，其手法多种多样。这些处理赋予了牛仔夹克独特的风格，使之或沧桑粗犷，或青春四射，焕发出千姿百态的风貌。

（二）摩托夹克款式系列设计

摩托夹克有着浓厚的时尚和文化表征，它是"摩托文化"的产物。摩托夹克原名为哈雷戴维森机车冠军夹克（Cycle Champ），最早是由哈雷戴维森机车公司（Harley-Davidson Motor Company）于1947年作为哈雷摩托延伸的服饰产品开发的，后成为马龙白兰度主演摩托党电影的行头，故又称白兰度夹克。继机车冠军夹克的成功之后哈雷戴维森推出了首款女装夹克即机车女皇夹克（Cycle Queen），其形式短小精悍，也迅速成为20世纪60年代最受欢迎的标志款式（图7-4）。

为了使得驾乘者在各种严苛条件都能实现摩托车的驾驶体验，摩托夹克的防风耐寒、防磨耐损的功能性设计非常完备，而且它具有混搭的随意性，通过与牛仔裤、皮靴、眼镜、头盔、黑色皮手套等配饰的组合，形成既实用又新潮的独特风格，因而流行至今仍备受推崇，每一季流行趋势发布会中都会看到它的身影，成为户外夹克的经典（图7-5）。

图7-4 机车冠军夹克和机车女皇夹克

图7-5 设计师对摩托夹克的演绎

摩托夹克诞生之时，就是白兰度夹克经典元素确定之日，即翻领，斜门襟，银色镍金属拉链，形态各异的四个口袋，直摆，可调节松紧拆卸的腰带，当时还有单独出售的皮带可供搭配选择，这些都是它标志性元素。后有育克和中缝，设计强调前身淡化后身，形成对比使整体个性非常鲜明。装袖，袖口为同门襟质地的拉链设计。以上这些都是摩托夹克的"原生态"品质。女士摩托夹克与男士不同，呈相反门襟，衣长变短，其他元素保持不变（图7-6）。

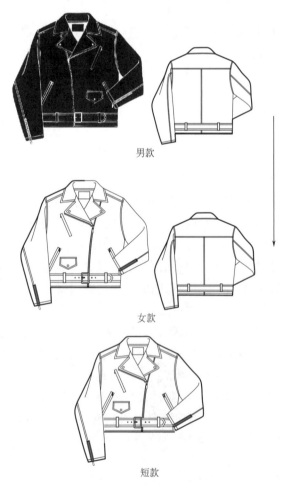

男款

女款

短款

图7-6 由男士摩托夹克演变为女士摩托夹克的基本款

将摩托夹克的元素进行拆解，按照重要性依次排列为领型、门襟、袖型、袖口、口袋、分割线、下摆、腰带等，依次逐一进行单一元素的主题设计（图7-7）。

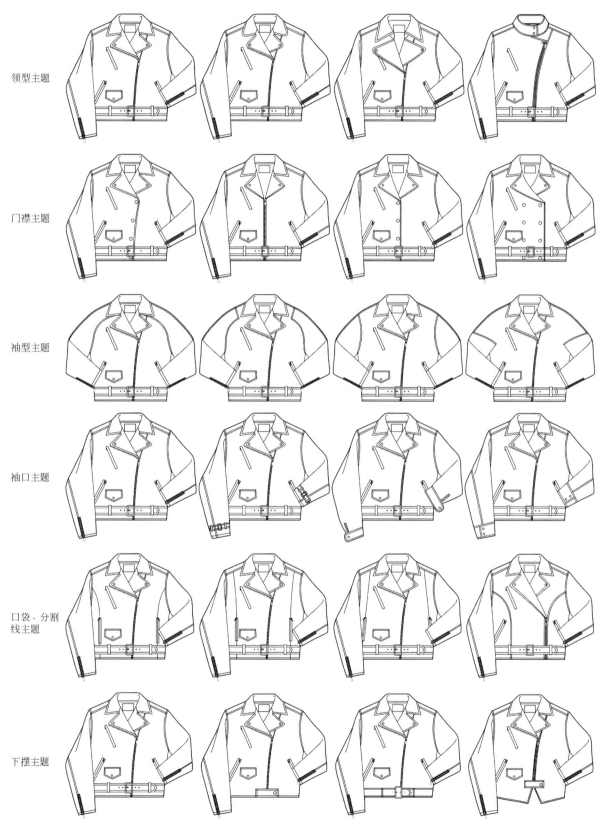

领型主题

门襟主题

袖型主题

袖口主题

口袋、分割
线主题

下摆主题

图7-7　单一元素主题的款式系列

（三）单一元素主题设计

适合于摩托夹克的领型广泛，不过防风、保暖是其首要考虑的因素。以仿生功能主义设计著称的巴尔玛肯外套、堑壕外套、巴布尔夹克的领型、门襟用到摩托夹克上是恰如其分的。立领由于其本身具有良好的封闭性也可以采用。

适合于牛仔夹克的单一元素同样适用于摩托夹克，如连身袖、风衣袖口、育克、调节搭扣、风襟等。

1.口袋主题设计

口袋设计是摩托夹克的一大特色，既可以秉承摩托夹克原生态的不对称设计，即三对一，其形式可以将原来的三种口袋形式，即有袋盖的嵌线口袋、无袋盖的嵌线口袋、拉链口袋作位置的变化组合。也可以采用复制的手法，达到整齐划一的效果。还可以逆向思维采用对称设计。口袋的设计风格既可以简约，也可以采用明贴袋压线的装饰手法，从而形成不同的视觉感。口袋还可以和分割线形成与主题结合设计，通过分割线的位置、形状的变化，为口袋款式的延伸增添了形式感和趣味性。

2.腰带主题设计

夹克下摆处的腰带是摩托夹克的一大亮点，这是其他品种所不具备的。其形式可以采用有腰带的基本款，也可以采用腰带襻设计、改变腰带位置、不对称开衩等手法丰富下摆的款式变化。

（四）综合元素主题设计

通过对可变元素横向拓展设计之后，可以通过与纵向其他类别的品种形成交叉设计，借鉴其合理性元素与摩托夹克的元素进行重组，图7-8中款式系列一就是在保持摩托夹克的主体结构的基础上，加入堑壕外套的元素，前片以领襟、袖襻、肩章和口袋的变化有序推进，后片则是通过过肩线的直曲演变形成递进关系。

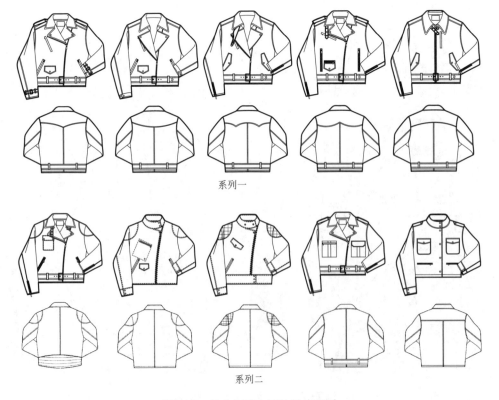

系列一

系列二

图7-8 综合元素主题的款式系列

款式系列二是在综合了摩托夹克和同类别相关品种元素的情况下，以摩托夹克的H型作为基础框架，以装袖作为相对稳定的元素展开系列设计。遵循强调前身淡化后身的设计原则，将造型焦点主要集中在前身的领型、门襟和口袋的变化，通过比例、均衡、重复等设计方法，使得元素的组合产生多种形式，同时辅以肩部、袖口、下摆元素的变化，如肩部加入了耐磨设计和堑壕外套的肩章元素，衣长缩短，下摆的腰带变化等，形成可持续性的款式系列。

在款式变化的基础上，如果再结合面料、色彩的变化，将形成立体化的系列规模。随着新材料、新工艺手段的不断出现，水牛皮、羊皮等动物毛皮的选用已无法满足现代人求新求异的心理需求，像乙烯以及各种具有未来气息的新型材料开始广泛应用于该产品开发中，或粗犷或摩登，演绎出全新的摩托夹克时代风尚。

二、户外服纸样系列设计

户外服纸样系列设计与休闲衬衫相同，即通过基本纸样拓展至亚基本纸样和类基本纸样的流程，不同的是户外服亚基本纸样不需要作基本领口的回归处理。

（一）变形结构亚基本纸样

户外服的变形结构亚基本型，与休闲衬衫的相似，与外套相似形结构有着本质不同，它属于无省结构亚基本纸样，其袖窿形状为"剑形"，而相似形结构亚基本纸样袖隆形状为（外套亚基本纸样）"手套形"。在此设计成衣松量为26cm，追加量应为14cm，一半制图为7cm，在设计中遵循整齐划一的分配原则和微调的方法对追加量进行合理的分配。在制图时，首先需要做的就是去掉侧省，这是从有省板型到无省板型的关键技术，方法是将乳凸量的1/2点对齐腰线，肩线、袖窿、腰线等处理方法与休闲衬衫相同。但是其领口随放量设计的增加而增加，无需做原领口回归处理（图7-9）。户外服亚基本纸样的袖子可以直接借用休闲衬衫的进行设计。

（二）户外服基本纸样与系列设计

以变形结构为基本纸样开展户外服的纸样系列设计，根据不同的品种可以获得各自的类基本纸样，如牛仔夹克和摩托夹克都可以作为各自的基本纸样。

牛仔夹克的领型为连体巴尔玛领，单排六粒扣，搭门为2.5cm，先确定第一粒和最后一粒，取1/2处定第三粒扣，然后再等分确定其他扣位，内贴边车明线固定。前片为四片，横分割线位置设在第二粒扣处。前胸有一个有袋盖车明线的暗口袋，口袋位置的确定可以直接采用休闲衬衫的口袋位置。后片为三片，育克位置沿用休闲衬衫的位置。底摆为明贴边。袖子休闲衬衫通用，将衬衫卡夫圆角变为直角（图7-10）。

摩托夹克的育克位置同休闲衬衫，领型同牛仔夹克，只是驳点较低。门襟为偏襟，口袋坐标沿用女西装的口袋方法来确定，定为腰线以下1/3窿深减3cm，口袋宽度不变，有袋盖的小袋为1/2大袋宽加0.5cm，口袋所有的尺寸尽量避免主观判断，应形成相关尺寸的比例关系更科学。袖长为准袖长加3cm减肩加宽量，拉链止点距离袖口12cm，其他与休闲衬衫无异（图7-11）。

对于户外服品种纸样系列设计的规律普遍性，已经可以从休闲衬衫类基本纸样的系列设计中得到验证，在此就不再对外衣类的品种做具体的实验，分析案例可阅读下篇"户外服款式与纸样系列设计"的训练部分。

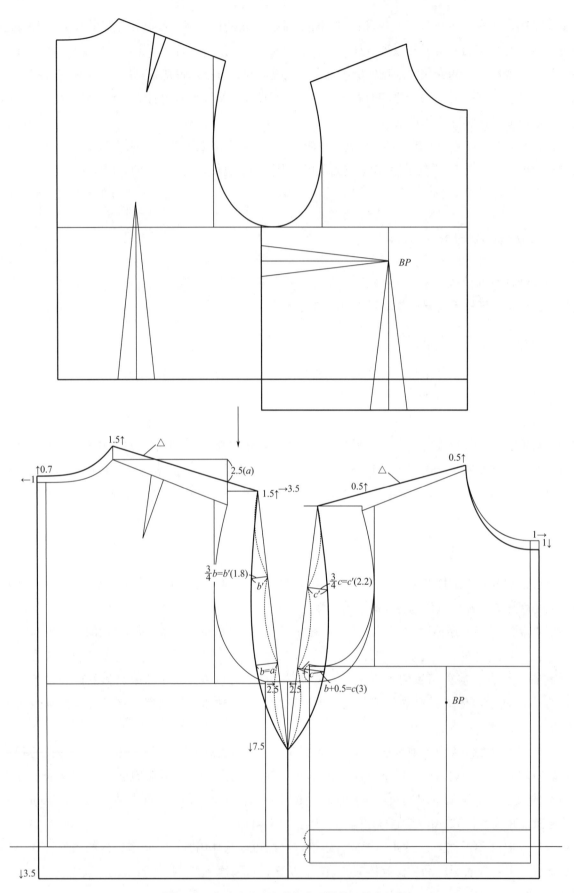

图7-9　户外服（外衣类）变形结构亚基本纸样

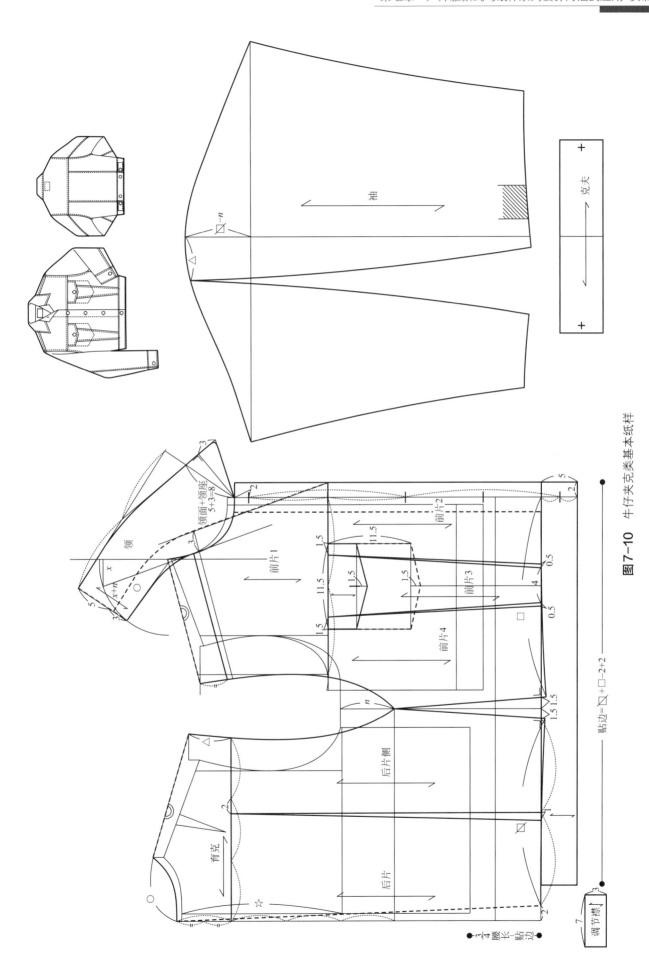

图7-10 牛仔夹克类基本纸样

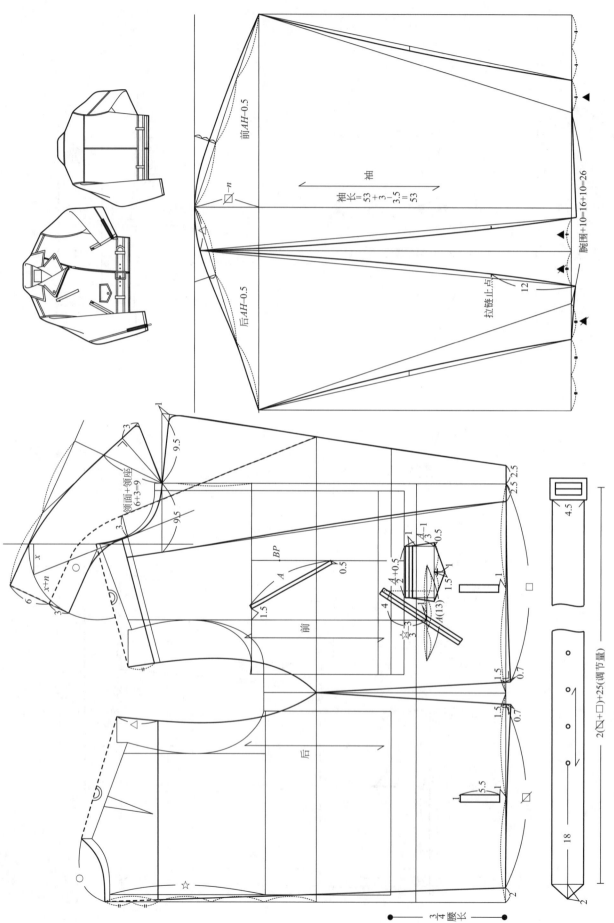

图7-11 摩托夹克类基本纸样

第八章 ✦ 连衣裙款式与纸样系列设计方法的应用与训练

连衣裙的传统定义是，遮盖住躯干上下连体的裙子。连衣裙是传统意义上女性所特有的服装。按照TPO既定级别由高到低对连衣裙进行划分，依次为礼服连衣裙、常服连衣裙、休闲连衣裙和运动连衣裙。

连衣裙的面料要依据分类的具体情况而定。一般而言，常服连衣裙结构简洁、格调朴素实用，使用范围最广。礼服连衣裙结构复杂，个性突出，使用场合局限性强。它们的面料根据季节、场合的不同选择范围广泛，如棉、毛、化纤织物为朴素的风格，柔软的丝绸织物为华丽讲究的品质。休闲连衣裙包括家庭便装、日常便装，结构多以A型、H型为主，面料因季节而异，多以吸湿、透气的天然织物为主。运动连衣裙基于运动项目的差异，又可进一步细分，面料多选择弹性大的针织类织物。

一、常服连衣裙款式与纸样系列设计

无论是常服、礼服还是运动服连衣裙，在结构上它们属同一系统，常服连衣裙更具通用性和普遍性，故弄清楚它的款式和纸样设计规律是具有示范作用和指导意义的。

（一）常服连衣裙款式系列设计

基于分割线的数量和腰臀部收缩量的差异，划分连衣裙的廓形为S型、小X型、大X型、H型、A型和伞型（图8-1）。无论哪种类型，廓形的规律是相同的，特别是连衣裙与外套有更多的相同点。显然以S型连衣裙作为基本款展开设计是顺理成章的。

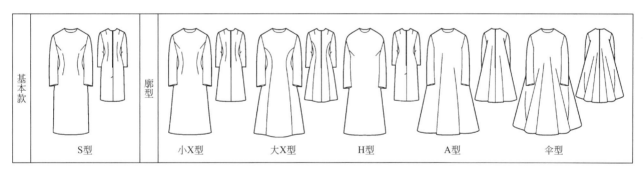

图8-1 常服连衣裙基本廓形

将连衣裙元素进行拆解，得到的元素有腰线、裙长、领口采形、领型、门襟、袖型、分割线和褶等多个元素（图8-2），这些元素的变化规律与上衣、裙子的元素相重叠，可以互为借鉴。依次对这些元素进行分析并展开主题设计，可以得到单一元素的款式系列（图8-3）。这种变化规律同样适用于后续各种礼服连衣裙的款式系列设计。

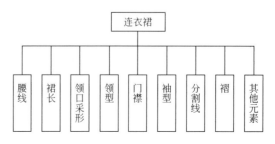

图8-2 常服连衣裙可变元素拆解

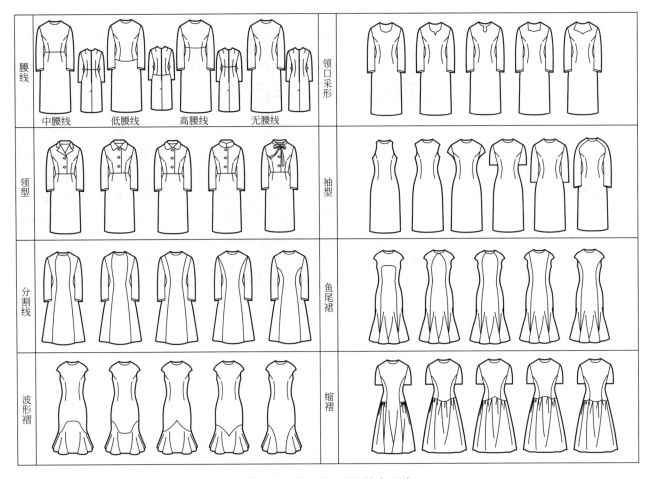

图8-3 单元素主题的款式系列

1.腰线主题设计

以腰线为元素的设计按结构划分为两种，即有腰线剪接型和无腰线型。有腰线剪接型是指上身与裙片分别裁剪，在腰部缝合。腰线设计在中腰线位置上下浮动，上限至胸围线以下，下限至臀围线以上。由此划分为普通腰线、高腰线、低腰线连衣裙。普通腰位是最基本、最常用的类型，处于人体正常的腰围线附近。高腰线的设计适合于亚洲人的体型，按照黄金分割的3：5的配比关系，对于欧洲人八头身的人体比例更适合，中国人的比例为七头身，通过高腰的提高可以改善比例关系。腰位设计和裙长发生必然的关系，在设计时需要注意服装的整体比例平衡，不然就会得到适得其反的效果。以腰位作为造型焦点的设计多与育克、褶等元素结合，从而产生丰富的变化。

2.领口采形、领型主题设计

连衣裙的领口部分多与门襟产生连带关系，几乎一切适合于女上衣的领型、门襟都可以应用到连衣裙领型的设计变化中。过多地使用无领结构是因为连衣裙很多情况用在夏季，设计重点在于采形的变化，可以细分为以曲线为主题的领口采形、以直线为主题的领口采形、综合直线和曲线主题的领口采形。以曲线为主题的领口采形又可有很多的设计变化，如U形、船形、卵形、勺形、扇贝形等。以直线为主题的领口采形也可细分V字型、钻石型、方型、钥匙孔型、一字型等。以综合直线和曲线主题的领口采形有鸡心领、切口式领等。领型基本沿袭着衬衫和休闲服的领型系统，但都以低领台为主导。

3.分割线主题设计

在连衣裙的设计中最常用的就是公主线的设计，它能使穿着者显得比例修长，但对体型要求很高。采用不同的材质和造型的公主线连衣裙，几乎可以适合于各种场合和季节。其形式可饰以嵌边，下摆变为鱼尾形，搭配各种领型、袖型、褶或者结合从颈部到肩部做不同的采形分割的无袖设计，从而形成丰富的款式。不过在采用此种设计时，要避免采用格子、条状以及大的图案面料，其他柔软的棉、麻丝织物以及适合的化纤织物都可采用。分割线常常结合各种褶的设计，使连衣裙整体设计更加丰满、有灵动感，也凸显了装饰效果，故常用在礼服连衣裙中。

4.综合元素主题设计

图8-4中系列一采用小X型的主体结构，综合领型、门襟、袖型、口袋造型焦点展开的系列设计，在后两款加入了褶的元素，下摆由平整到宽阔的演变，同时保持简洁、平整。形成了设计由上至下、由繁至简综合元素的常服连衣裙系列演变。

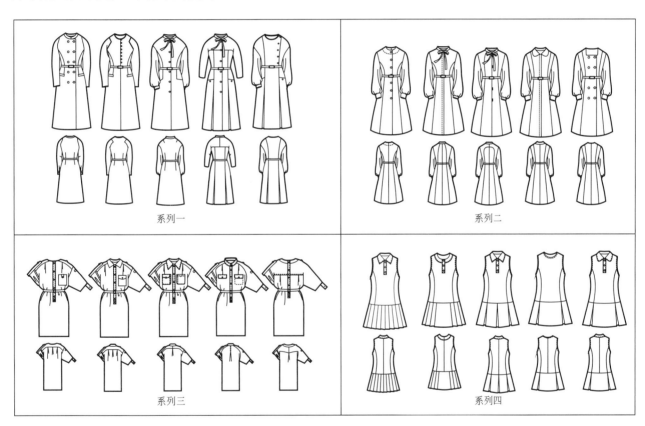

图8-4　综合元素主题的款式系列

系列二采用八开身大X型作为主体廓形，稳定的元素有蓬蓬袖、腰带和公主线，造型焦点集中在领型与前门襟设计，从单排扣到双排扣，从明门襟到暗门襟，形成了稳定有序的款式演变。这两组综合元素的系列设计，风格简约、大方，适合较为中性的面料，可选择棉、厚丝、薄毛织物，也可以运用高品质的化纤织物。

系列三为箱形休闲连衣裙款式系列，此系列在H型主体结构稳定的状态下，通过领型、袖型、门襟、口袋元素的综合变化，以腰带系扎收腰作为相对稳定的元素，形成统一中求变化，强调实用设计的休闲连衣裙系列。

系列四为运动类网球短连衣裙系列设计，自由、方便的功能性应该是设计首要考虑的因素。采用无袖、低腰、风琴褶增摆的设计，领型结合门襟做细微的变化，将设计焦点集中在腰线以下，通过与不同加工形式的风琴褶结合，如倒褶、褶裥，以及褶的位置、数量、大小的变化，形成以下摆作为造型焦点的系列设计。

（二）常服连衣裙纸样系列设计

连衣裙结构是以上衣为主导的，实现其纸样系列设计，就要通过基本纸样获得连衣裙类基本纸样来展开设计。

1.连衣裙基本纸样

运用女装基本纸样设计S型装袖连衣裙，以此视为连衣裙类基本纸样。设计流程，首先需要将基本型进行减量设计。连衣裙的松量为4cm（或6cm），根据基本纸样松量为12cm计算，在一半基本纸样6cm松量基础上减去4cm。根据前减量大于后减量的设计原则，分配比例为前侧缝：后侧缝等于3：1。S型廓形属于纤细型的紧身连衣裙，腰部、臀部也保留4cm左右的松量，通过胸省、腰省以及侧缝的收缩处理，使得胸、腰、臀的曲线尽显。另外为了肩部的合体，还需要将前、后肩点同时下落0.7cm（图8-5）。

在连衣裙基本纸样设计中，有两点是需要特别注意，一是后领口要加宽0.5cm左右，通过后领大于前领口的设计，形成后领对前领的牵制，从而减轻前片无撇胸而淤褶的问题，达到成衣前胸伏贴的目的。二是侧缝的长度要保持相等，前片大于后片的差量通过在前片做省来处理掉。为了保证行走的功能性，由臀围线以下10cm设计开衩。在裙长的尺寸设计上，尽量避免定寸的设计，依据背长为基准结合定寸设计形成三款长度的变化，取腰线以下一个背长加6cm得到短款，腰下一个半背长得到中款，两个背长加6cm得到长款（图8-5）。袖型为有省一片袖。标准款纸样完成之后，从肩点向侧颈点方向截取4cm就可以得到无袖连衣裙的基本型，通过领口采形设计完成无袖一板多款系列。

2.基于廓形、裙长的一款多板连衣裙纸样系列设计

连衣裙的廓形有小X型、大X型、H型、A型和伞型等，以S型为基础，通过扩充裙摆量即可形成小X型结构。大X型是在小X型的基础上运用八开身结构原理，依据侧缝＞后侧缝＞前侧缝＞后中缝的翘量分配原则，完成裙摆设计。如果在S型连衣裙纸样基础上去掉前后腰省，在后中缝设计开衩就完成了H型连衣裙纸样。接着从H型到A型和伞型的连衣裙纸样设计与西装的一款多板纸样系列设计中从H型到A型和伞型的变化道理相同（图8-6）。在完成一款多板的纸样系列设计之后，把每个廓形的板型作为基本纸样都可以进行一板多款的纸样系列设计，具体的局部元素如裙长、袖型、领口采形、领型、褶、分割等的变化同S型连衣裙相同，可以实现一板多款的系列设计（见下篇相关的训练部分）。

3.多板多款连衣裙纸样系列设计

通过综合分割、袖型、领型等多个单个元素展开设计，就可以实现多板多款连衣裙纸样系列设计。首先以一板多款的系列设计作为起点，如以八开身大X型为主体结构，以领型、门襟、分割线的设计作为造型焦点，领型由无领变化为蝴蝶结领、翻领，门襟由款式一的单排扣明门襟到款式二、款式三、款式四的暗门襟，再变化为款式五的双排扣明门襟；公主线采用自上而下不同曲势的纵向分割。装袖结构保持不变，从而形成主体结构稳定，局部变化有序的系列设计（图8-7～图8-11）。纸样系列设计的路线清晰明了，每变动一个元素就会产生一组新的系列，再结合廓形就完成了多板多款系列设计。图8-7中运用S型连衣裙基本纸样，通过省移和切展技术实现了A型和伞形连衣裙款式六到款式十的系列设计，局部由装袖状态到无袖设计的多板多款的变化（图8-12～图8-16）。

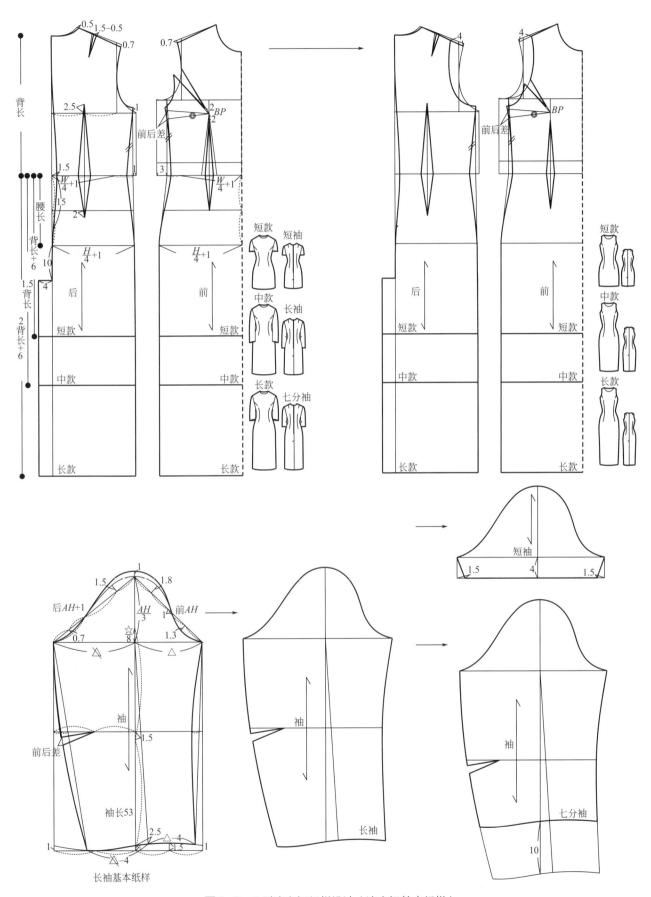

图8-5 S型连衣裙纸样设计（连衣裙基本纸样）

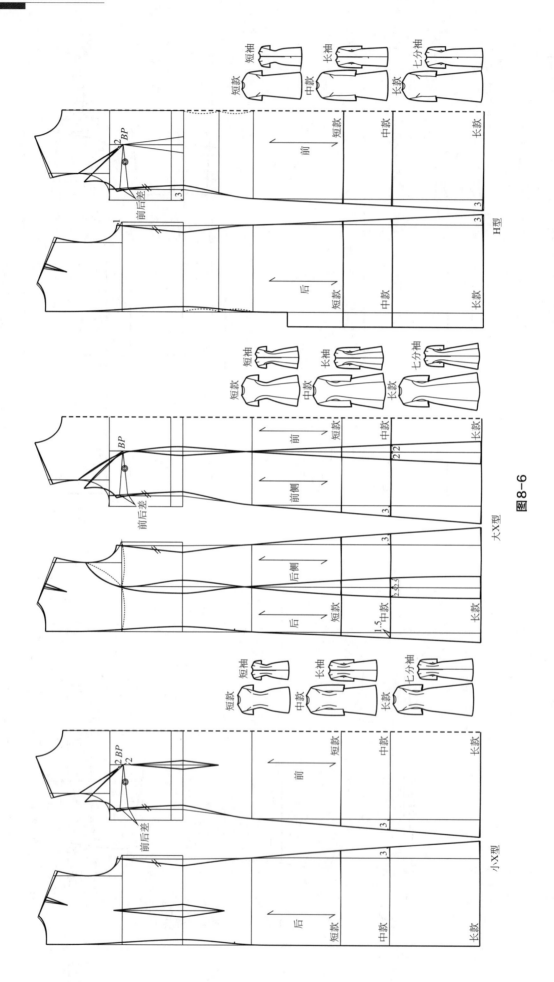

图8-6

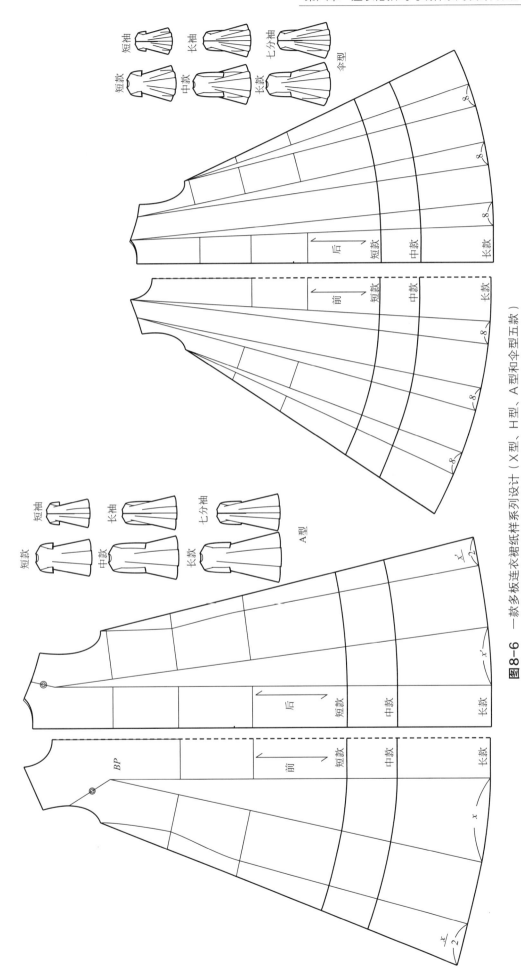

短袖 长袖 七分袖

短款 中款 长款 伞型

短袖 长袖 七分袖

短款 中款 长款 A型

后 短款 中款 长款

前 短款 中款 长款

后 短款 中款 长款

前 短款 中款 长款

BP

图8-6 一款多板连衣裙纸样系列设计（X型、H型、A型和伞型五款）

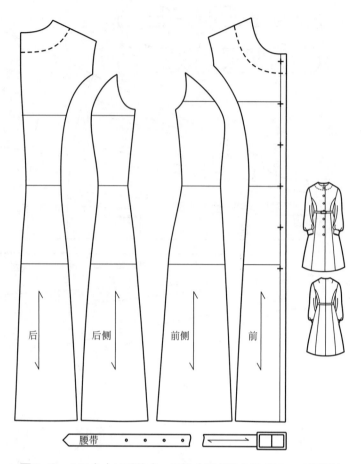

后　　后侧　　前侧　　前

腰带

图8-7　八开身大X型款式一纸样（更多信息见402～407页）

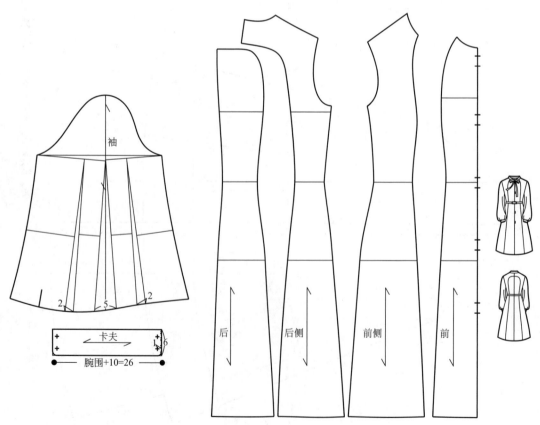

袖

2　5　2

卡夫

腕围+10=26

后　　后侧　　前侧　　前

图8-8　八开身大X型款式二纸样（更多信息见402～407页）

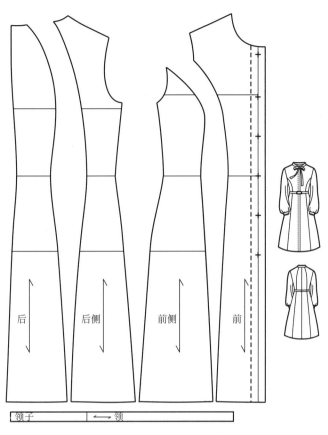

图8-9　八开身大X型款式三纸样（更多信息见402～407页）

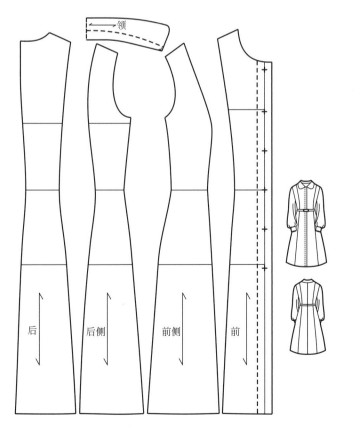

图8-10　八开身大X型款式四纸样
（更多信息见402～407页）

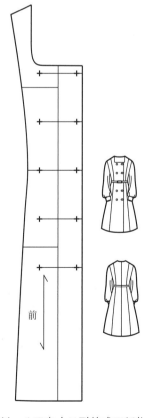

图8-11　八开身大X型款式五纸样
（更多信息见402～407页）

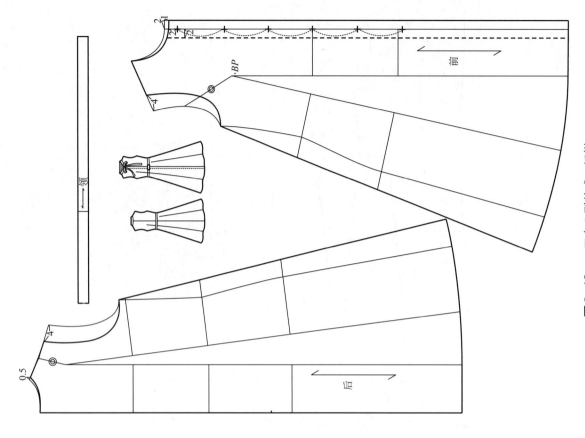

图8-13 凹开身身A型款式二纸样
（更多信息见408～411页）

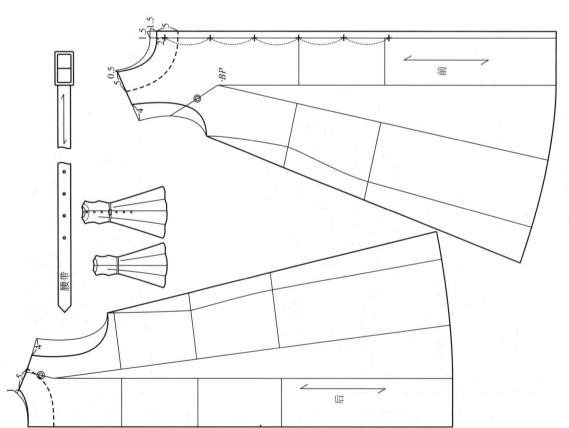

图8-12 凹开身A型款式一纸样
（更多信息见408～411页）

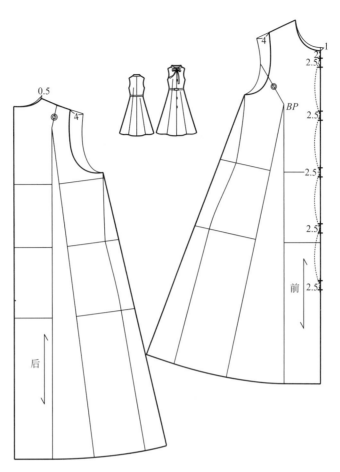

图8-14　四开身伞型款式三纸样（更多信息见408～411页）

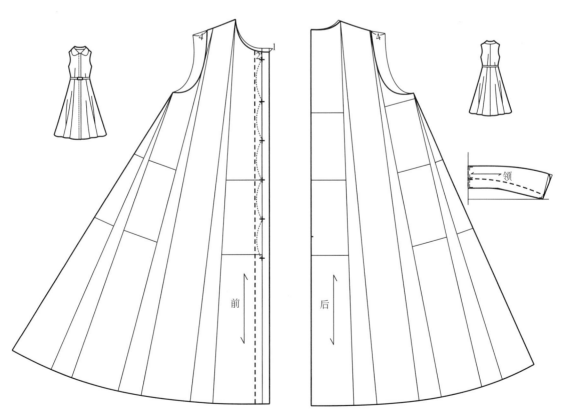

图8-15　四开身伞型款式四纸样（更多信息见408～411页）

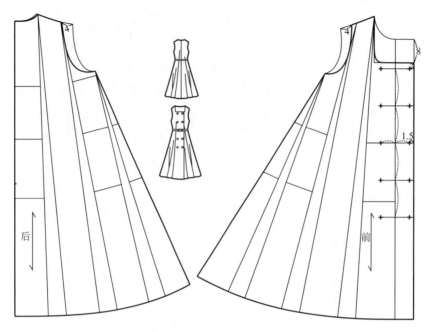

图8-16 四开身伞型款式五纸样（更多信息见408～411页）

二、旗袍连衣裙款式与纸样系列设计

依据TPO规则，旗袍被视为全天候礼服，但在结构形态上与常服连衣裙相同。作为中国传统服饰的经典，其比例、结构具有典型的东方美学语言，既有效地展示出了东方女性的人体美，又体现出传统华服节约型的设计理念，渗透着天人合一、崇尚中庸的哲学思想，它的经典形制似乎也被凝固了。其实以经典旗袍作为基础，运用拆解元素，进行排列组合，推演造型焦点的设计方法，旗袍的变化也会有庞大的造型帝国。

（一）旗袍连衣裙款式系列设计

旗袍的典型款式，廓形（S型）是相对稳定的，主要特征是立领、左衽大襟、全省、后中无破缝、两侧高位开衩是其款式的基本特征（图8-17）。根据内容决定形式、结构决定款式的原则，旗袍的款式设计也应在S型廓形的范围中展开，这是款式设计的基础。

可变元素是旗袍廓形内的构成元素，将这些元素进行拆解，包括领子、门襟、袖型、分割线、下摆、开衩、褶、滚边、如意、嵌线、盘扣、装饰图案以及其他元素等（图8-18）。拆解的元素越细越多，未来的设计空间就越大。在系列设计的过程中，根据旗袍的特点，按照元素的重要性依次排列，针对某个元素作针对性的依次设计，再遵循造型焦点的设计原则做主要局部（两个或三个元素的结合）的二次设计（图8-19）。

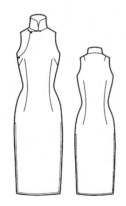

图8-17 旗袍标准款

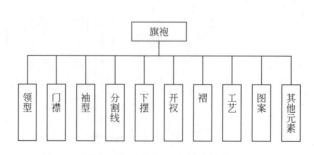

图8-18 旗袍可变元素拆解

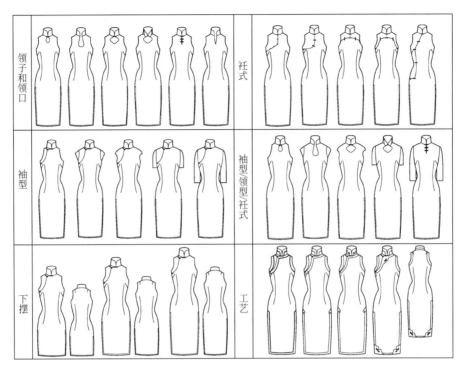

图8-19　单元素主题的款式系列

1. 领型主题设计

　　领子和领口是旗袍的重要元素，以此作为设计的切入点是明智的。领子的类型可分为无领、立领、扁领、企领、翻领等，但立领的相关领型最适合在旗袍中表现。如果选取两种以上领和领口的组合设计，就可产生多种组合形式，即一种领型多种领口或一种领口多种领型。值得注意的是，当不采用衽式设计时领口不单是款式变化，还要有便于穿脱功能的考虑。

2. 衽式主题设计

　　旗袍的门襟标准是左衽，通过门襟的直、曲、直曲结合，不对称与对称，一字襟、前开门襟、左门襟、肩开襟等设计会产生衽式主题的旗袍系列。如果加入最初的领型和领口的排列组合几乎就成为无限延伸的旗袍家族。

3. 袖型主题设计

　　袖子按结构可分为无袖、装袖和抹袖三种基本变化。装袖分短袖和七分袖，由于旗袍合体度高，不适合采用长袖。无袖从肩到领根之间有多种变化。抹袖分装袖式和连袖式两种，由此形成以袖型为主题的旗袍系列。在此基础上如果加入前述领型和衽式系列元素，就会派生出抹袖的领型与衽式系列；短袖的领型与衽式系列；七分袖的领型与衽式系列。这时仅用了三个元素，旗袍的款式就有了丰富的变化。

4. 下摆主题设计

　　旗袍基本型的下摆是长款窄摆侧衩的格式，这是由礼服所决定的，当降低它的礼服级别时，可以用中摆和短摆。两侧与高位开衩结合并加入装饰性元素嵌边，以强化旗袍的华服语言。当然用排列组合的方法进行旗袍系列设计就会像滚雪球一样会进一步壮大。

5. 工艺主题设计

　　旗袍具有独特的装饰手法，在系列设计中可以将其视为一个独立的元素加以培养，主要的装饰工艺有包括：滚边、如意、嵌线、盘扣、刺绣等。

滚边、如意、嵌线的设计变化主要用在领口、领缘、袖口、袖窿、下摆等处，可一处或多处使用。可以单滚边、单嵌线，或多滚边、双嵌线，也可以滚边与挡条、如意结合设计。依款式特点和造型风格而定。

盘扣分为直扣和花扣两种，通过对盘扣的材质、色彩以及相关元素的排列组合提升形式美和装饰美，为旗袍增添别样韵味。

刺绣图案品种繁多，既可采用传统纹样，表达祥瑞吉庆之意，也可古今结合，采用抽象或几何图案，但要画龙点睛，力求简约。刺绣图案根据其装饰部位，采用适合纹样的方法，边角均衡或者对称分布，赋予旗袍深刻的文化内涵。

6.综合元素主题设计

理论上，运用一个元素设计时，尽量使这个元素作用发挥到最大化，再运用第二个元素，即二次设计的展开，这时需要确定一个元素主题。当然在发展过程中，元素与元素之间是会转换的。如两个以上元素的组合设计，就要确定一个表现主题，即"设计焦点"，如图8-20（a）所示。多个元素的组合，在发展过程中会发生结构性的风格转换，主要是旗袍的基本元素特征发生质变，这时，就会变成旗袍以外的个性风格，如图8-20（b）所示。由此可见，根据系列设计方法所创造的旗袍帝国，已经超出了它自身的意义，而向其他类型无限延伸。

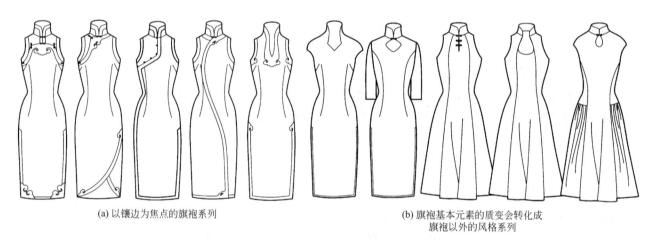

(a) 以镶边为焦点的旗袍系列　　　　　　　　(b) 旗袍基本元素的质变会转化成
　　　　　　　　　　　　　　　　　　　　　　　旗袍以外的风格系列

图8-20 综合元素主题的款式系列

（二）旗袍连衣裙纸样系列设计

旗袍连衣裙纸样系列设计与常服连衣裙没有本质上的区别，只是在造型习惯上旗袍连衣裙使用的设计语更中国化、更民族化、更程式化。

1.旗袍连衣裙基本纸样

根据旗袍内在结构的变化规律，选择系列款式中最具典型的S型无袖旗袍作为基本纸样进行纸样系列设计，所完成的S型旗袍纸样，是旗袍纸样系列设计的基础。

旗袍的基本纸样根据上衣基本纸样收缩量的设计方法，在上衣基本纸样基础上，按照前侧缝比后测缝约等于3∶1的比例缩减。设定旗袍松量在4cm左右，比欧式的晚礼服要宽松，采用无袖两开身、立领结构，通过胸省、腰省和肩胛省来塑造旗袍的S造型。之所以采用两开身的结构，除了基于保留旗袍本身的原生态节约意识的考虑外，还因为旗袍多采用织锦缎面料，不适合过多的破缝，也有效地保证了图案的完整性。因为旗袍的前偏襟结构无法撇胸，所以通过后领口开大约0.5cm，使得立领成型后前胸平服。旗袍的长度为两个背长加6cm，侧开衩在臀围以下10cm满足窄摆的基本功能（图8-21）。

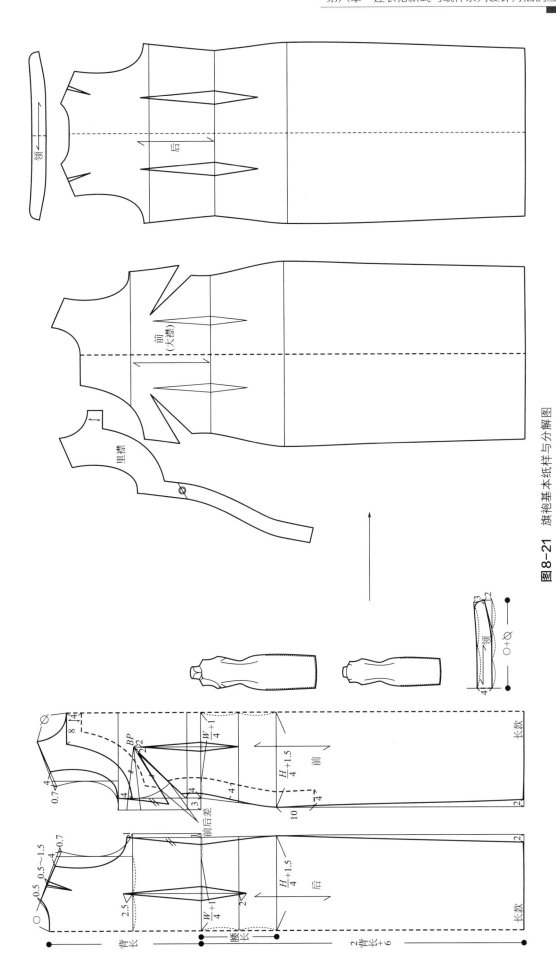

图8-21 旗袍基本纸样与分解图

2.一板多款旗袍连衣裙纸样系列设计

将标准旗袍板型固定，依次变化单一元素实现一板多款系列设计。

设计旗袍的长度系列纸样，方法同连衣裙，从而得到短、中、长三款不同长度的旗袍款式（图8-22）。

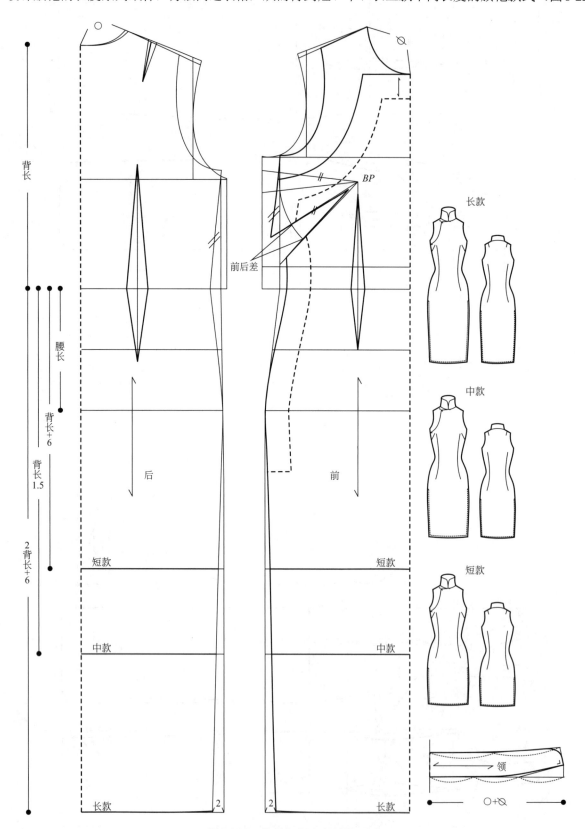

图8-22 旗袍裙长主题纸样系列

旗袍领型、领口和门襟可以作为同一元素统筹考虑。立领是旗袍的标志性元素，在立领基本纸样基础上，通过领底线曲率变化，得到抱颈领式与离颈领式的系列纸样（图8-23），在标准立领基础上向上或向下取值，即可获得不同的领高系列纸样（图8-24）。立领结合领口和门襟变化会产生无数的排列组合，形成不同立领系列、不同领口系列、不同门襟系列，如图8-25所示的六款系列，后三款是在前三款的基础上衍生设计的。

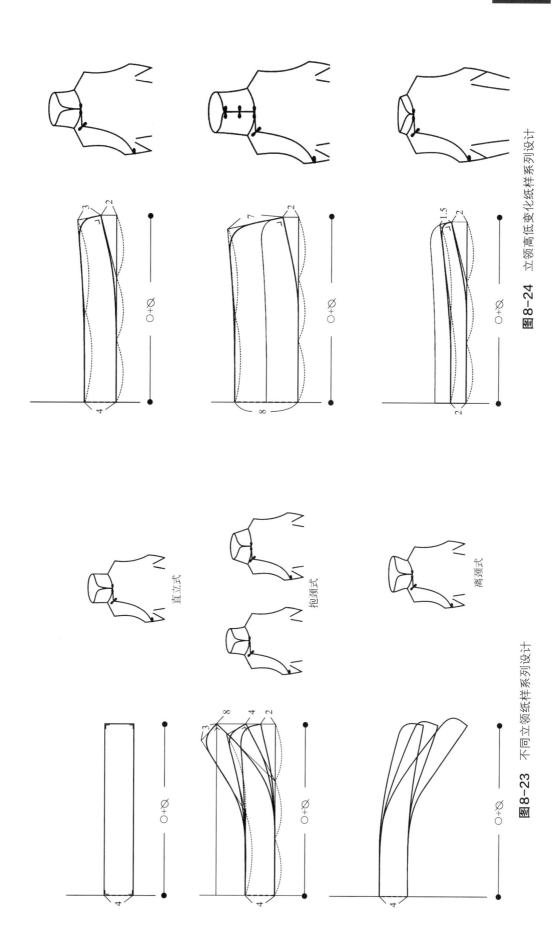

图8-24　立领高低变化纸样系列设计

直立式

抱颈式

离颈式

图8-23　不同立领纸样系列设计

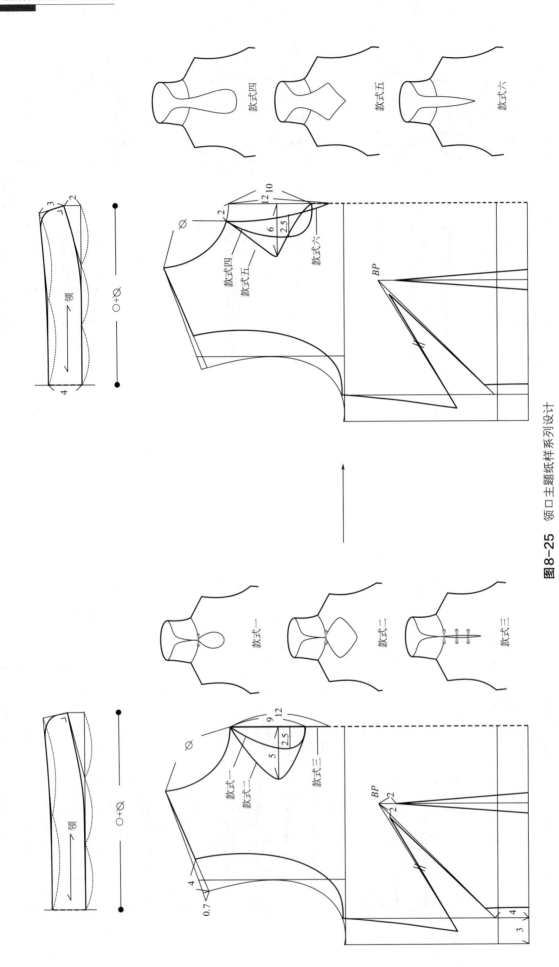

图8-25 领口主题纸样系列设计

旗袍袖子的款式千变万化，但在纸样设计上遵循它的结构原理，有袖旗袍掌握了装袖与连身袖的基本规律，就可以获取七分袖、短袖和抹袖系列纸样，装袖的袖山曲线吃势控制在2cm左右，因为织锦缎面料吃势不宜过大（图8-26～图8-28）。无袖旗袍是在肩线上从侧颈点到肩点之间作不同采形处理，就会得到无袖旗袍系列纸样。这是解决系列制板技术既科学又轻松的办法。由于旗袍的合体度较高，穿脱不方便，因而不适宜做长袖设计。

饰边装饰是旗袍的重要元素之一，如果与领型、领口和门襟进行排列组合，会产生一个饰边风格的旗袍系列大家族。在纸样处理上，只需借用之前的系列板型复加饰边处理，就能设计出特别的饰边系列纸样（图8-29～图8-31）。

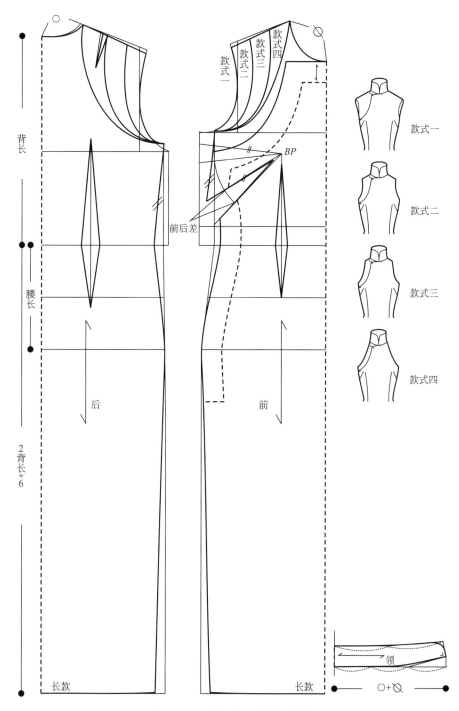

图8-26　无袖旗袍纸样系列设计

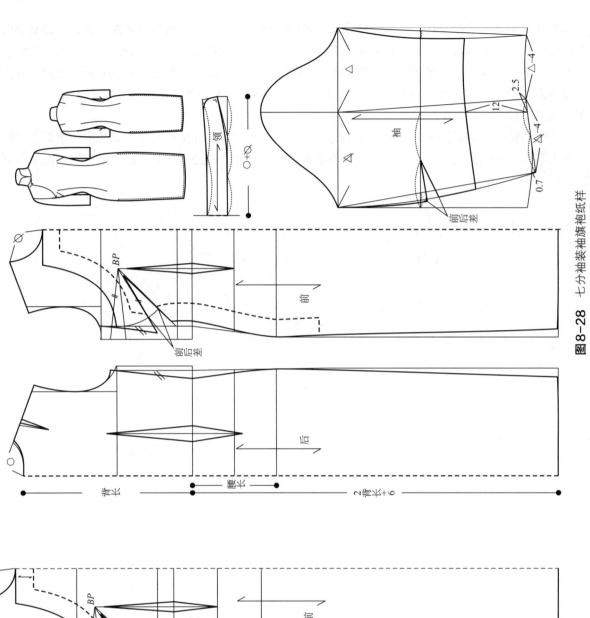

图8-28 七分袖装袖旗袍纸样

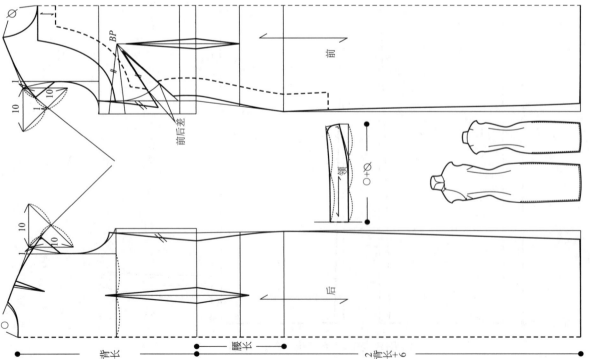

图8-27 抹袖旗袍纸样

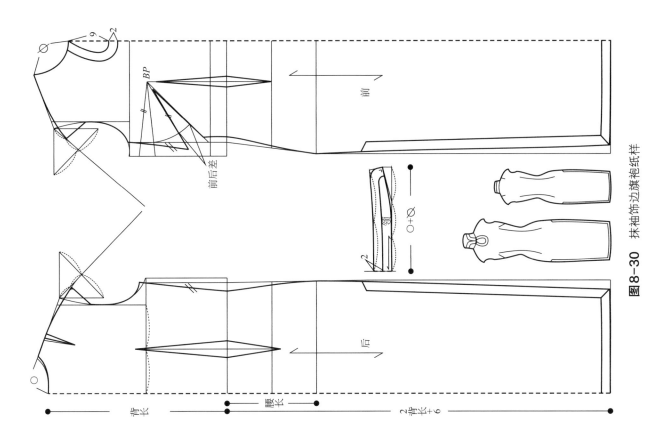

图8-30 抹袖饰边旗袍纸样

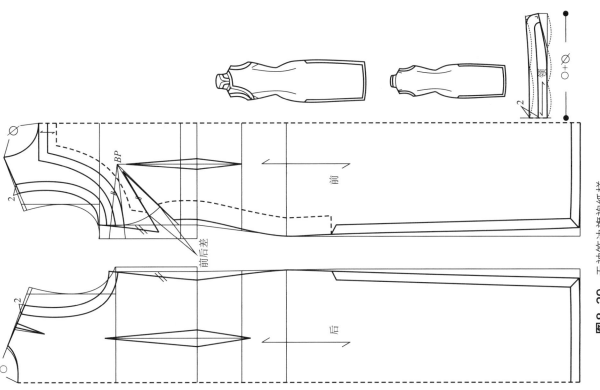

图8-29 无袖饰边旗袍纸样

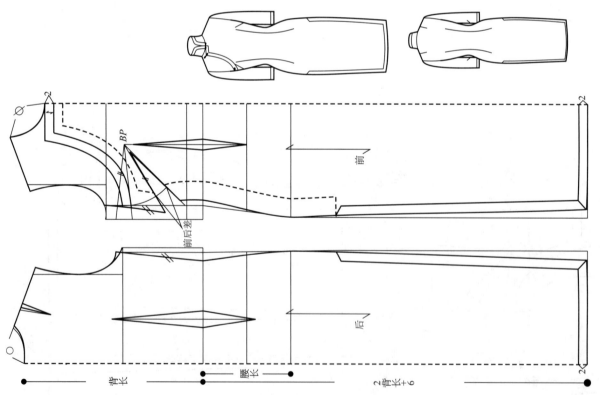

图8-31 七分袖袖饰边旗袍纸样

三、礼服连衣裙款式与纸样系列设计

礼服连衣裙根据TPO规则可细分为正式礼服（也称大礼服）和半正式礼服（也称小礼服）。正式礼服包括晚礼服、婚礼服、丧服；半正式礼服包括鸡尾酒会服、晚宴服、舞会服和日间礼服。

当然，民族风格的礼服连衣裙则有各自的造型习惯，在各个国家具有特殊地位，也是被TPO国际规则所尊重的。其中旗袍是中西结合的典范，也是国人公认的国服，但这不影响对国际化的认同，在女装中，国际化和民族化连衣裙的样式是协调最成功也是最具特色的。

虽然礼服连衣裙根据TPO不同品种间的款式会有所差异，但连衣裙的基本形态是他们的共通之处，只是在个性要素上加以区别，礼服连衣裙总是低胸、长裙、配装小上外衣、多饰光片和采用较华丽的面料，这些是它的基本特征。

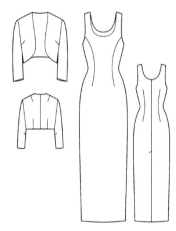

（一）礼服连衣裙款式系列设计

根据高级别向低级别流动容易、低级别向高级别流动慎重的TPO元素应用规律，以最高级别的晚礼服基本款式入手展开系列设计具有示范作用。这是因为以晚礼服作为基本款向下级进行延伸设计，其实就是元素逐级递减的过程，最显著的特点就是裙长的缩短，款式的简化设计以及华丽感的消退符合自然逻辑。

礼服连衣裙的基本款为两件式，连衣裙衣长及脚面，采用低胸、露背、露臂的S型连衣裙形式，搭配无领、开襟、短款、七分袖长的装袖小上衣（图8-32）。

图8-32 礼服连衣裙基本款

搭配礼服的上衣较短且开襟是它的共同特征，款式设计主要集中在结构线上。礼服连衣裙的廓形延续连衣裙的廓形即S型、小X型、大X型、H型、A型和伞型。当处于宽松状态时，多在腰间系扎腰带，因面料的柔软而形成具有随意性、装饰性的褶皱效果（图8-33）。

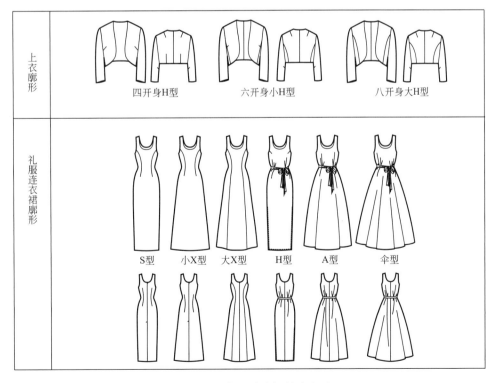

图8-33 礼服连衣裙基本廓形

1.礼服连衣裙上衣单元素主题设计

礼服连衣裙上衣主要功能是必要时遮挡过度暴露的肩胸，所以要尽量简洁设置。元素可细分为衣摆、领型、袖型、分割线等，其变化原理可理解为简化的西装、深化的坎肩。

领型与门襟设计一并考虑，前门襟多是无扣设计，即使有也是一种符号化的，没有任何意义。这主要是出于上衣要与连衣裙搭配形成内外组合的套装层次感，从而更好地展示女性修养的深刻性。考虑到礼服连衣裙本身就富有华丽感，因而外套设计以简约的领型为主，无领、立领、爬领等都是较为常用的，当然也可以借鉴男士塔士多、梅斯礼服的领型，其华丽的缎面设计是典型的晚装语言，而且梅斯的短款，门襟不系合的形式能很好地应用于礼服上衣的设计中。

袖型要控制它的长度。衣长既可有过膝的长度，也可短至胸围，多随内在裙长的变化而定。分割线是女装设计的精华所在，在此处分割线的设计可以结合镶边、刺绣等装饰，形成不同于其他类型上衣的华丽感（图8-34）。如果加入不同开身的分割线设计就可以实现综合元素的款式系列变化。

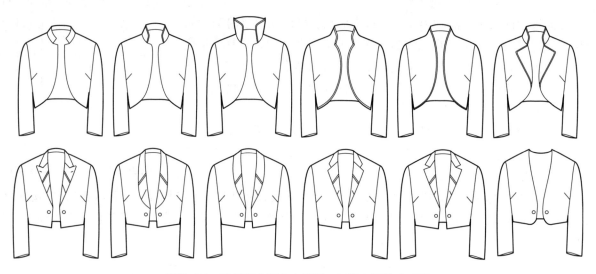

图8-34 礼服连衣裙上衣领型、门襟主题款式系列

2.礼服连衣裙单元素主题设计

礼服连衣裙的设计可以直接借鉴常服连衣裙的款式设计方法，如腰线、裙长、领口采形、袖型、分割线元素等单元素主题设计。不过要适应礼服连衣裙低胸、裙长、合体度高的特点。不同于常服连衣裙侧重功能的设计，礼服连衣裙注重的是礼仪的隆重性、符号的象征性，因而，无论是材质还是设计都是以此作为出发点。如裙长较常服连衣裙长，抹胸要远远多于常服连衣裙，袖型较常服连衣裙华丽，袖肥可以极宽或极窄，因为夸张的变化更能强化礼服的个性。在礼服设计中，褶元素最有发挥的空间，结合不同的廓形和具有光感的柔软面料，可使不同褶的特性得以尽数发挥，而且可以借助于连衣裙款式系列中褶的主题系列平台充分发挥造型焦点的创意性（图8-35）。

（二）类型礼服连衣裙款式系列设计

简单的元素整合仅是实现一般礼服连衣裙的粗放型设计。连衣裙作为女装的主体和特质，礼服又是这种服装的最高表现，因此，TPO知识系统对此有更深刻具体的界定和指示，有必要根据类型要求展开礼服连衣裙款式系列设计。

1.晚礼服（Evening Dress）综合元素主题设计

晚礼服作为女士的第一礼服，与男士燕尾服、塔士多礼服级别相同，是最正式、华丽、精致的夜间社交服，作为出席晚宴、音乐会、颁奖礼等隆重场合的服装（图8-36）。

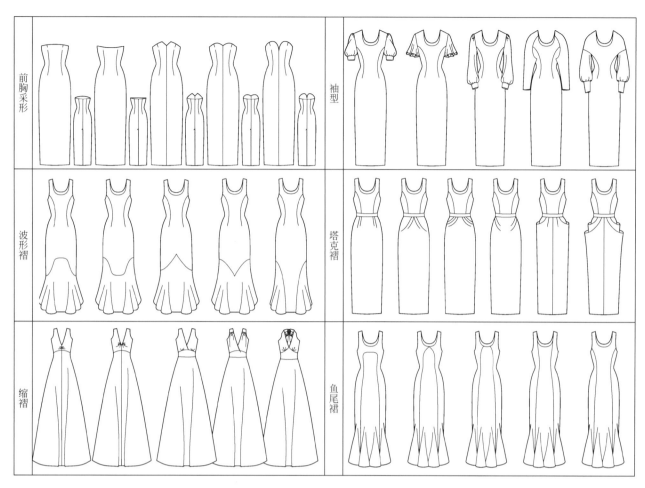

图8-35 单元素主题的款式系列

英国女王伊丽莎白二世宴请布什总统及夫人

2009年奥斯卡颁奖典礼

图8-36 晚礼服场景

　　晚礼服的基本特征是低胸、露肩、露背的无吊带式连衣裙，裙长及地或是曳地，配以短袖或七分袖的小外套，也可以是披肩、围巾等。在礼服级别中，社交活动越晚，礼仪级别越高，装束也就越华丽。由于时间为夜晚，因而多使用具有光感的面料。

　　根据TPO规则，晚礼服的款式设计以华丽精致作为基本要素，可选择天鹅绒、丝绸、软缎和薄绉纱等衣料。款式设计以"露"为主，可以通过褶皱、分割线、花边、蝴蝶结等来表现晚礼服的体积感和着装后的体态曲线。图8-37就是在这种设计思路指导下完成的晚礼服款式系列设计。此系列以高腰线、阔裙摆、长度及地的形式来塑造女性挺拔的身姿，结合缩褶表现胸部的丰满，以窄肩、露后背的设计形成后轻前重的宾主关系。上衣设计采用了由无领到有领、七分袖到短袖的设计，通过合理的搭配显示出优雅高贵的着装品位。

图8-37 晚礼服款式系列

2.婚礼服（Wedding Dress）综合元素主题设计

婚礼服又名婚纱、新娘礼服，是最具浪漫色彩的日间礼服，旨在表现女性的圣洁质雅，基本没有任何实用性要求。在这样的场合中，新郎选择日间第一礼服晨礼服出席。至今为止，这种TPO的程式都延续不变，尤其以皇室最为明显（图8-38）。

日本天皇女儿纪宫公主婚礼　　意大利王子婚礼　　荷兰小王子康斯坦丁婚礼　　婚礼服元素的精准暗示贵族身份

图8-38 婚礼服的场景

婚礼服的颜色根据风俗习惯、宗教信仰以及民族的差异会有所变化，但国际通用的初婚女子标准色是白色，再婚者为淡色。面料选用浮雕织物如马特拉塞、贾可多织等提花织物配平滑的软缎、丝绸等面料。

款式为简朴的连衣裙式，衣领贴伏，衣袖有长、短不同设计，裙长至脚踝或拖地。有效地把握婚礼服的TPO知识是款式设计的基础，在此就以款式简洁、裙长及地，高腰位作为稳定的因素，通过袖子长短、肩部宽窄、领口采形的变化作为造型焦点的设计，形成以腰线以上作为"设计眼"的款式系列，婚礼服因头饰丰富一般不配小外套（图8-39）。

图8-39　婚礼服款式系列

3.丧服（Nourning Dress）综合元素主题设计

丧服是伤感的日间礼服，在出席葬礼、告别仪式时穿着。款式以简洁、朴素的连衣裙或套装为首选；色彩以黑色、藏蓝等深色系为主。面料有棉织物、丝绸织物、乔其纱、天鹅绒可选择，要避免华丽和光泽的织物。所有配饰均为黑色，不佩带任何珠宝饰品。

丧服的设计可延续常服连衣裙款式设计的基本思路和方法，裙长以膝线以下为宜，可选择S型、小X型或大X型的廓形。例如以八开身大X型作为不变因素，将造型焦点集中在领型、袖型的变化，通过结合门襟、分割线的变化完成基于X型廓形的多元素系列设计（图8-40）。

图8-40　丧服款式系列

4.晚宴服（Dinner Dress）综合元素主题设计

晚宴服可以理解为简式晚礼服，是出席正餐会、聚会时穿着的礼服。其衣料、款式以及搭配都没有晚礼服性感、华丽、隆重。其形式多为一件式的，是暴露较晚礼服少的连衣裙，一般不露肩和背部位，裙长以至踝为宜，袖可长可短。图8-41是在公主线分割X型廓形基础上进行局部元素整合完成的晚宴服主题款式系列，它的"设计眼"是抹肩。

图8-41 晚宴服款式系列

5.鸡尾酒会服（Cocktail Dress）综合元素主题设计

18点左右的鸡尾酒会穿着鸡尾酒礼服连衣裙。由于时间正好介于日间礼服和晚间礼服之间，所以其形式是华丽性与活泼性兼有，一般裙长较晚礼服短，无袖、露肩、低领的设计，这是小礼服的基本特征。面料可以采用丝绸等织物。鸡尾酒会服系列以有腰线连衣裙作为基本形式，将腰线以上作为造型焦点，肩胸设计从有袖到无袖再到不同形式的抹胸变化产生系列"设计眼"（图8-42）。

图8-42 鸡尾酒会服款式系列

6.舞会服（Party Dress）综合元素主题设计

舞会服是游园会、晚餐会、聚会等宴会场合穿着的礼服，此类型的礼服形式活泼，装饰多样，褶、荷叶边、飞边等形式都可以采用，也可以套用晚宴服和鸡尾酒会服或者不同形式的调和套装。不过服装具体的色彩、材料和造型，最终要根据场合的性质、气氛、风格确定。以荷叶边作为主要的设计元素，通过与下摆的波形褶设计相呼应形成诠释舞会服连衣裙系列的主题性格（图8-43）。

图8-43 舞会服款式系列

7.日间礼服（Morning Dress）综合元素主题设计

日间礼服即女性在日间尤其是午后穿着的较正式的礼服，适合于外出访友、出席正式招待会、婚礼或赴宴时穿着。日间礼服无固定的格式，既可以是连衣裙，也可以是调和套装，后者则是日间礼服常用的格式，外衣有长有短。内穿连衣裙通常要采用无领无袖的极简样式，以烘托外衣的表现。连衣裙面料多用柔软的绉纱、绢、真丝双绉等华丽织物。图8-44采用了外套和连衣裙组合的调和套装形式，二者均为八开身大X型，在设计思想上采用强化外衣淡化连衣裙的思路是明智的，因为日间礼服通常是职业化场合，外衣是主服，连衣裙是配服，通过外套门襟、长短、领型等元素整合进行系列设计，使得此系列个体特征鲜明却又融合在整体成熟、稳重的风格之中。

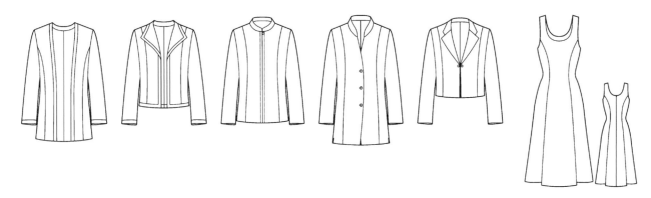

图8-44　日间礼服款式系列（上衣和连衣裙组合为常规形式）

（三）礼服连衣裙纸样系列设计

在结构上，礼服连衣裙纸样与常服连衣裙最大的不同是礼服的松量小于常服，而且礼服的级别越高松量越小，晚礼服松量为负数，以起束胸的作用。

1.礼服连衣裙基本纸样

以S型作为晚礼服的基本纸样，它与常服连衣裙的减量设计有所不同。礼服连衣裙的尺寸要求上身达到最大限度的合体，晚礼服多为负松量，一般不超过4cm，从而达到束胸和修正人体的目的。胸围减量设计为13cm，一半制图为6.5cm，按照减量前身大于后身的原则，分配前侧缝3cm、后侧缝1.5cm，前后中分别减去1cm，这样最终达到的总量比净胸围小1cm。为了使肩部更贴合人体，由连衣裙前后肩线下降0.7cm调整为1cm；腰围的松量设计为4cm，臀围松量为2cm，多余的松量通过必要的公式和前后片与后中位置的省缝去掉；为了使前胸平服，采用从后侧颈点量取领口宽大于前领口宽1cm，从而达到最终撇胸的目的，这种方法适用于所有前胸无断缝的女装结构（图8-45）。

基本款小外套为H型，由于是套在礼服连衣裙的外面，所以不需要过于合体，仅在前侧缝位置减去1.5cm。衣长为短款，较基本纸样短6cm，分别在侧缝、后中和后片位置去掉一部分省量，使下摆贴和身体，前片有一个侧省塑形。小外套的袖型为有省一片袖，在制图时既可以量取新的袖山曲线重新制板，也可以在原型有省一片袖基本纸样基础上通过减少袖肥，调整袖山与袖窿，从而保证合理的容量（吃势2cm），在原袖口向上截取10cm完成七分袖设计。

2.基于廓形的一款多板礼服连衣裙纸样系列设计

完成礼服连衣裙的基本纸样之后，就可以在此基础上沿用连衣裙廓形变化的的纸样设计原理，衍生出礼服连衣裙的小X型、大X型、H型、A型和伞型的一款多板系列。小外套的设计在保持它的基本特征前提下作单元素或多元素的一板多款系列设计，也可以保持相对不变的设计组合（图8-46）。

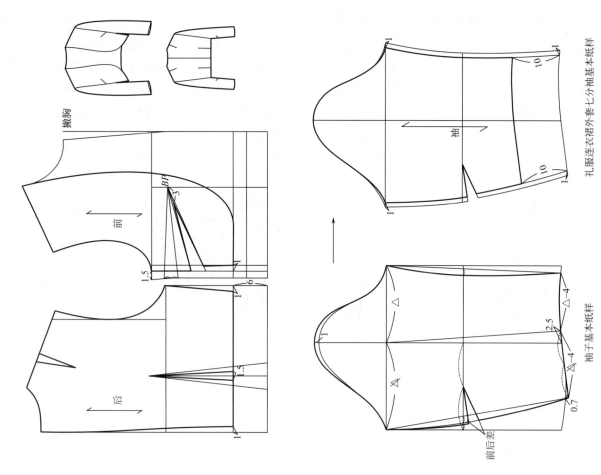

礼服连衣裙外套七分袖基本纸样

袖子基本纸样

礼服连衣裙基本纸样

图8-45 礼服连衣裙基本纸样

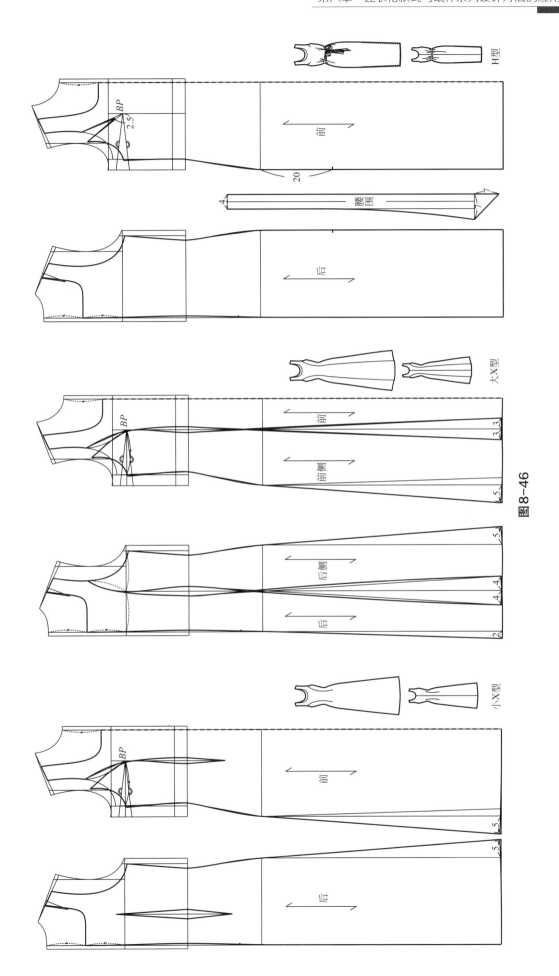

图8-46

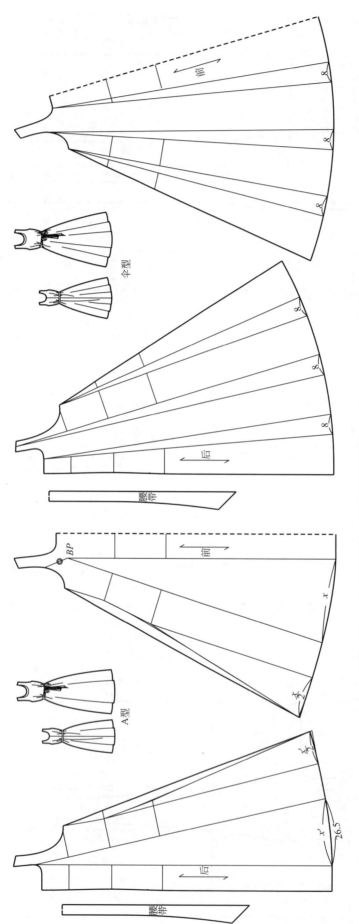

图8-46 一款多板礼服连衣裙纸样系列设计（X型、H型、A型和伞型五款）

3.礼服连衣裙综合元素纸样系列设计

以S型结构作类基本纸样，可设计的范围很广，可以固定主板改变局部元素；也可以固定局部元素改变主板；还可以主板和局部元素同时改变。在女装设计中完全可以认为礼服连衣裙是系列纸样设计方法得以全面发挥的集大成者。图8-47仅仅是采用S型作为主体结构，通过领口、前胸采形的局部设计作为造型焦点展开类基本纸样的系列变化。款式一领口采形为直线。款式二为水滴型。款式三为V型。款式四与款式三的领口采形相似，但加入了褶元素，在腹围附近加入一块三角形设计形成上紧下松和不同的开褶款式变化。所有款式前片的吊带都要短于实际长度2cm，这有助于塑造胸部造型。此组设计遵循强调前身、淡化后身的设计原则，将前胸部分作为造型焦点，下摆处理简洁，保持S型廓形主体风格不变，从而演示了纸样系列设计方法的有序性、方便性和快捷性。

小外套的纸样设计保持六开身不变和元素运用极简的设计手法，可以把图8-34和图8-37的小外套的系列加入其中，以一形负万形，一款负万款的理念，创造一静负万动的主题系列。这种境界是在这种方法的反复训练，反复实践中才能体会其中的味道（图8-48～图8-51）。

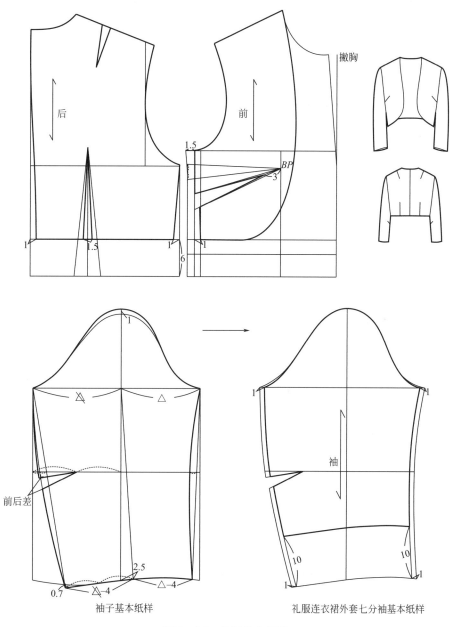

袖子基本纸样　　　　礼服连衣裙外套七分袖基本纸样

图8-47 礼服外套纸样

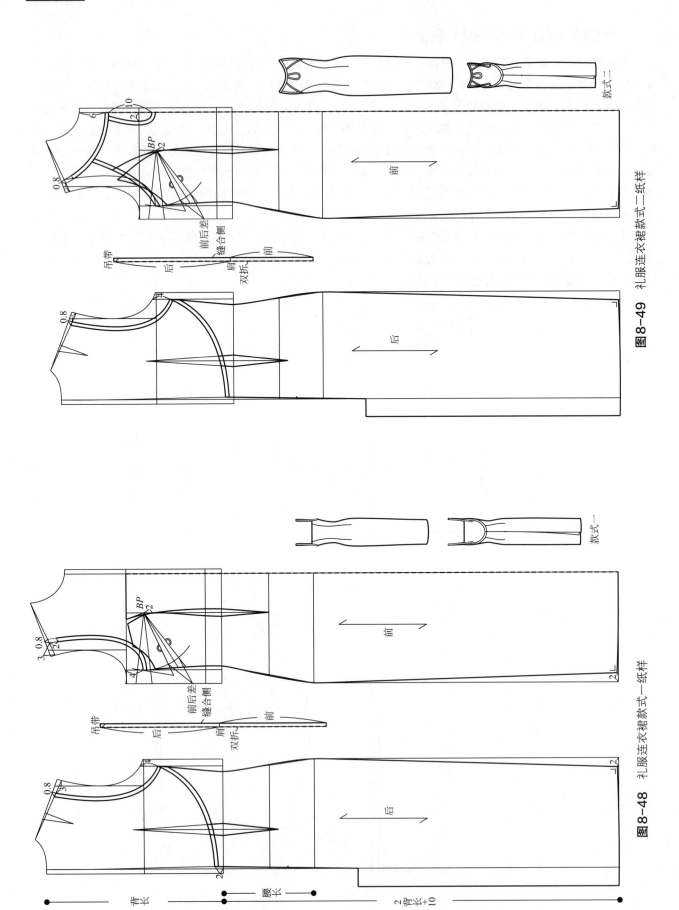

图8-49 礼服连衣裙款式二纸样

图8-48 礼服连衣裙款式一纸样

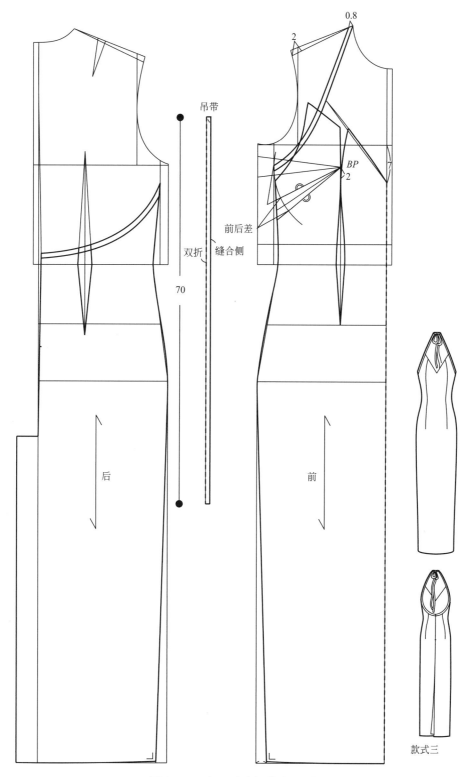

图8-50　礼服连衣裙款式三纸样

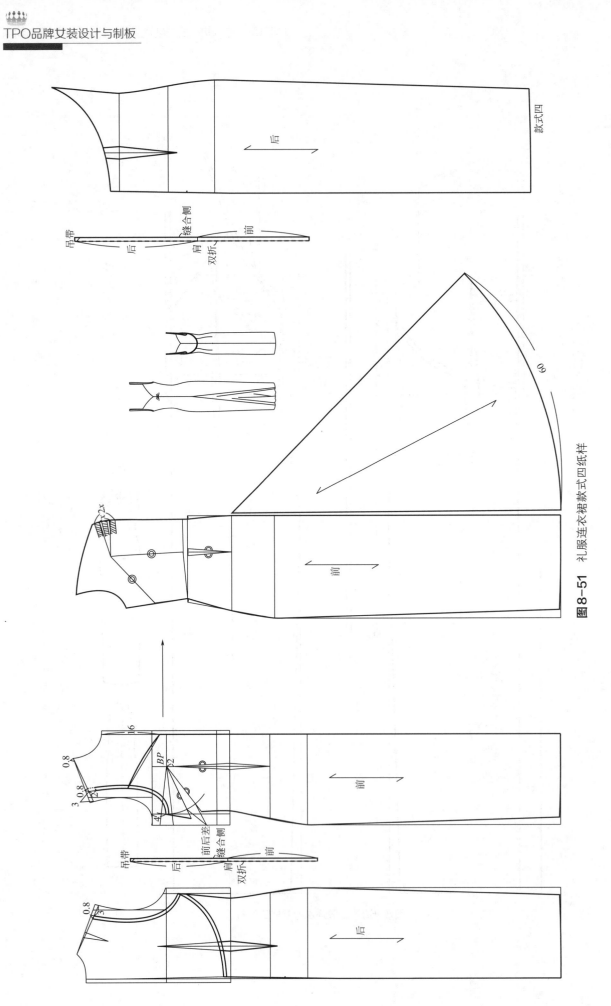

图8-51 礼服连衣裙款式四纸样

下篇

TPO品牌化女装设计与制板训练

第九章 ◆ 裙子款式与纸样系列设计

一、裙子款式系列设计

（一）裙子基本款式

H型(紧身裙)

（二）裙子廓形款式系列

H型(紧身裙)　　　A型(半紧身裙)　　　　斜裙　　　　　半圆裙　　　　　整圆裙

（三）腰位款式系列

中腰　　　连腰　　　低腰　　　高腰

（四）下摆款式系列

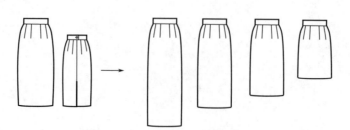

（五）裙子分割款式系列

1.竖线分割款式系列

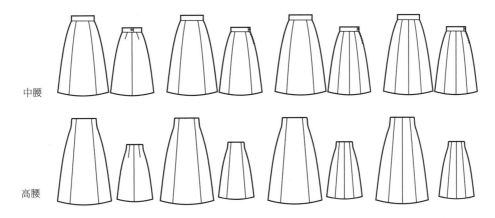

中腰

高腰

2.横线分割（育克）款式系列

3.横竖线分割相结合款式系列（牛仔或皮革面料）

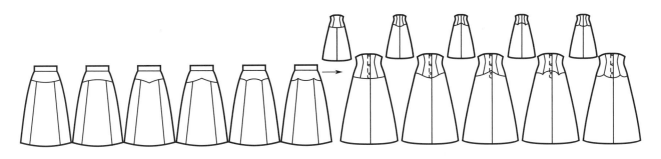

（六）裙褶款式系列

1.波形褶款式系列

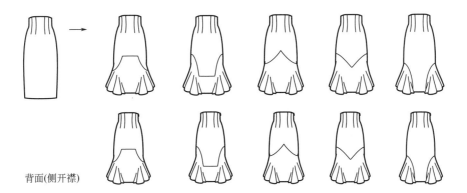

背面(侧开襟)

2.缩褶款式系列

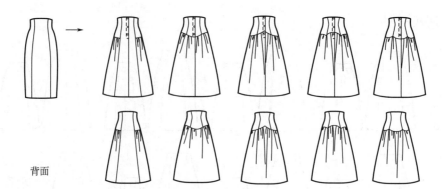

背面

3.风琴褶款式系列

背面

4.塔克褶款式系列

背面

5.鱼尾裙款式系列

背面

（七）综合元素款式系列

1.省、育克、褶款式系列

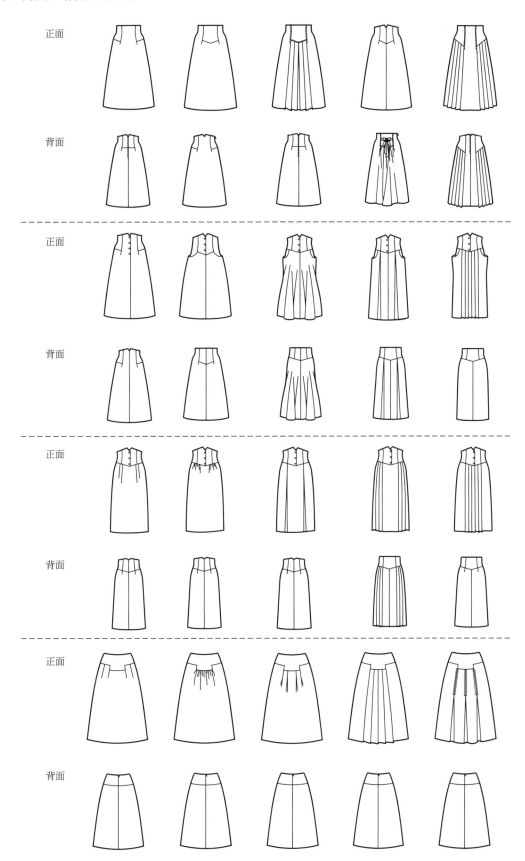

正面

背面

正面

背面

正面

背面

正面

背面

正面

背面

2.分割线、口袋结合款式系列

正面

背面

正面　　背面

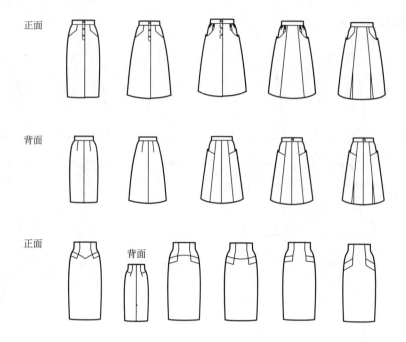

二、裙子纸样系列设计

（一）裙子基本纸样

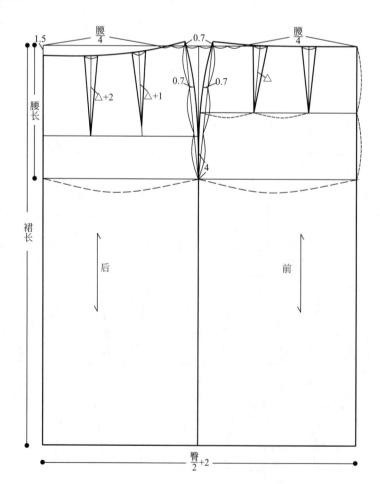

（二）裙子廓形—款多板纸样系列设计

1.紧身裙（H型裙）

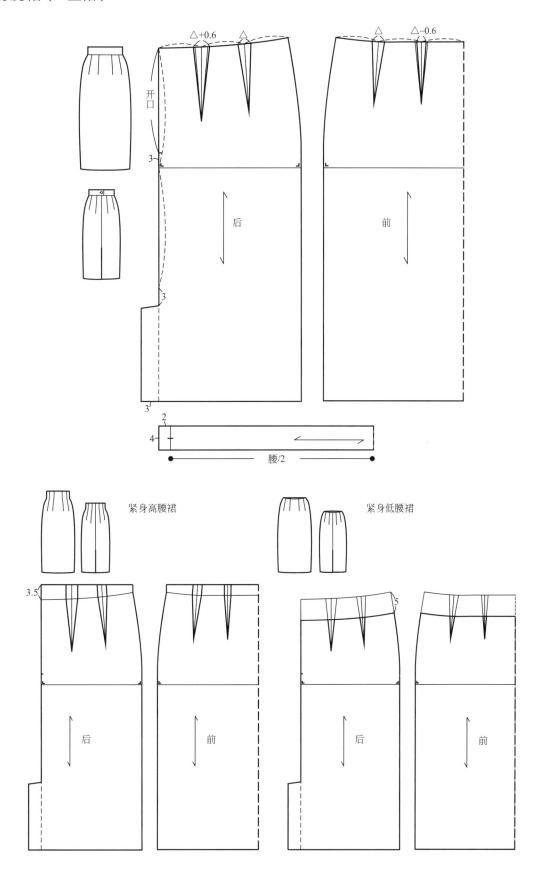

紧身高腰裙

紧身低腰裙

2.半紧身裙（A型裙）

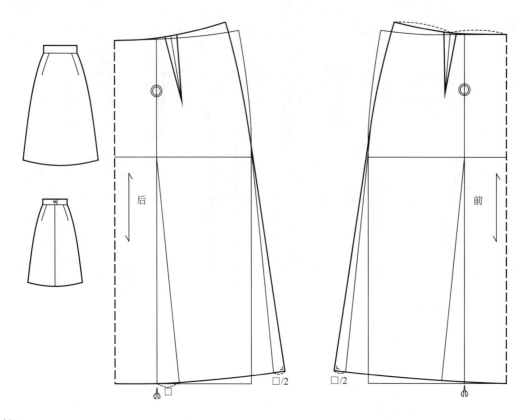

3.斜裙

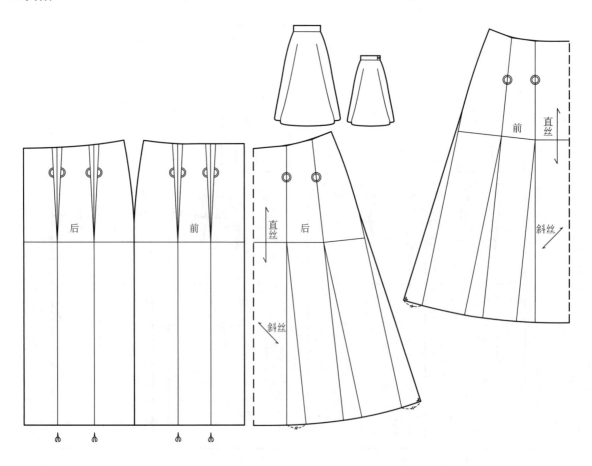

4. 半圆裙

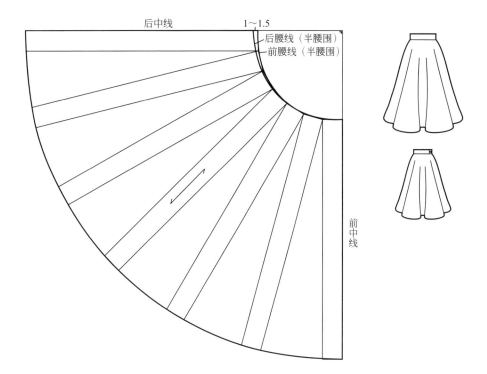

5. 半圆裙、整圆裙数学方法制图

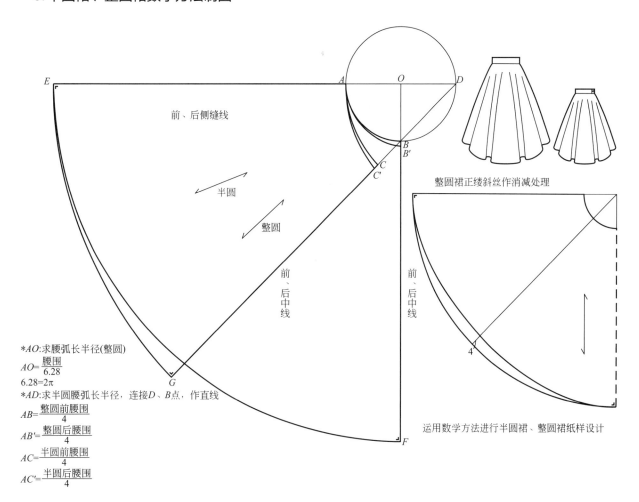

*AO:求腰弧长半径(整圆)

$$AO= \frac{腰围}{6.28}$$

$$6.28=2\pi$$

*AD:求半圆腰弧长半径，连接D、B点，作直线

$$AB= \frac{整圆前腰围}{4}$$

$$AB'= \frac{整圆后腰围}{4}$$

$$AC= \frac{半圆前腰围}{4}$$

$$AC'= \frac{半圆后腰围}{4}$$

（三）分片裙纸样系列设计

1.四片裙

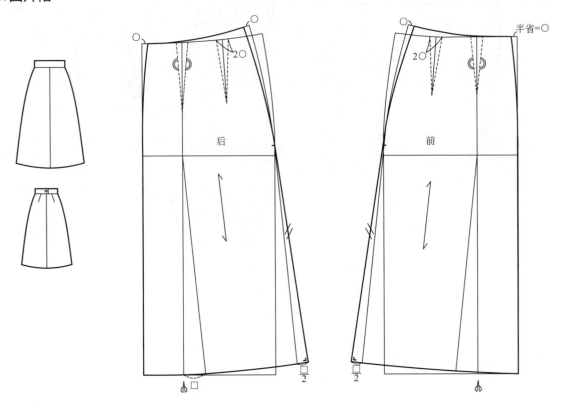

2.六片裙

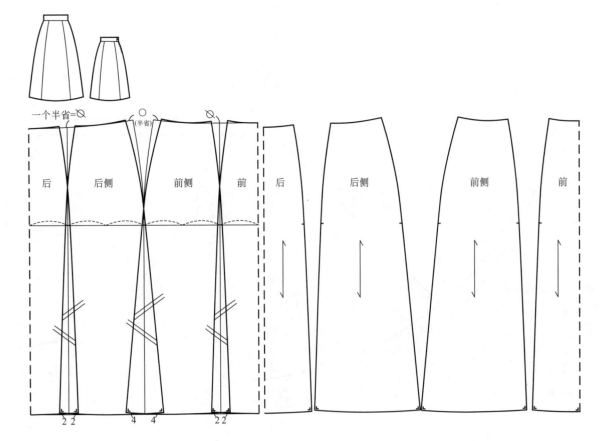

3.八片裙

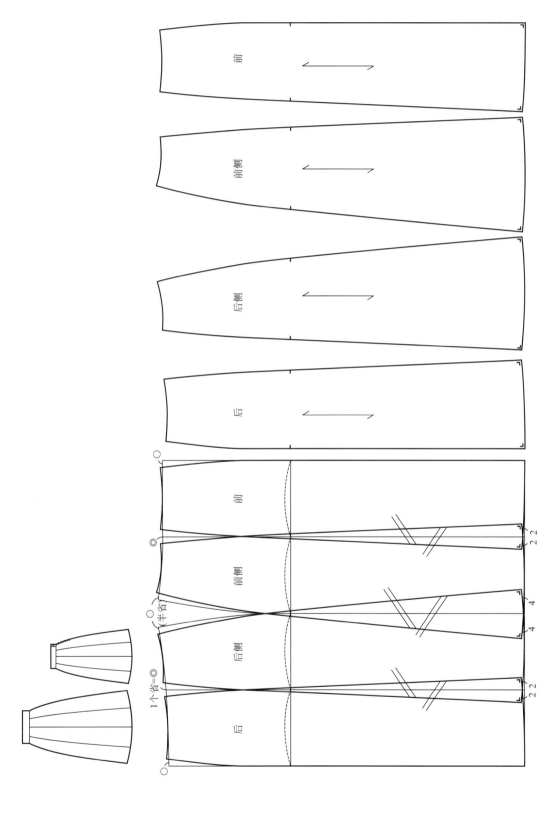

（四）育克纸样系列设计

*在A型裙纸样基础上将最后的省移到育克线中

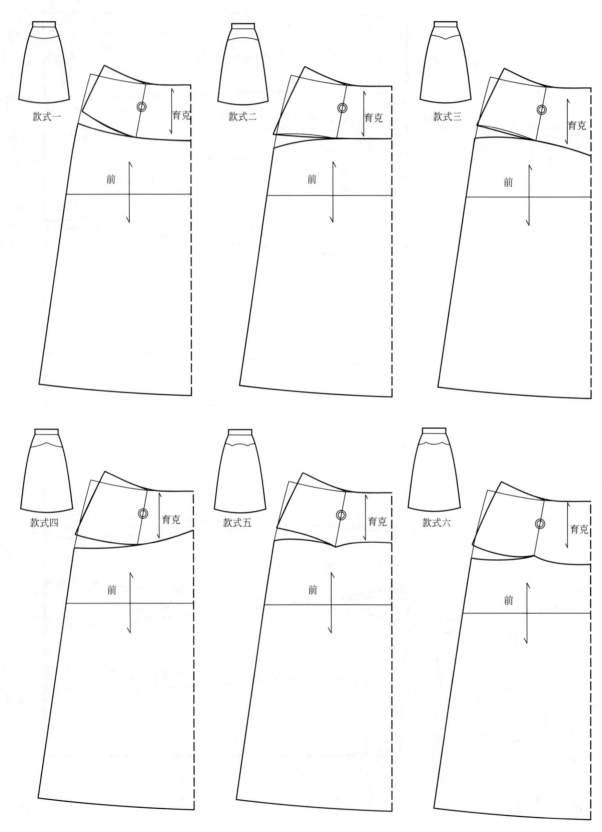

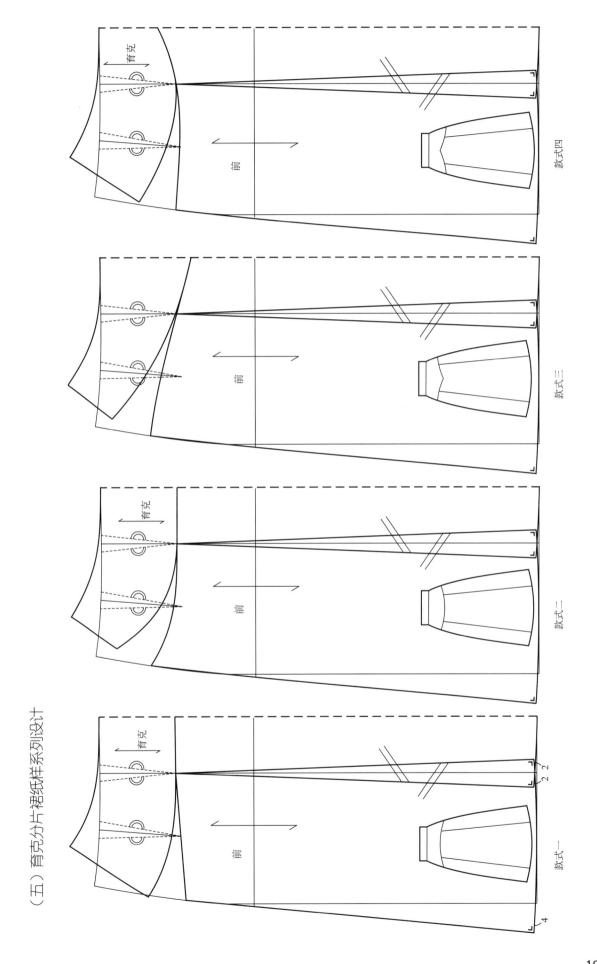

（五）育克分片裙纸样系列设计

款式一　款式二　款式三　款式四

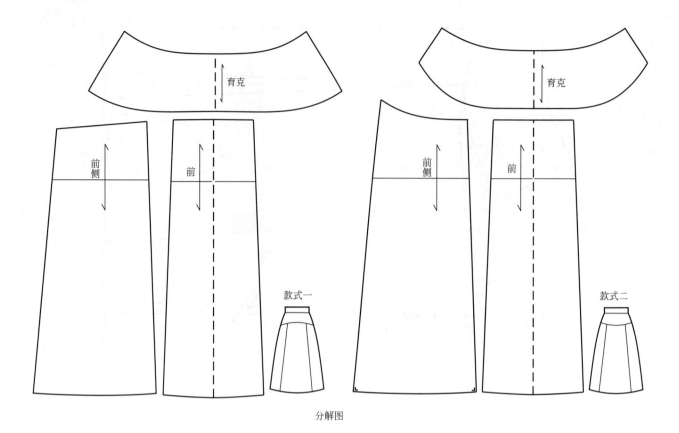

款式一

款式二

分解图

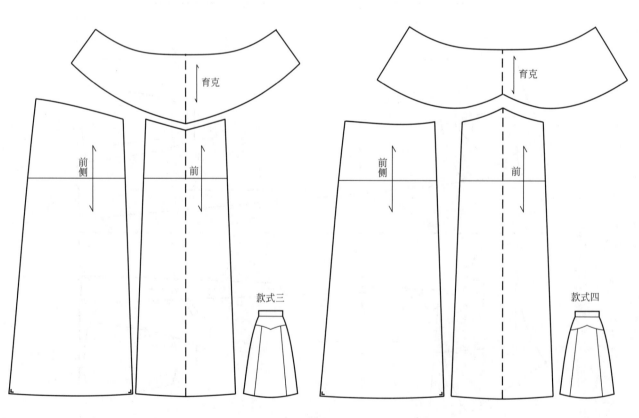

款式三

款式四

分解图

（六）育克与褶裙纸样系列设计

1.高腰侧育克裙

*在A型裙纸样基础上进行育克设计

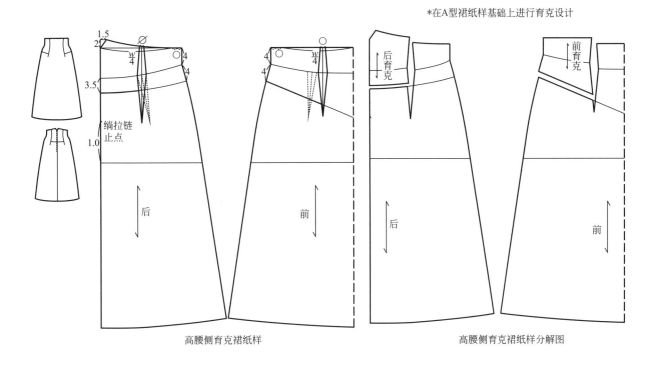

高腰侧育克裙纸样　　　　　　　　　高腰侧育克裙纸样分解图

2.高腰中育克裙

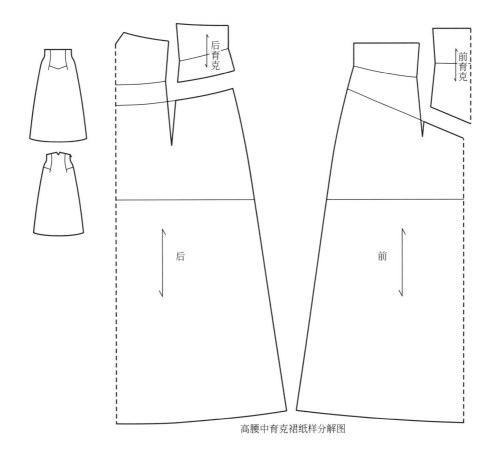

高腰中育克裙纸样分解图

3.育克褶裥裙

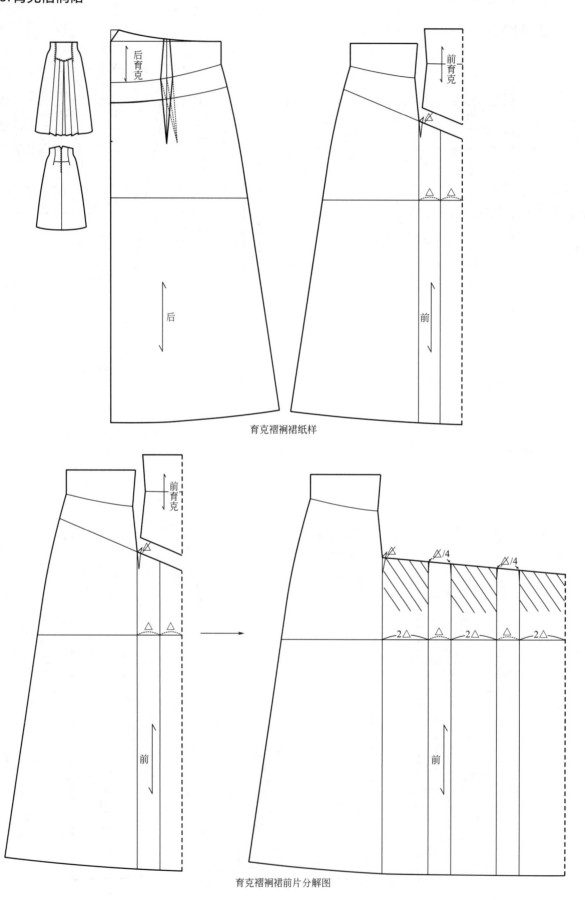

育克褶裥裙纸样

育克褶裥裙前片分解图

4. 育克缩褶裙

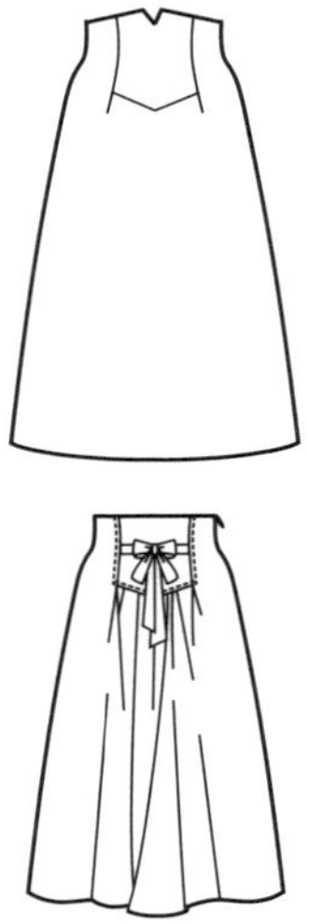

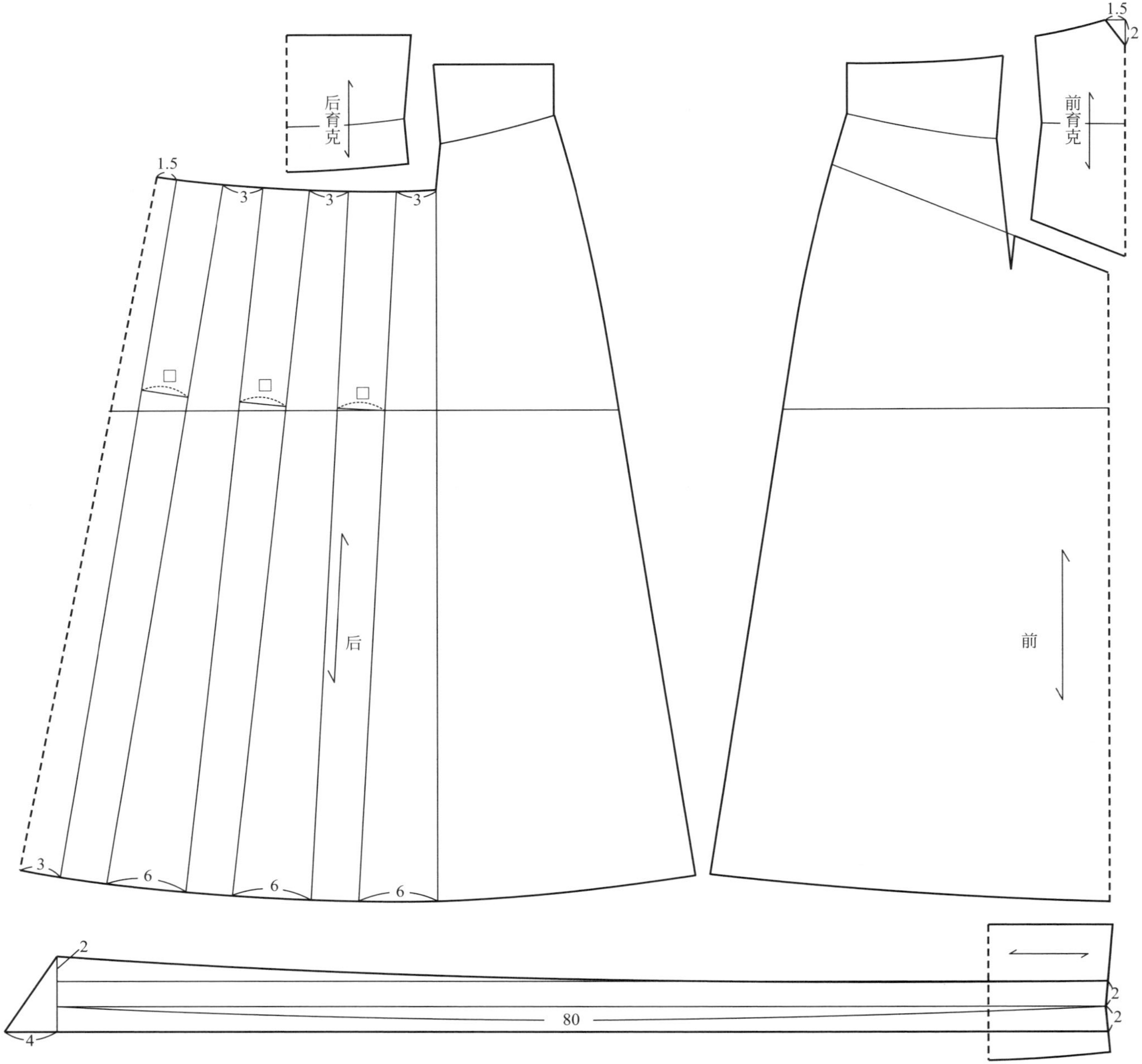

前育克

后育克

前

后

1.5 2

3

3

3

1.5

6

6

6

3

1.5 2 2

80

2

4

育克缩褶裙裙纸样

5.育克风琴褶裙

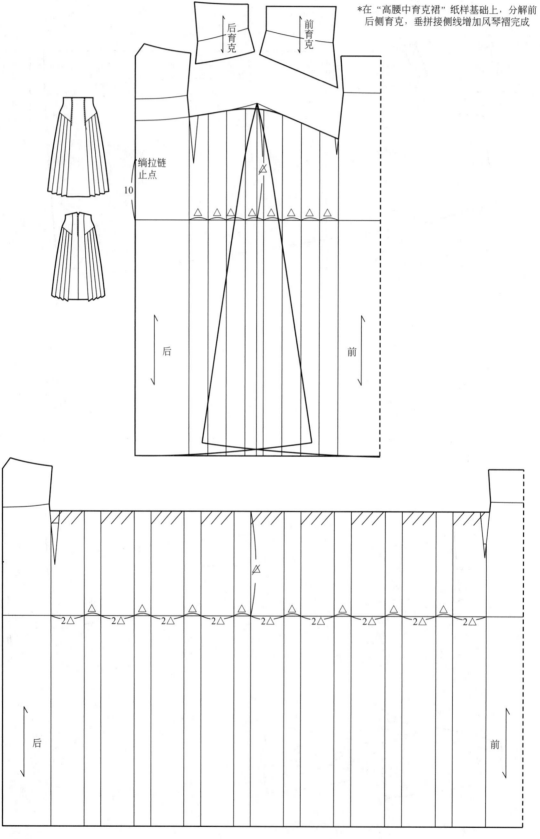

*在"高腰中育克裙"纸样基础上,分解前后侧育克,垂拼接侧线增加风琴褶完成

后育克

前育克

绱拉链止点

10

后

前

后

前

育克风琴褶纸样分解图

第十章 ◆ 裙裤款式与纸样系列设计

一、裙裤款式系列设计

（一）裙裤基本款式

H型裙裤(紧身型)

（二）裙裤廓形款式系列

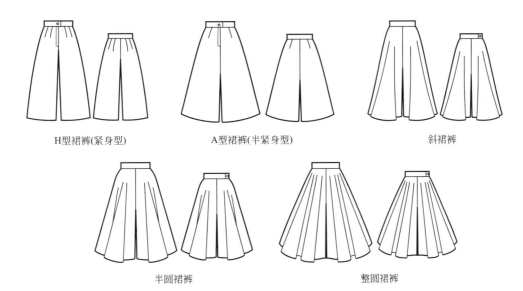

H型裙裤(紧身型)　　　　A型裙裤(半紧身型)　　　　斜裙裤

半圆裙裤　　　　整圆裙裤

（三）腰位款式系列

中腰　　　　连腰　　　　低腰　　　　高腰

（四）下摆款式系列

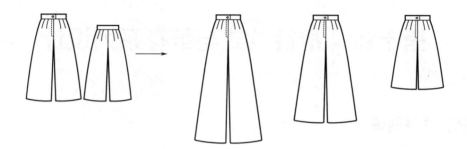

（五）裙裤分割款式系列

1.竖线分割款式系列

2.横线分割（育克）款式系列

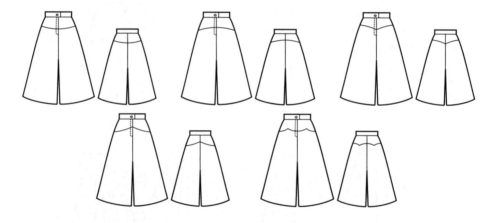

3.横竖线分割相结合款式系列

（1）系列一（牛仔面料）

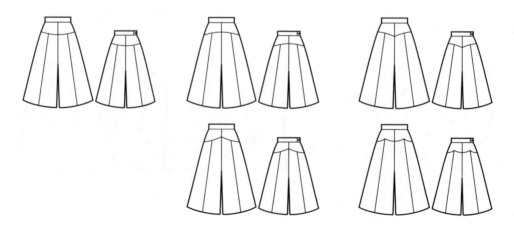

（2）系列二

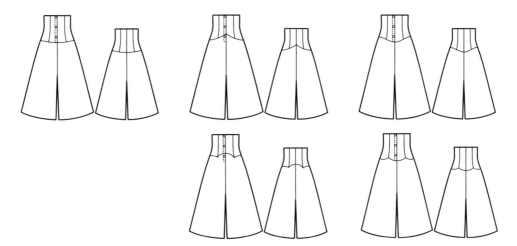

（六）裙裤褶款式系列

1.波形褶款式系列

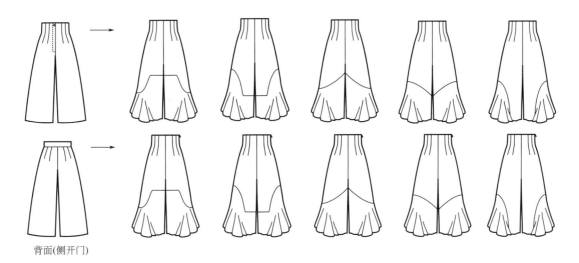

背面(侧开门)

2.缩褶款式系列

正面

背面

3.风琴褶款式系列

正面

背面

4.塔克褶款式系列

5.鱼尾形款式系列

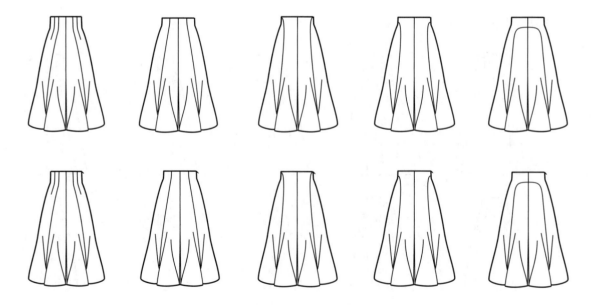

（七）综合元素款式系列

1. 省、育克、褶元素结合的款式系列

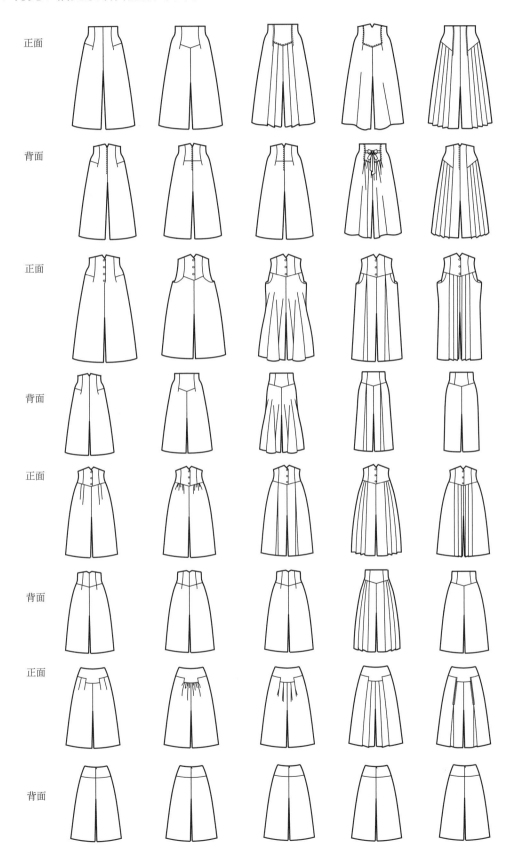

正面

背面

正面

背面

正面

背面

正面

背面

2.分割线、口袋结合的款式系列

正面

背面

二、裙裤纸样系列设计

（一）裙裤基本纸样

*在裙子基本纸样基础上完成

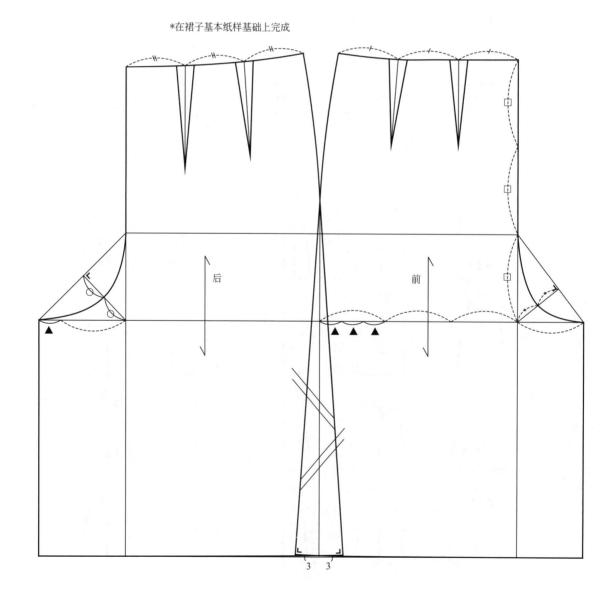

（二）裙裤廓形—款多板纸样系列设计

1.紧身型裙裤

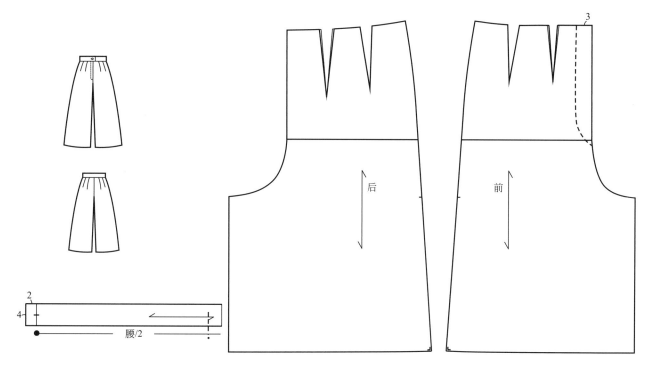

紧身型裙裤纸样

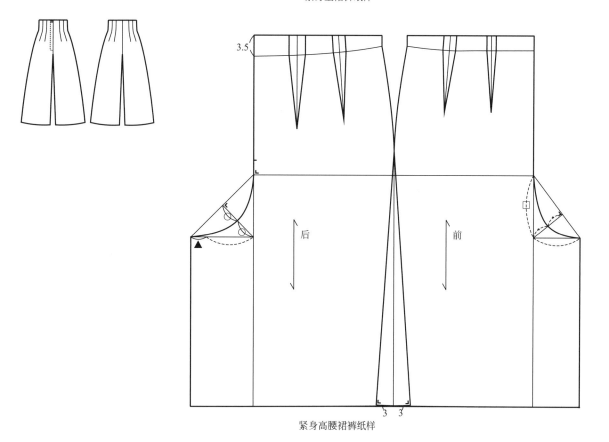

紧身高腰裙裤纸样

（二）裙裤廓形—款多板纸样系列设计

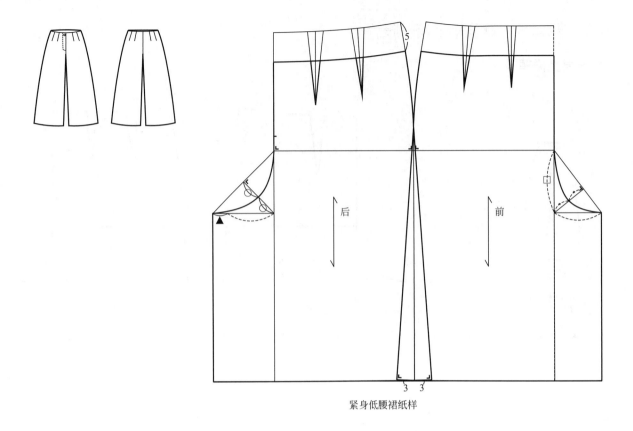

紧身低腰裙纸样

2. A型裙裤

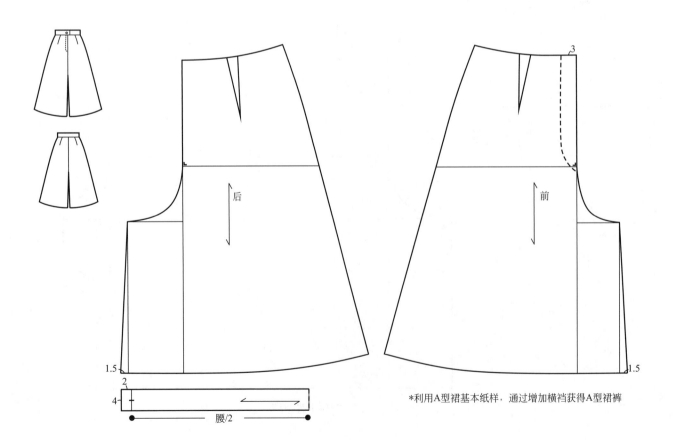

*利用A型裙基本纸样，通过增加横裆获得A型裙裤

3.斜裙裤

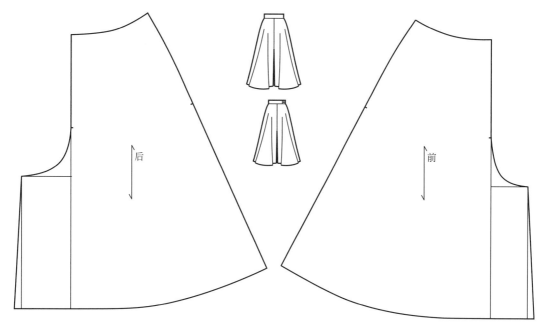

*利用裙子基本纸样两省转移方法获得斜裙裤结构，
最快捷的办法是在斜裙纸样基础上增加横裆

4.整圆裙裤和半圆裙裤

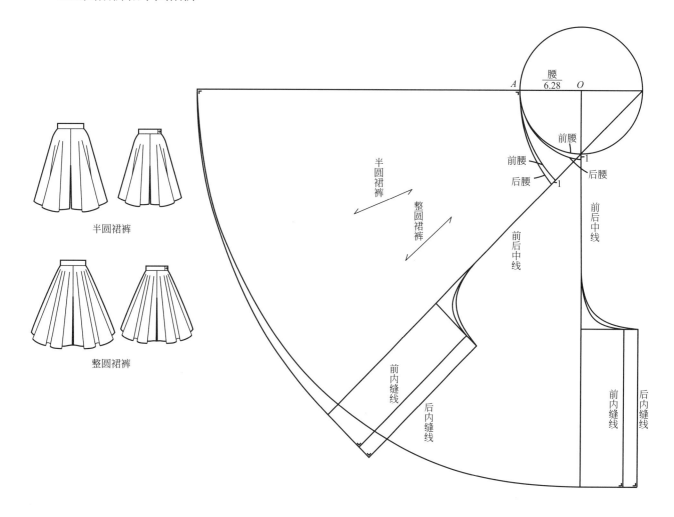

半圆裙裤

整圆裙裤

（三）育克裙纸样系列设计

*在A型裙裤纸样基础上完成

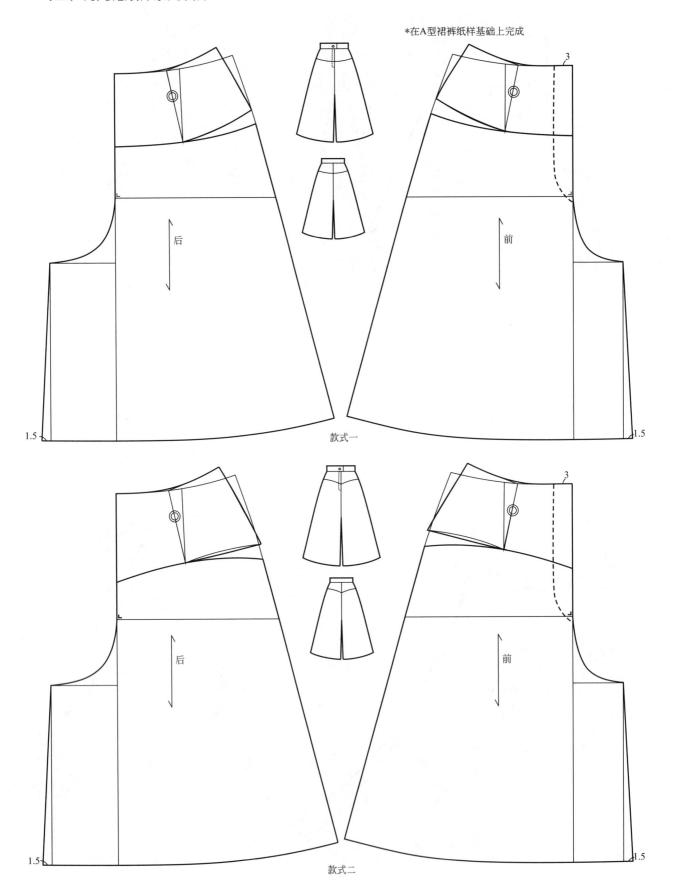

款式一

款式二

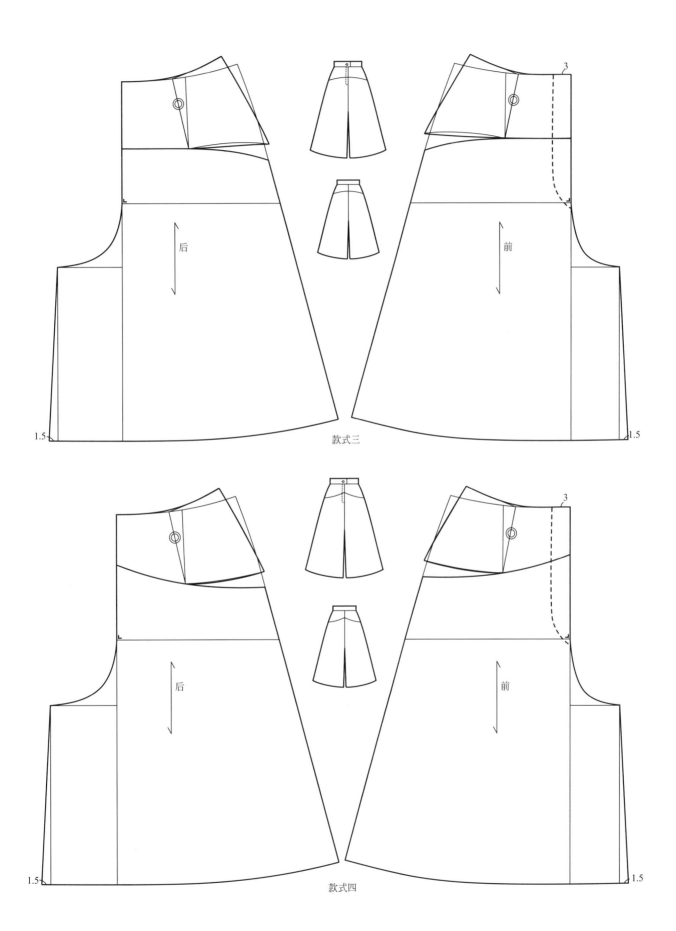

款式三

款式四

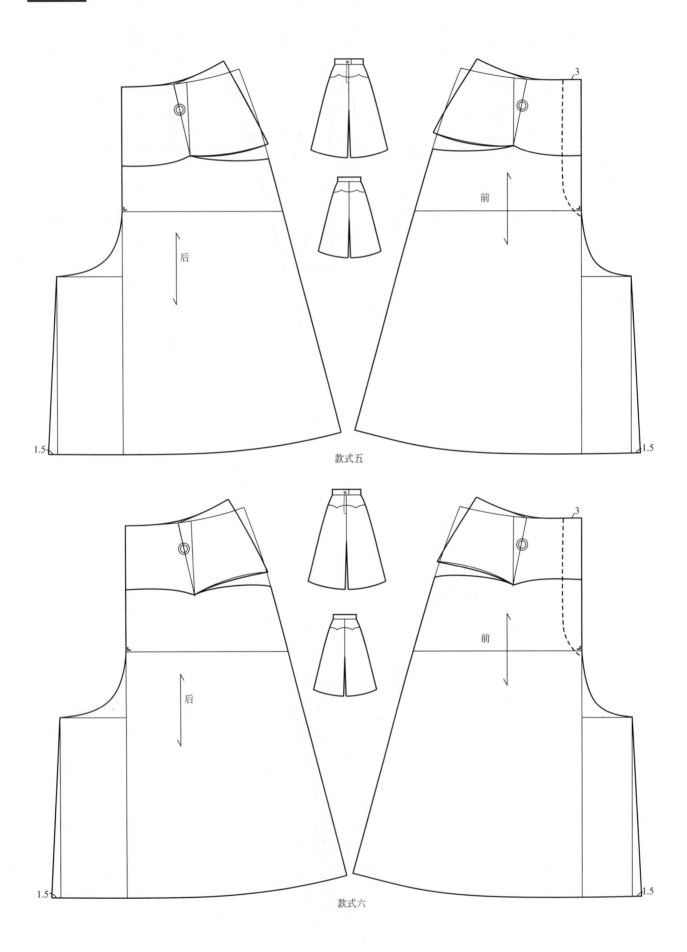

款式五

款式六

（四）育克褶裙裤纸样系列设计

1.高腰侧育克裙裤

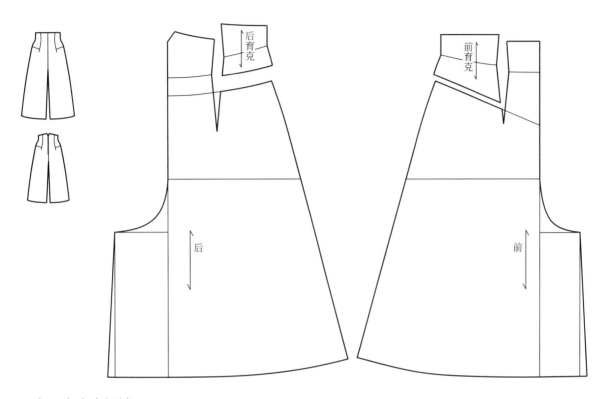

2.高腰中育克裙裤

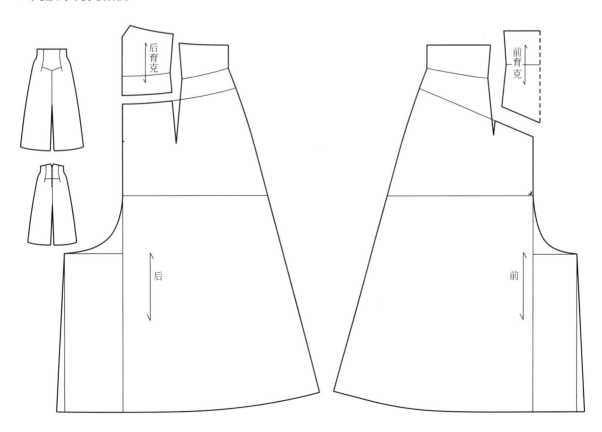

3.育克褶裥裙裤

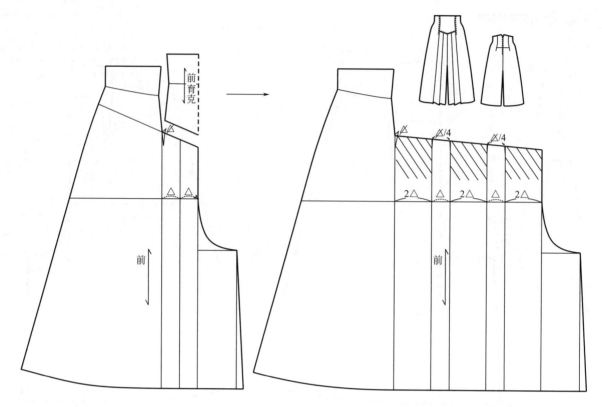

4.育克缩褶裙裤

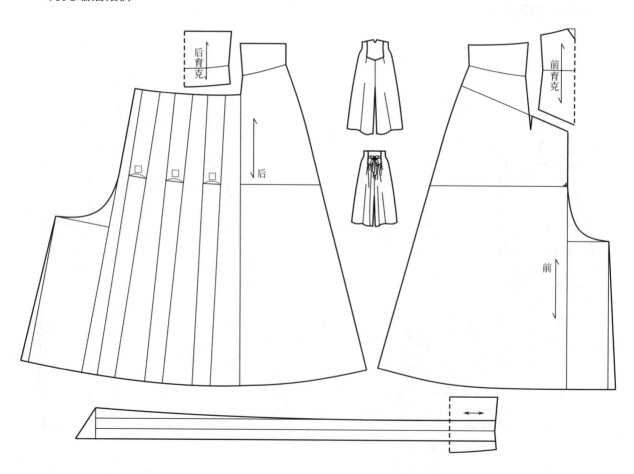

5.育克风琴褶裙裤

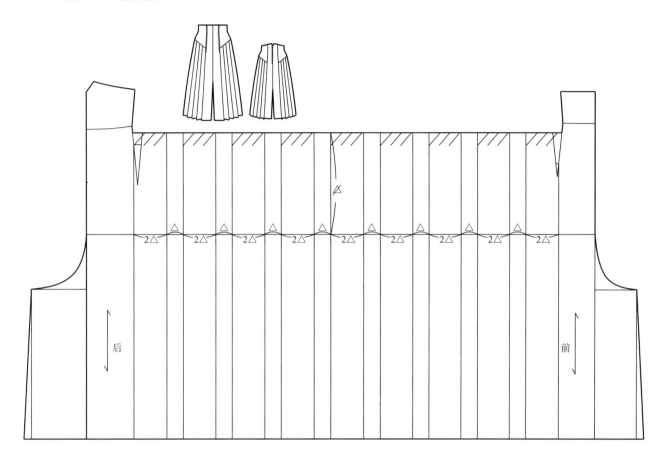

第十一章 ◆ 裤子款式与纸样系列设计

一、裤子款式系列设计

（一）裤子款式系列设计

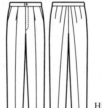

H型裤子基本款

（二）裤子廓形款式系列

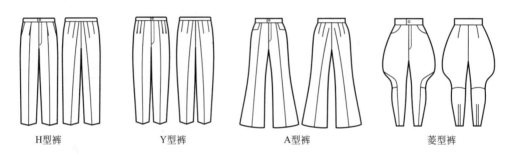

H型裤　　　　　　Y型裤　　　　　　A型裤　　　　　　菱型裤

（三）裤子腰位款式系列

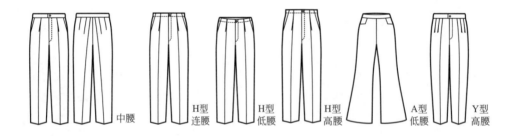

中腰　　　H型连腰　　H型低腰　　H型高腰　　A型低腰　　Y型高腰

（四）裤长款式系列

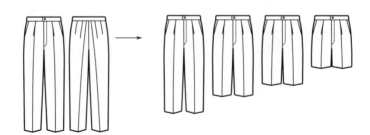

（五）裤子分割款式系列

1. H型裤竖分割线系列

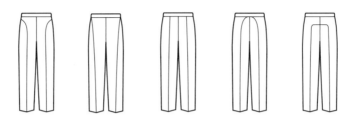

2. H型裤横分割线（育克）系列

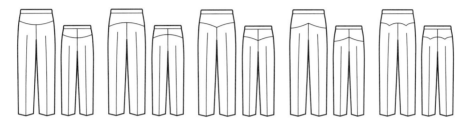

3. A型裤分割线款式系列

（六）裤子褶款式系列

1. 裤褶的基本款式

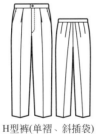

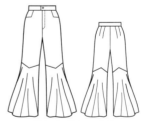

H型裤(单褶、斜插袋)　　　Y型裤(双褶、侧插袋)　　　A型裤(波形褶、平插袋)

2. Y型塔克褶的款式系列

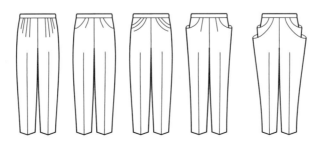

（七）综合裤子元素的款式系列

1. A型裤款式系列

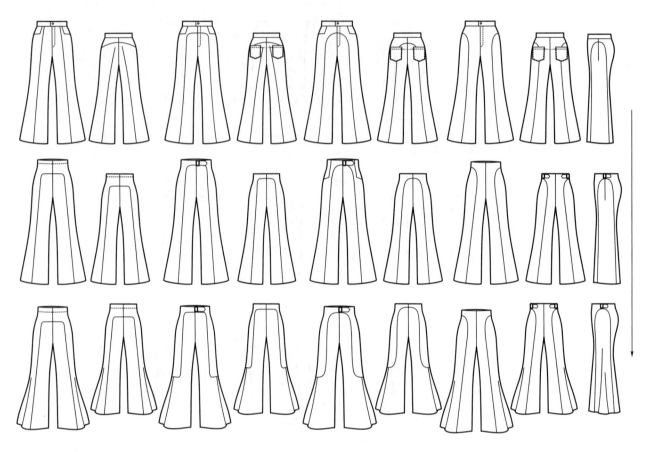

2. Y型裤款式系列

（1）连腰、襻、褶结合

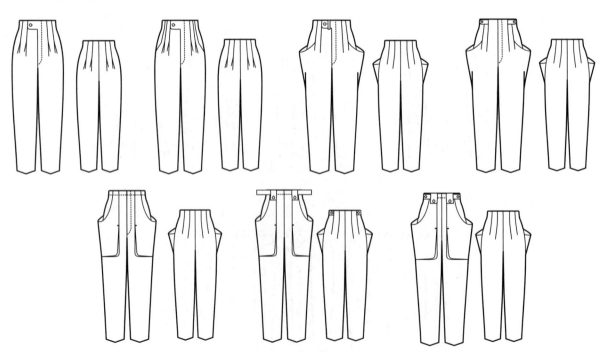

（2）高腰、育克、翻裤口结合

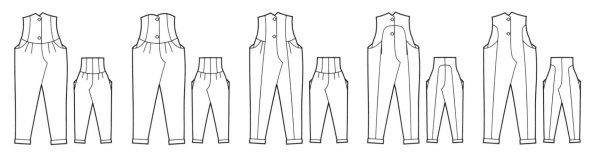

（3）连腰、口袋、分割线结合

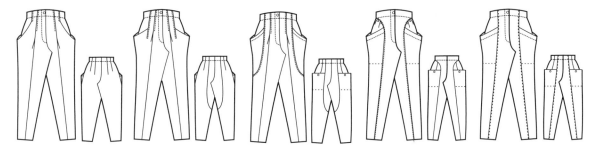

（4）高腰、分割线结合

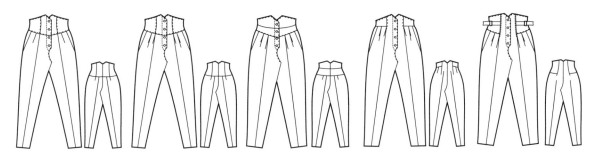

（5）中腰、口袋、裤口、分割线结合

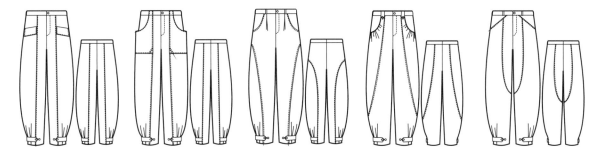

3.灯笼裤款式系列

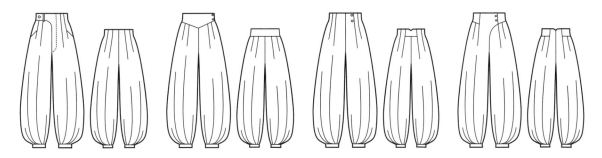

4.A型牛仔裤系列（以口袋、分割线结合）

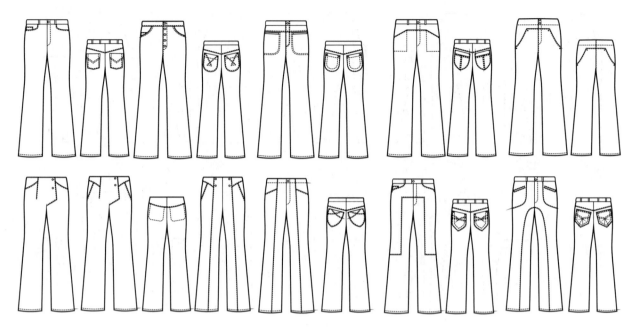

5.Y型牛仔裤系列（口袋、分割线、门襟结合）

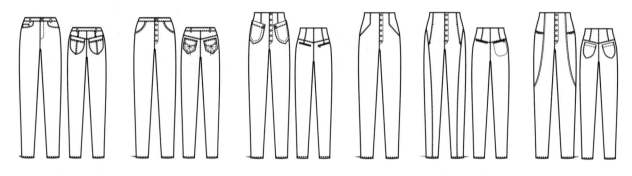

6.运动裤款式系列

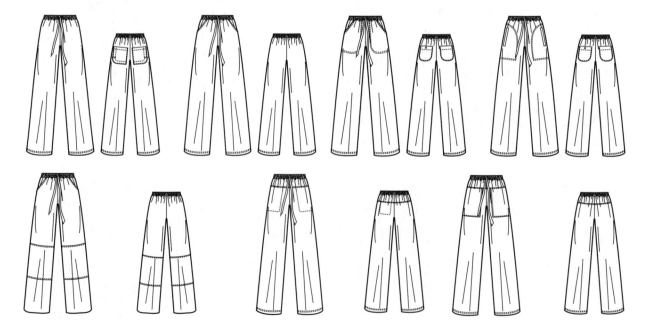

二、裤子纸样系列设计

（一）裤子基本纸样

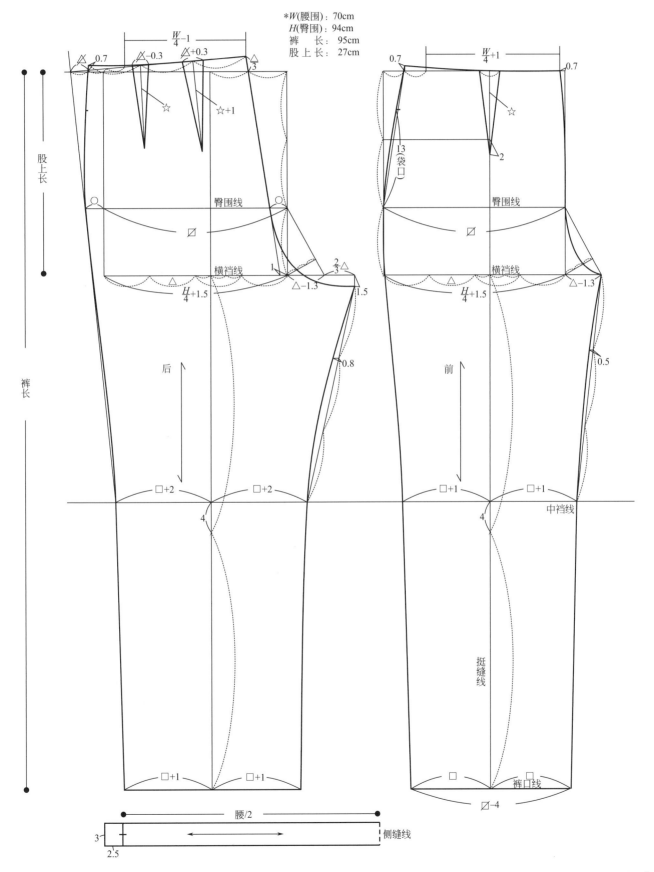

*W(腰围)：70cm
H(臀围)：94cm
裤　长：95cm
股上长：27cm

裤子基本纸样分解图

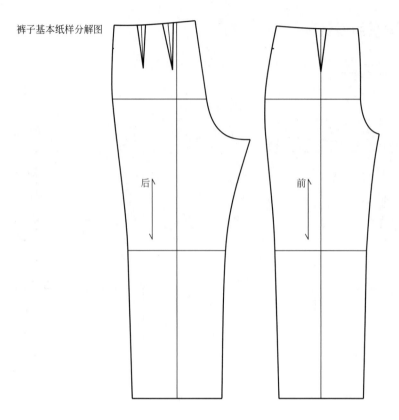

（二）裤子廓形纸样系列设计

1.紧身H型裤纸样

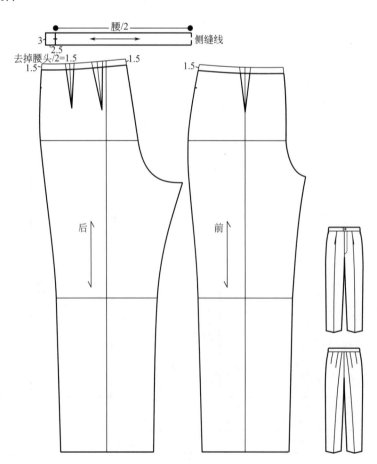

（1）H型低腰裤纸样

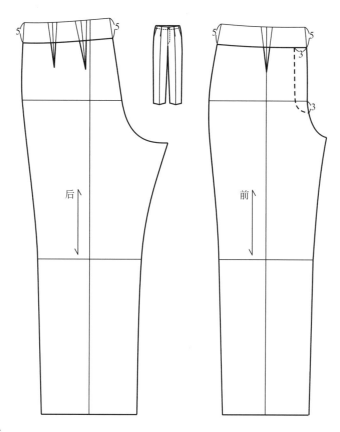

（2）H型高腰裤纸样

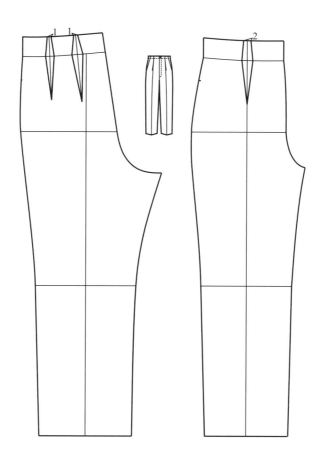

2. A型低腰裤纸样

（3）H型单褶裤纸样

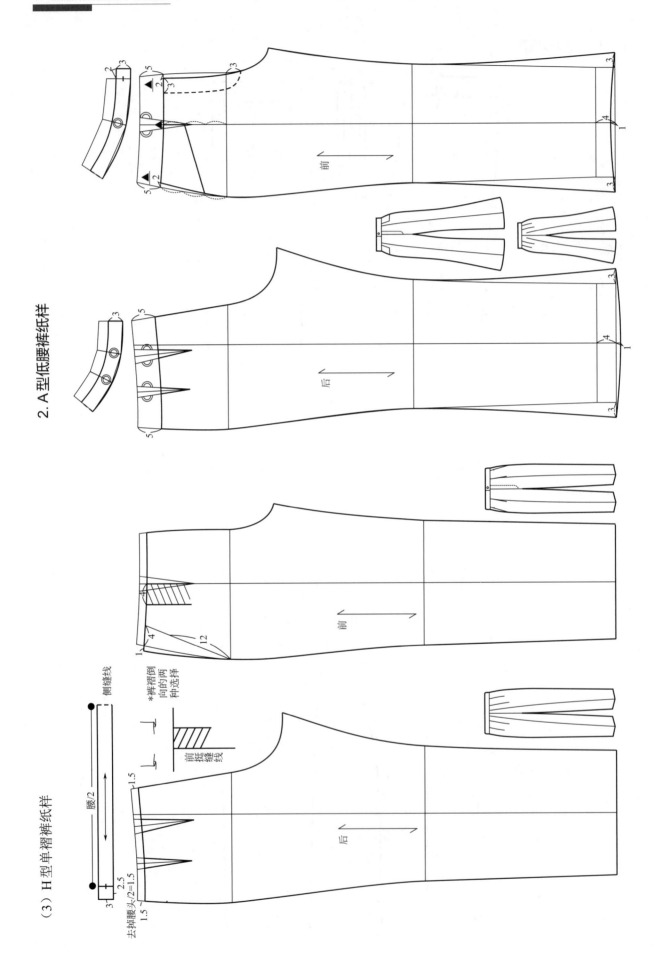

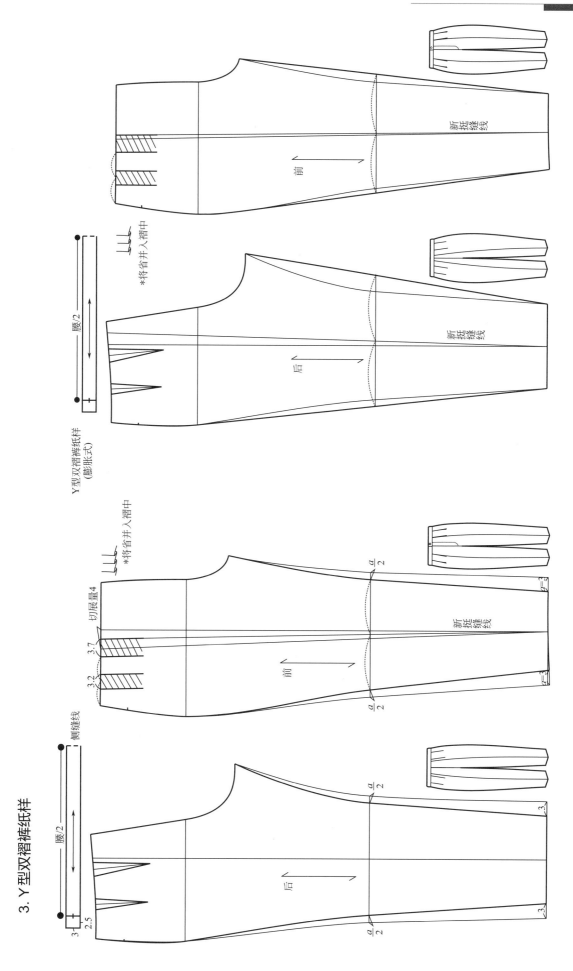

3. Y型双褶裤纸样

Y型双褶裤纸样（膨胀式）

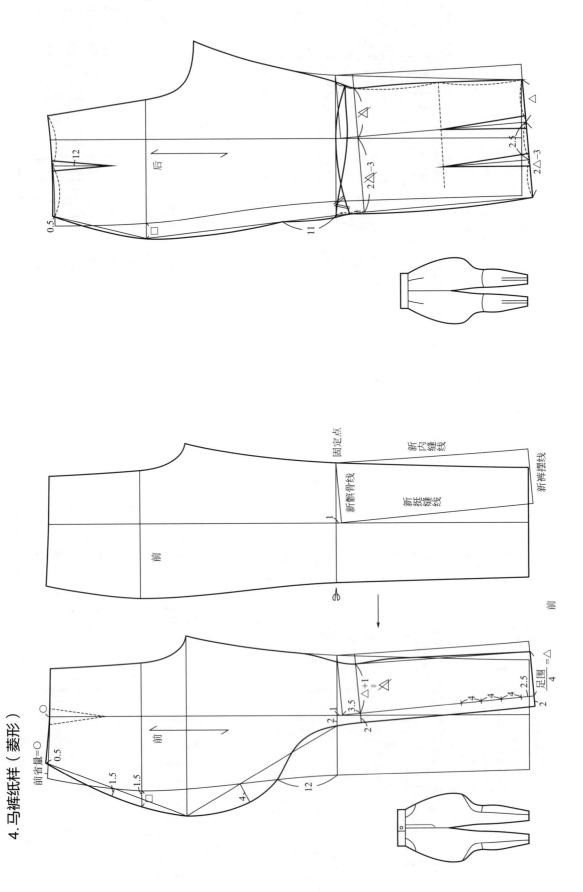

后

0.5

12

11

2△-3

2△-3

2.5

△

前

新臀骨线

新挺缝线

固定点

新内缝线

新裤摆线

前

4.马裤纸样（菱形）

前省量=○

前

0.5

1.5

1.5

4

12

2-3

2-1

3.5

△+1

△

2

2.5

4 4 4

足围 = △/4 = △

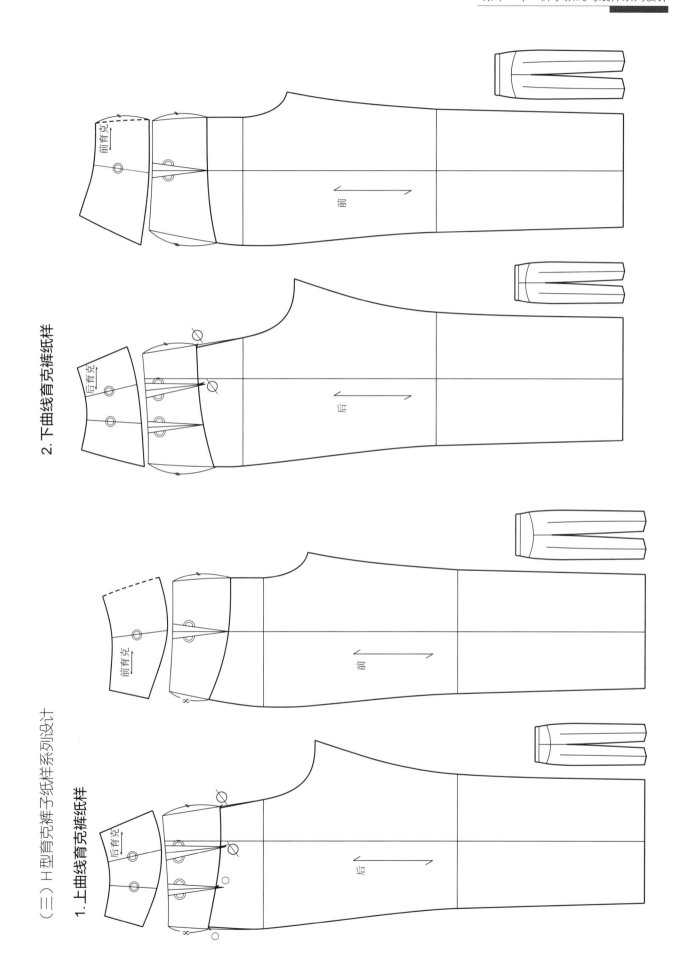

（三）H型育克裤子纸样系列设计

2. 下曲线育克裤纸样

1. 上曲线育克裤纸样

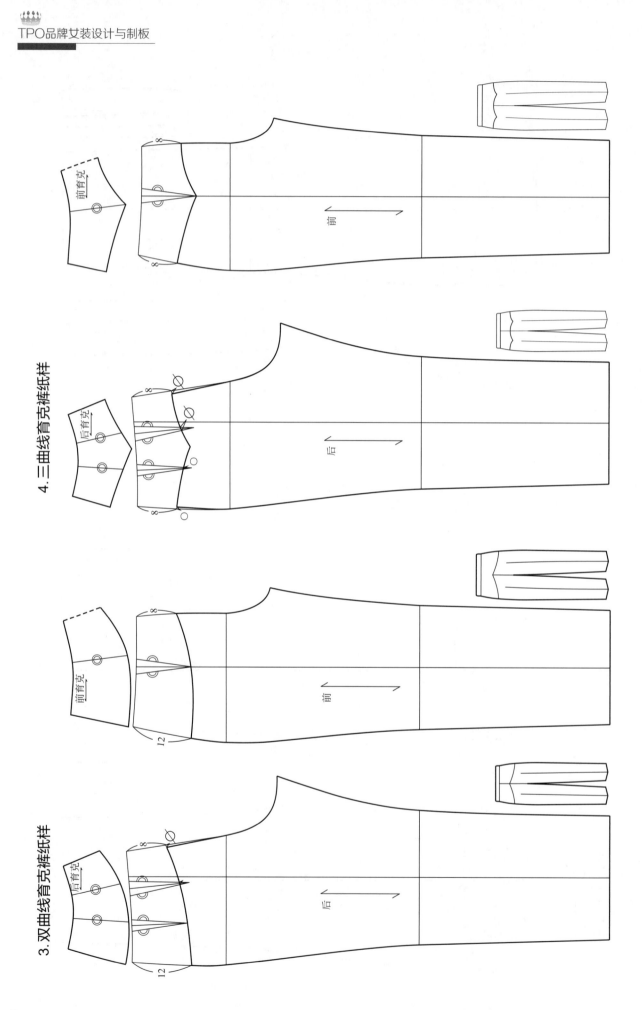

4.三曲线育克裤纸样

3.双曲线育克裤纸样

（四）A型牛仔裤纸样系列设计

1.标准板A型牛仔裤纸样（视为牛仔裤基本纸样）

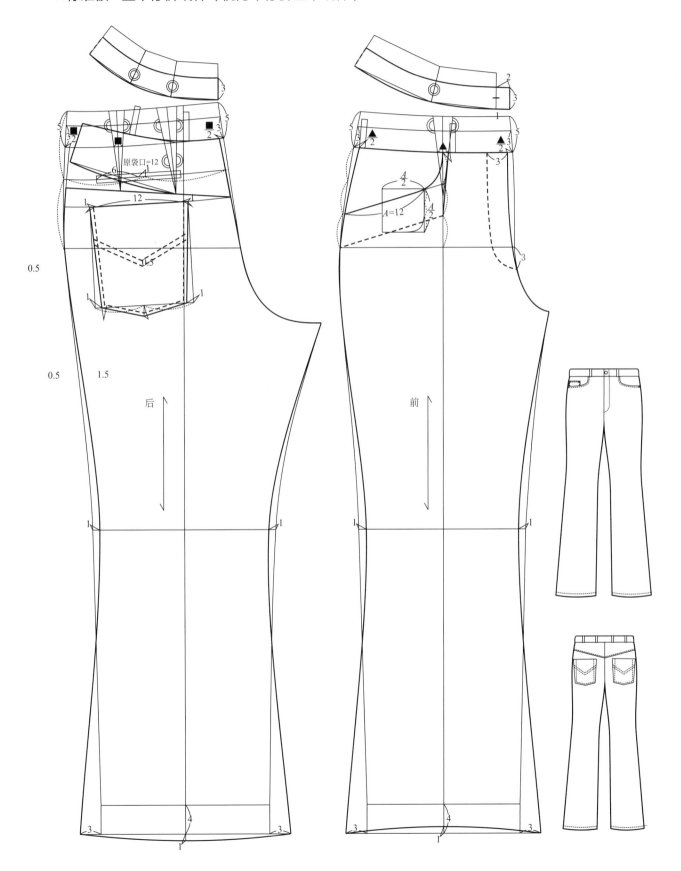

2. 直线育克复合袋A型牛仔裤纸样（利用牛仔裤基本纸样）

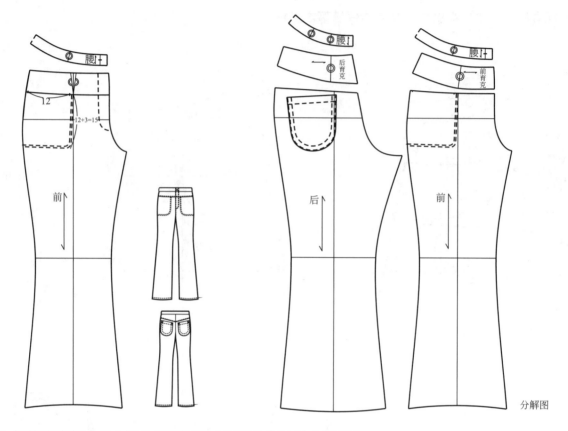

分解图

3. 折线育克复合袋A型牛仔裤纸样（利用牛仔裤基本纸样）

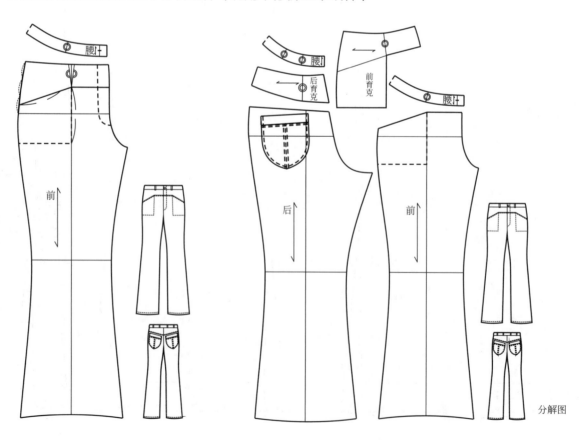

分解图

4.竖线分割A型牛仔裤纸样（利用牛仔裤基本纸样）

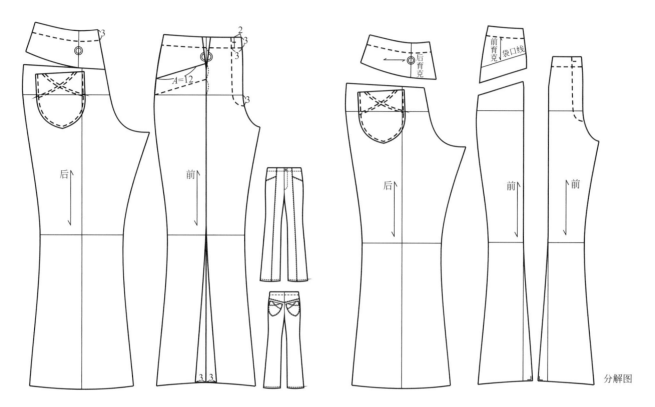

分解图

5.Z字线分割A型牛仔裤纸样（利用牛仔裤基本纸样）

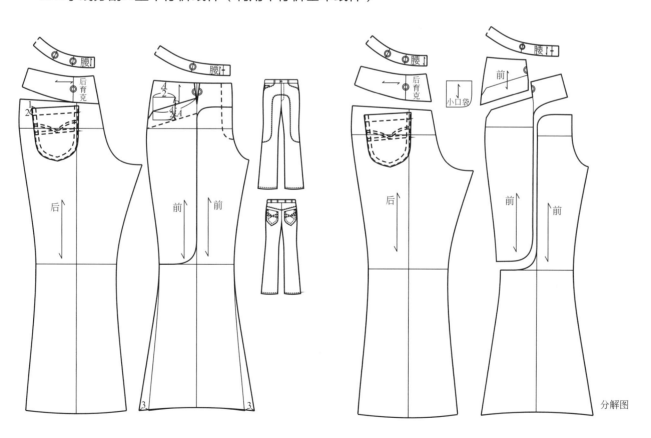

分解图

第十二章 ✦ 西装款式与纸样系列设计

一、西装款式系列设计

（一）TPO知识系统中西装基本款式的女装演化

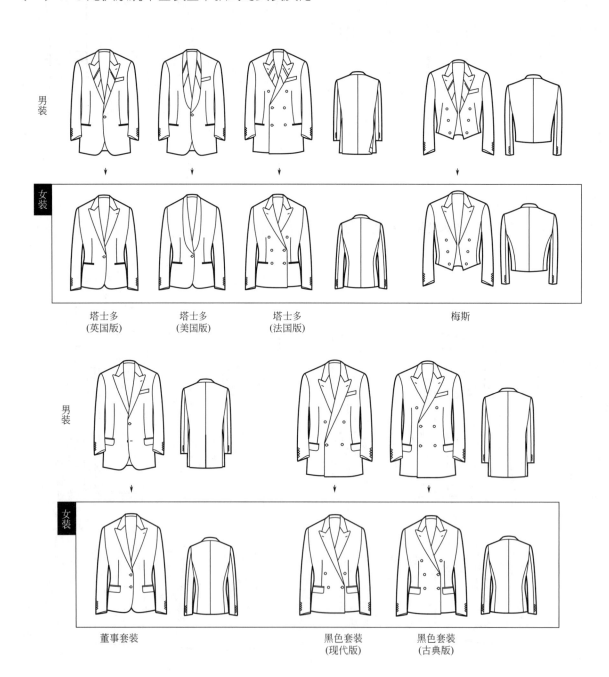

男装

女装

塔士多
(英国版)　　塔士多
(美国版)　　塔士多
(法国版)　　梅斯

男装

女装

董事套装　　黑色套装
(现代版)　　黑色套装
(古典版)

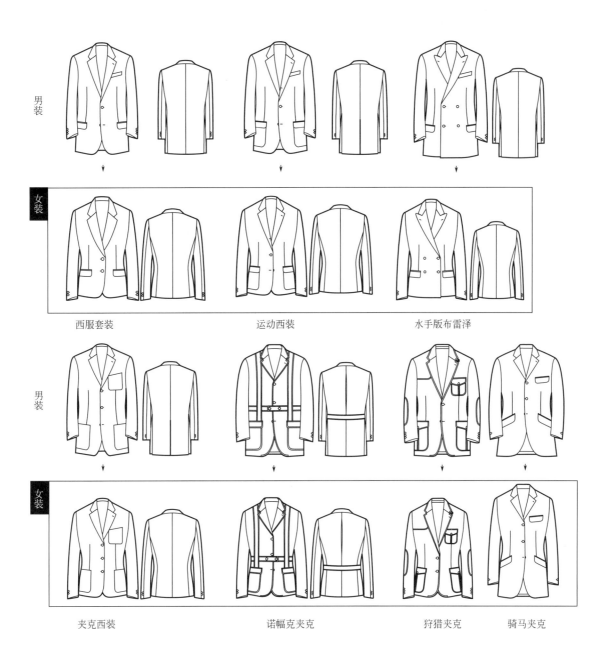

男装

女装

西服套装　　　　　　　　运动西装　　　　　　　　水手版布雷泽

男装

女装

夹克西装　　　　　　　　诺幅克夹克　　　　　　狩猎夹克　　　骑马夹克

（二）西服套装（Suit）款式系列设计

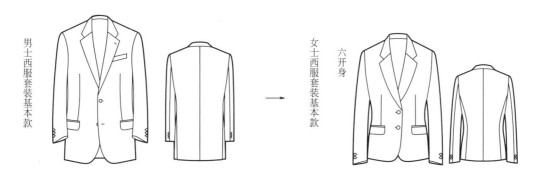

男士西服套装基本款

女士西服套装基本款

六开身

1.基于廓形变化的西装款式系列（选择其中任何一个廓形改变局部元素）

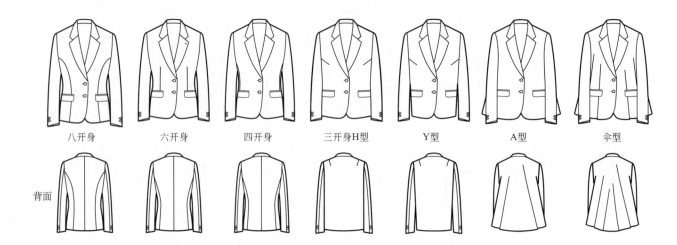

八开身　　六开身　　四开身　　三开身H型　　Y型　　A型　　伞型

背面

2.六开身西服套装领型的款式系列

（1）基本领型款式系列

平驳领　　　　　　锐角领　　　戗驳领　　　青果领

（2）戗驳领款式系列

（3）领子宽度、串口线款式系列

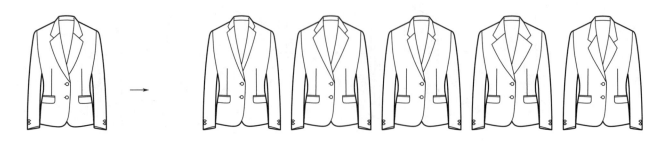

（4）领子角度、宽度、串口线位置结合的款式系列

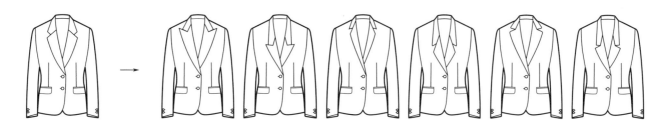

3.袖型的款式系列

（1）装袖款式系列

合体两片袖　　　　断缝合体袖　　　　合体一片袖

（2）连身袖款式系列

4.衣长的款式系列

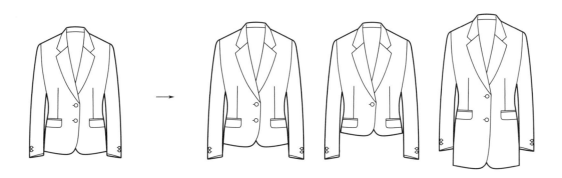

5.口袋的款式系列

6.门襟的款式系列

7.八开身综合元素款式系列

（1）八开身连身袖系列

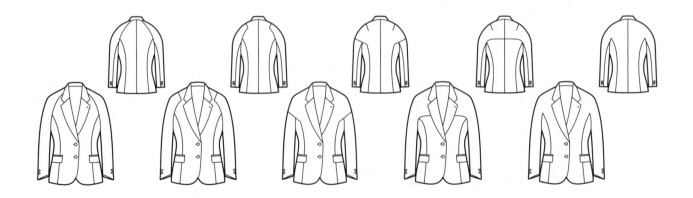

（2）八开身连身袖、领型、口袋与分割线结合系列

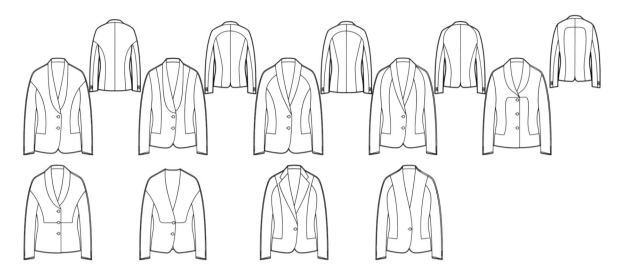

（三）梅斯（Mess）款式系列设计

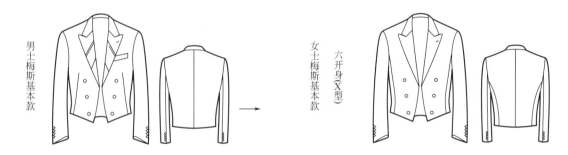

1.基于廓形变化的梅斯款式系列（选择其中任何一个廓形改变局部元素）

梅斯六开身(基本款)　　　　　　　　　　　　　　　　梅斯八开身

2.六开身领型的梅斯款式系列

（1）基本领型款式系列

戗驳领　　　　青果领　　　　半戗驳领　　　　折角领　　　　平驳领　　　　锐角领

（2）领子角度、宽度、串口线位置变化

戗驳领变大　　　　　　窄青果领　　　　窄半戗驳领　　　串口线变化　　　平驳领扛领　　　锐角领扛领

3.袖型的款式系列

（1）连身袖款式系列

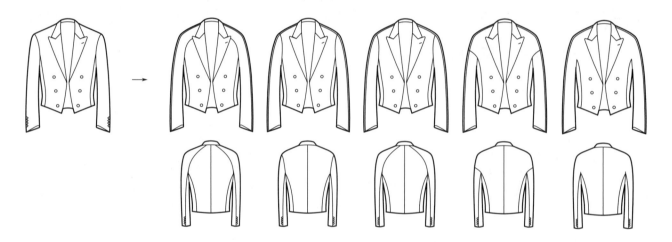

（2）装袖款式系列

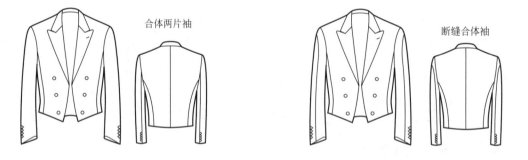

合体两片袖　　　　　　　　　　　　　断缝合体袖

4.门襟款式系列

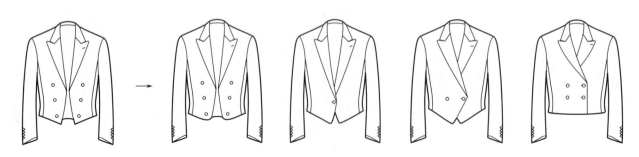

5.综合梅斯元素的款式系列

（1）门襟、领型（六开身）款式系列

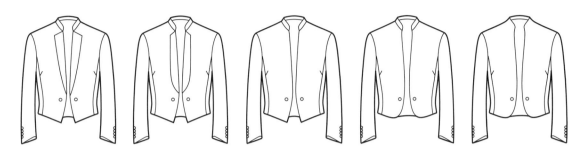

（2）门襟、领型、分割线（八开身）款式系列

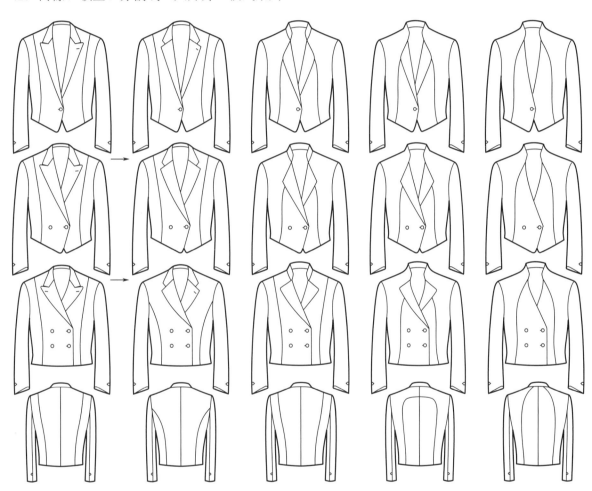

（3）袖型、领型、分割线（八开身）款式系列

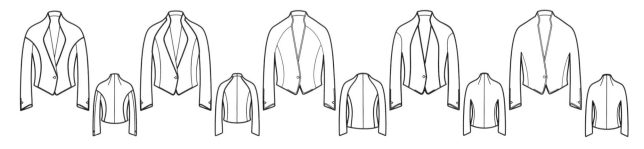

（4）领型、门襟（六开身）款式系列

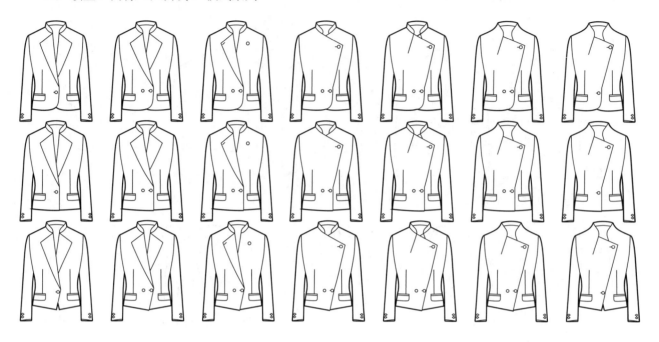

（四）塔士多（Tuxedo）款式系列设计

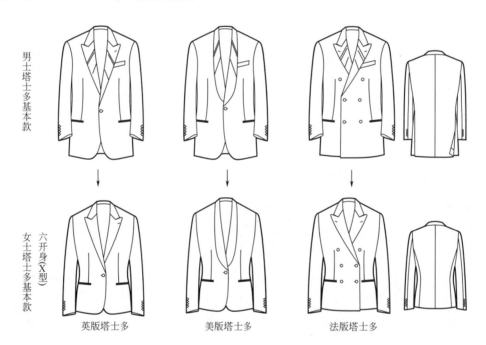

男士塔士多基本款

六开身（X型）女士塔士多基本款

英版塔士多　　　　美版塔士多　　　　法版塔士多

1.基于廓形变化的塔士多款式系列（选择其中任何一个廓形改变局部元素）

塔士多六开身(基本款)　　　　　　　塔士多八开身(X型)

2.基于六开身领型的塔士多款式系列

（1）基本领型款式系列

戗驳领　　　　　青果领　　　　半戗驳领　　　　折角领　　　　平驳领　　　　锐角领

（2）青果领由宽到窄款式系列

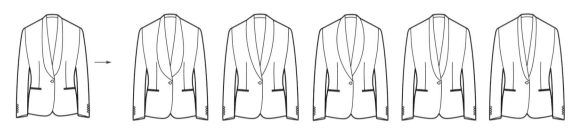

（3）双排扣领型款式系列（领型、驳点、串口线改变）

3.袖型的款式系列

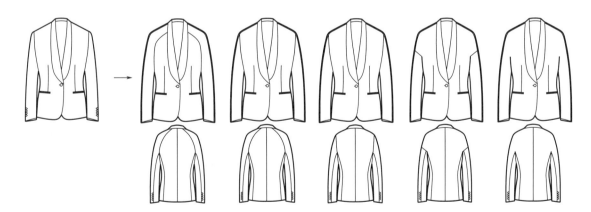

4.门襟的款式系列

5.口袋的款式系列

6.综合塔士多元素的款式系列

（1）领型、袖口、口袋款式系列

（2）短款、领型、袖型、口袋款式系列

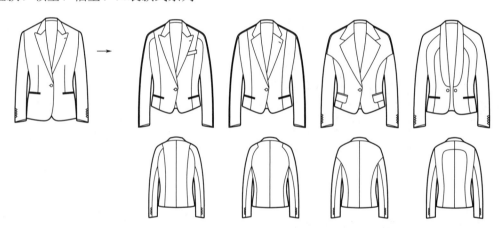

（五）董事套装（Director's Suit）款式系列设计

1.领型的款式系列

2.袖型的款式系列

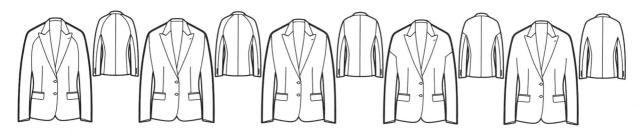

3.口袋的款式系列

（六）双排扣西装款式系列设计

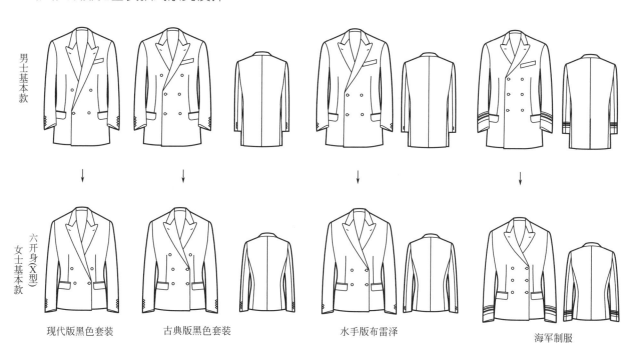

男士基本款

六开身（X型）
女士基本款

现代版黑色套装　　　　古典版黑色套装　　　　水手版布雷泽　　　　海军制服

1.基于廓形变化的双排扣西装款式系列（选择其中任何一个廓形改变局部元素）

六开身　　　　　　　　八开身　　　　　　　　四开身

2.基于六开身领型的双排扣西装款式系列

（1）基本领型款式系列

（2）领子角度、宽度、串口线位置款式系列

3.袖型款式系列

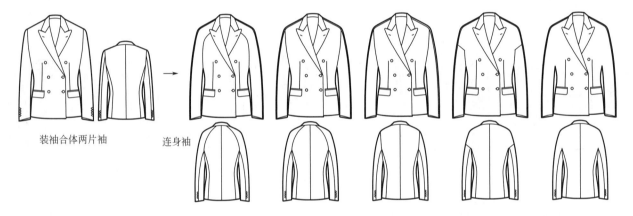

装袖合体两片袖　　　　连身袖

4.口袋款式系列

5.综合元素款式系列

（1）无领、分割线和下摆结合

（2）领型、分割线和口袋结合的短款系列

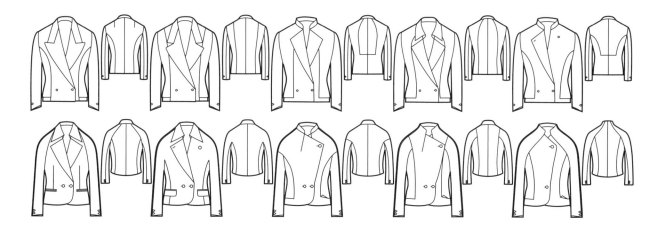

（七）运动西装（Blazer）款式系列设计（标志性元素：金属纽扣）

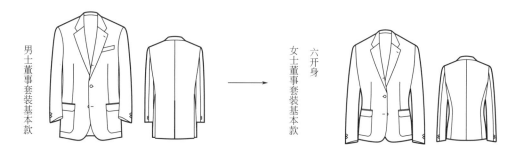

男士董事套装基本款 → 女士董事套装基本款 六开身

1.基于廓形变化的布雷泽西装款式系列（选择其中任何一个廓形改变局部元素）

八开身　　　六开身　　　四开身　　　H型　　　Y型

2.基于六开身布雷泽西装领型的款式系列

（1）基本领型款式系列

锐角领　　　戗驳领　　　半戗驳领　　　立领　　　拿破仑领

（2）领子角度、宽度、串口线位置款式系列

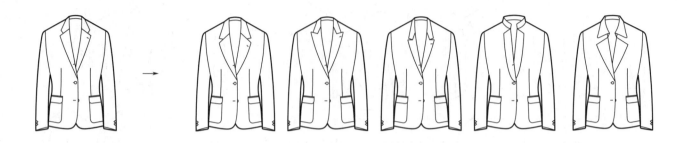

3.袖型的款式系列

（1）装袖款式系列

合体两片袖　　断缝合体袖　　合体一片袖

（2）连身袖款式系列

4.口袋款式系列

5.综合元素的款式系列（拿破仑领为造型焦点＋金属纽扣）

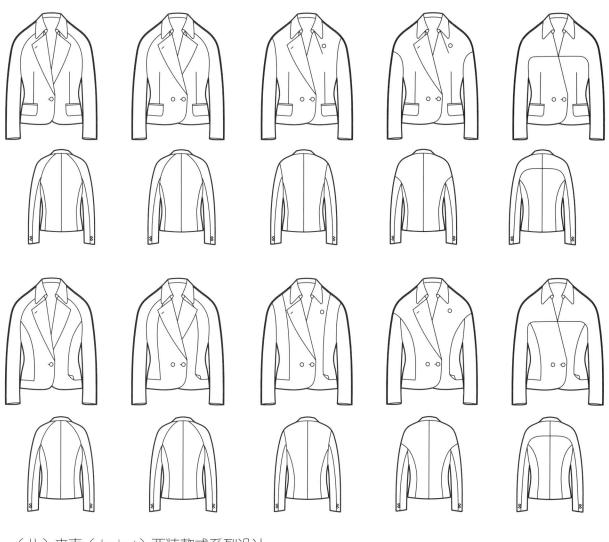

（八）夹克（Jacket）西装款式系列设计

1.基于廓形变化的夹克西装款式系列（选择其中任何一个廓形改变局部元素）

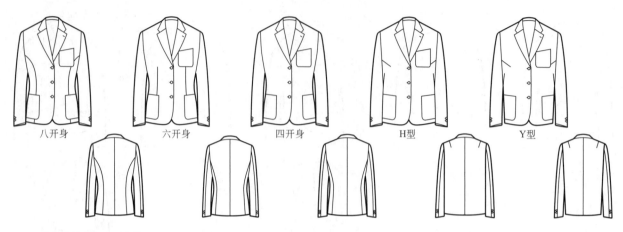

八开身　　　六开身　　　四开身　　　H型　　　Y型

2.领型的款式系列

锐角领　　　半戗驳领　　　立领　　　拿破仑领　　　巴尔玛领

3.袖型的款式系列

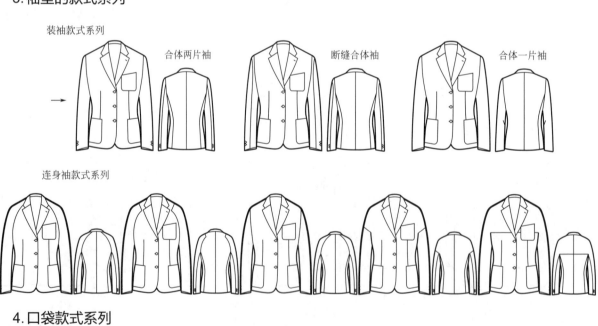

装袖款式系列

合体两片袖　　　断缝合体袖　　　合体一片袖

连身袖款式系列

4.口袋款式系列

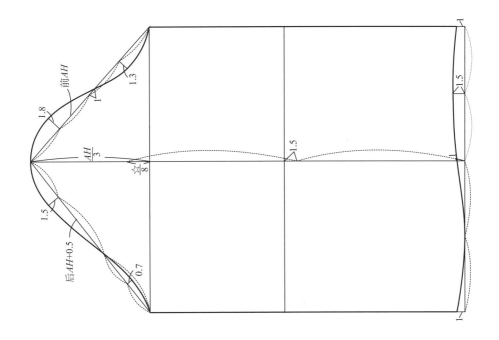

二、西装纸样系列设计

（一）第四代女装衣身、袖子基本纸样

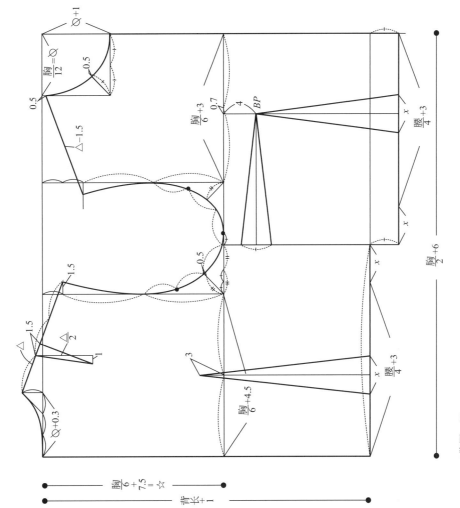

*胸围：88cm
腰围：70cm
背长：39cm
袖长：53cm

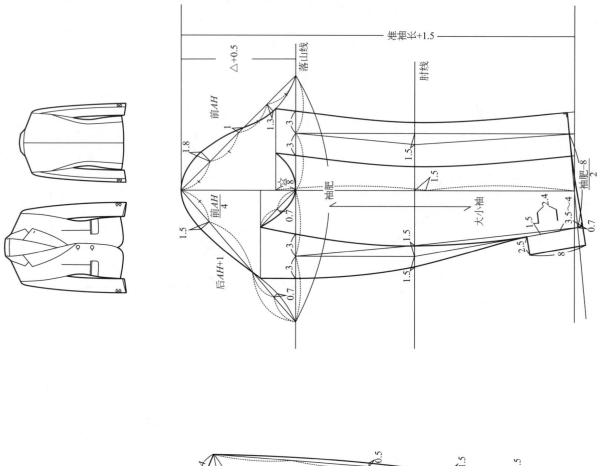

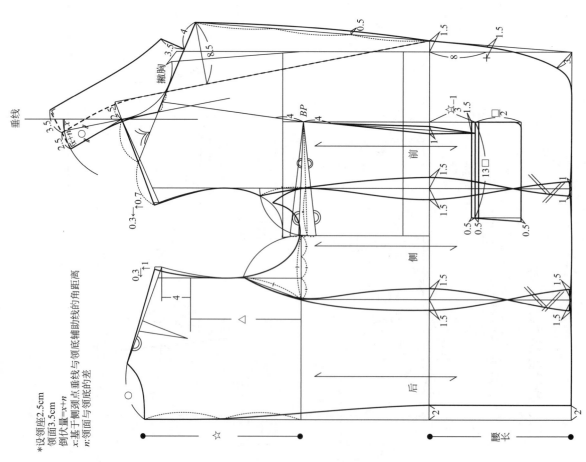

（二）基于西装廓形一款多板纸样系列设计

1.西装（Suit）六开身基本纸样（装袖、平驳领）

*设领座2.5cm
领面3.5cm
倒伏量=x+n
x:基于侧颈点垂线与领底辅助线的角距离
n:领面与领底的差

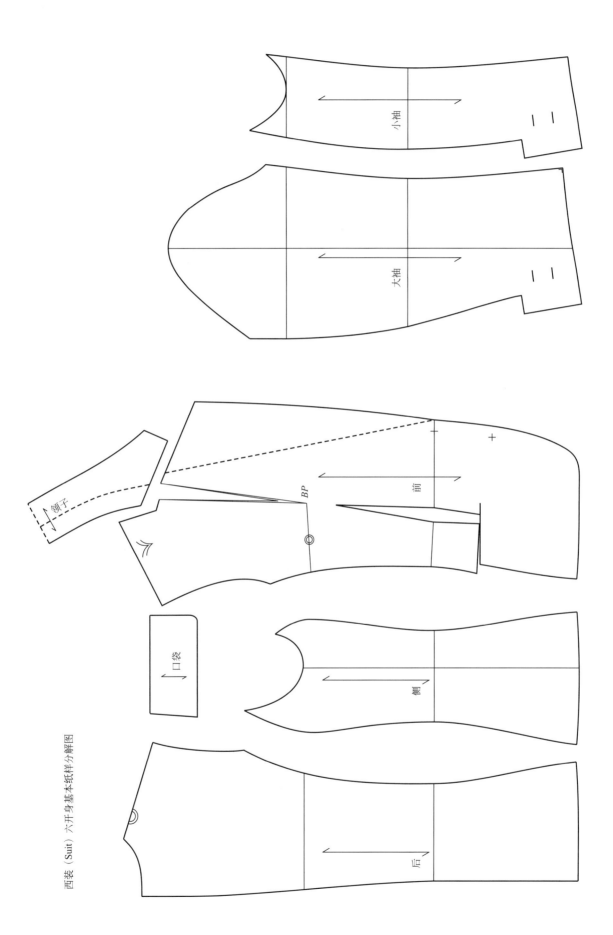

小袖

大袖

领子

BP

前

口袋

侧

后

西装（Suit）六开身基本纸样分解图

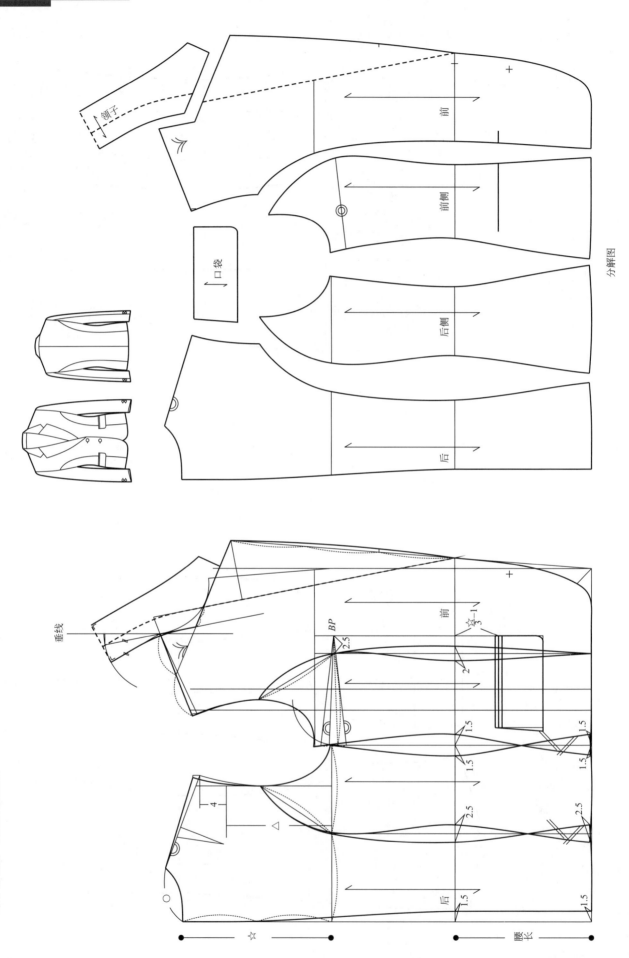

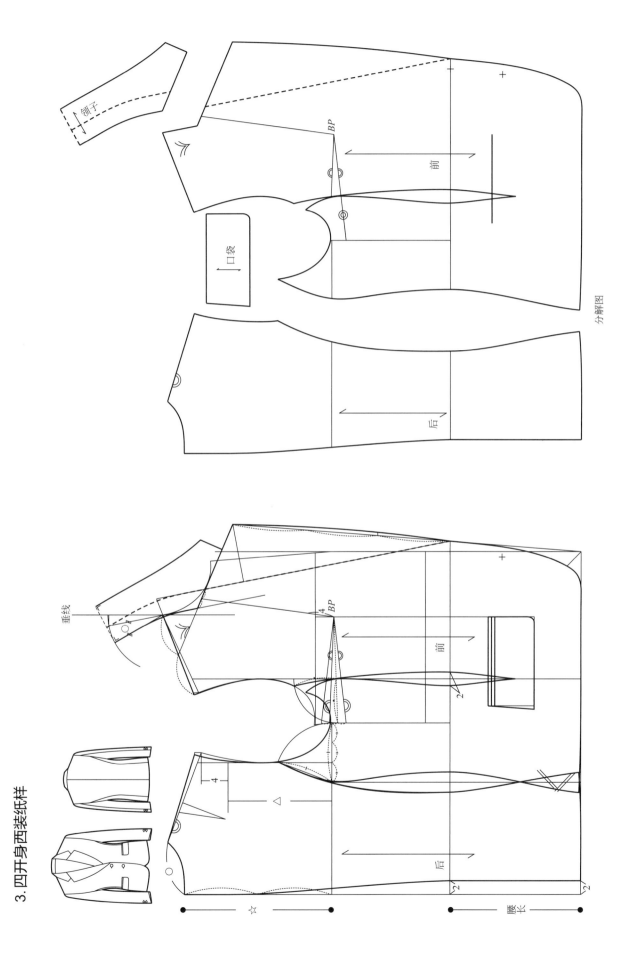

领子

口袋

BP

前

后

分解图

3. 凹开身西装纸样

垂线

BP

前

后

腰长

4. 三开身 H 型西装纸样

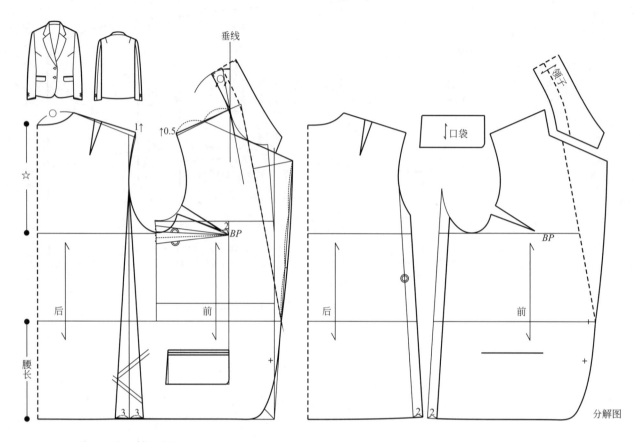

5. 三开身 A 型西装纸样

*在三开身H型西装纸样基础上，通过
胸省和肩胛省转移成下摆量完成

6.三开身伞型西装纸样

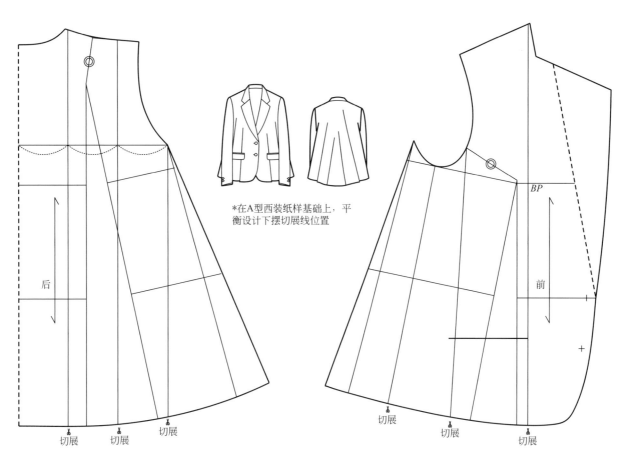

*在A型西装纸样基础上，平衡设计下摆切展线位置

三开身伞型西装纸样增摆处理

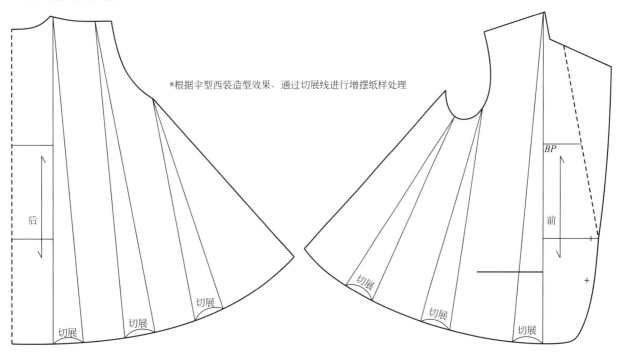

*根据伞型西装造型效果，通过切展线进行增摆纸样处理

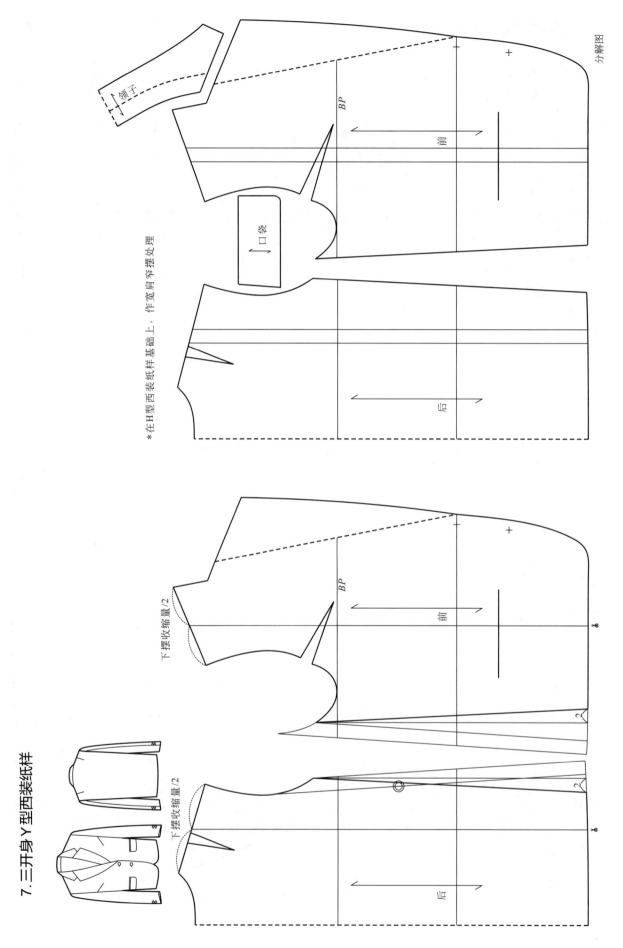

分解图

*在H型西装纸样基础上，作宽肩窄摆处理

口袋

BP

前

后

7.三开身Y型西装纸样

下摆收缩量/2

下摆收缩量/2

BP

前

后

2

2

（三）基于西装元素一板多款纸样系列设计

1.六开身锐角领西装纸样

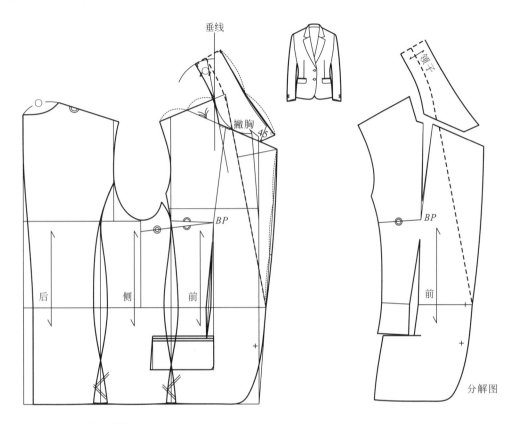

2.六开身折角领西装纸样

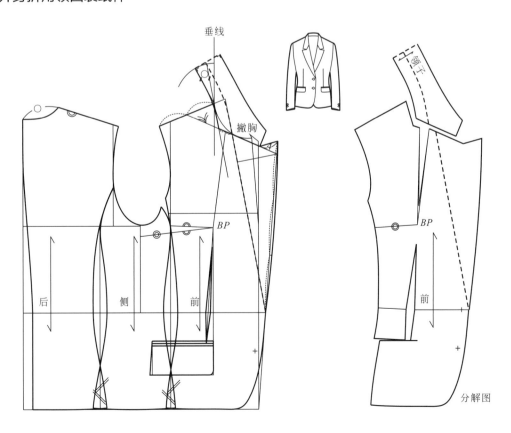

3.六开身戗驳领西装纸样

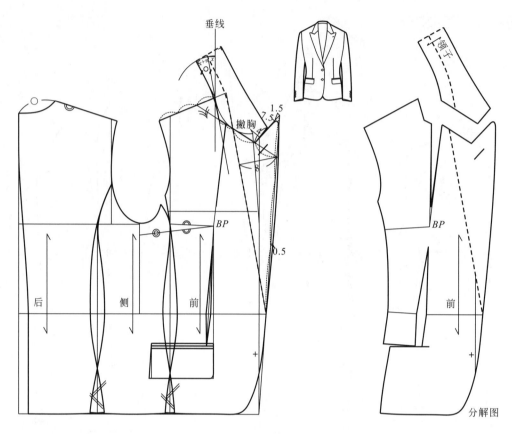

4.六开身半戗驳领西装纸样

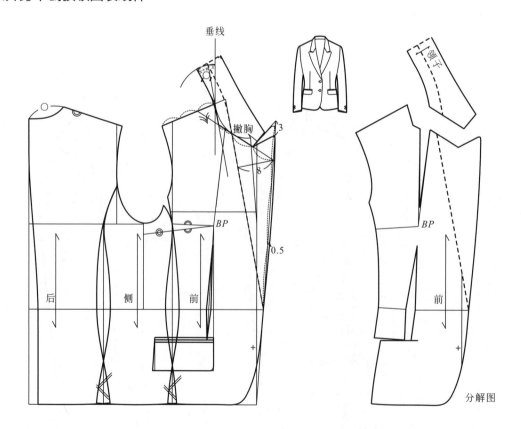

5.六开身青果领西装纸样

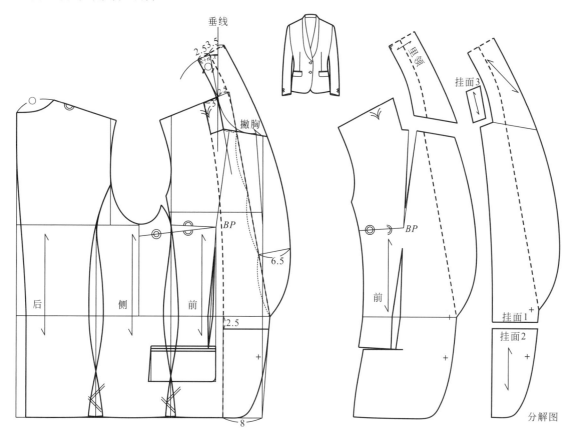

6.六开身夹克西装纸样

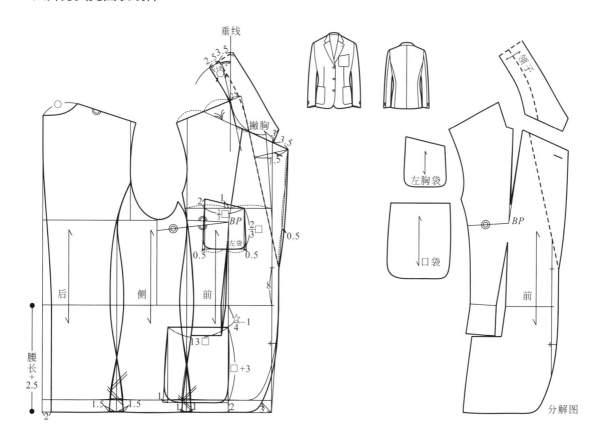

7.六开身无领夹克西装纸样

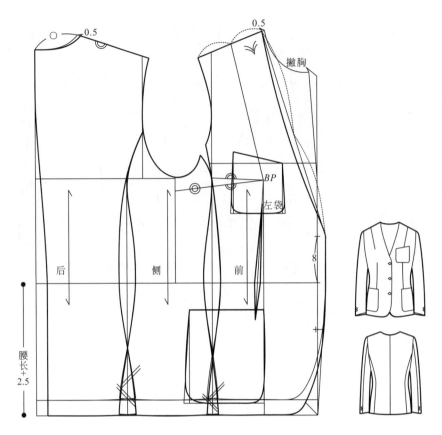

8.六开身无领双排扣西装纸样

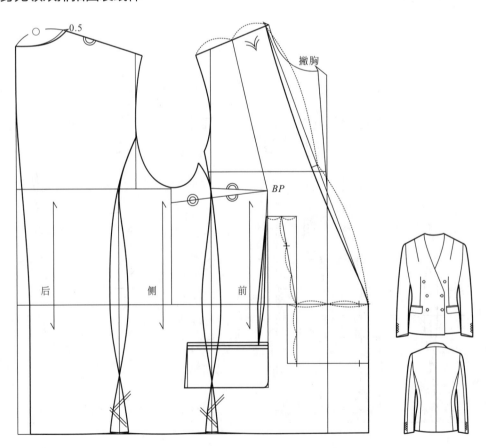

9.六开身运动西装纸样

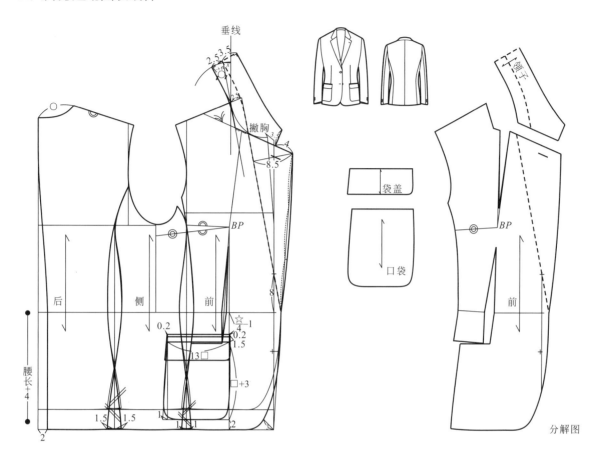

10.六开身水手版运动西装纸样

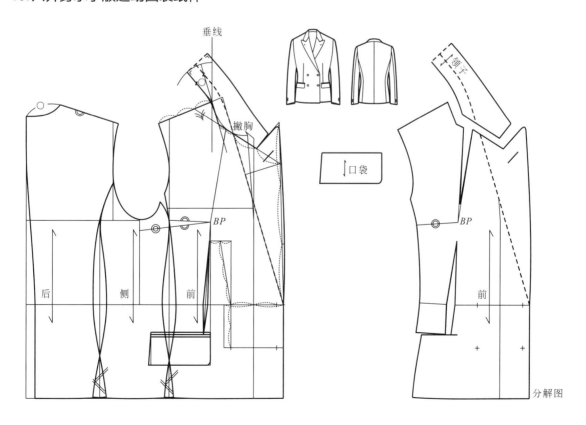

é

11. 六开身制服版运动西装纸样

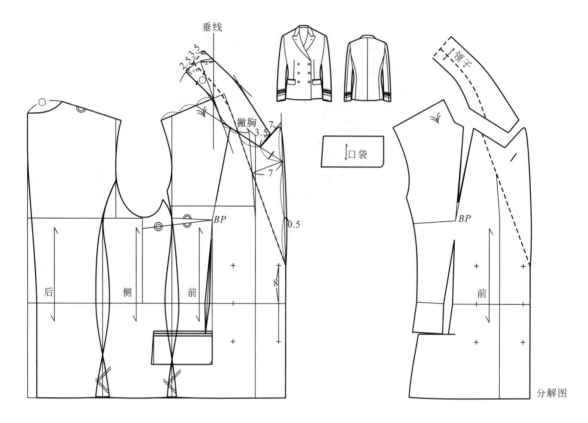

（四）基于礼服西装元素一板多款纸样系列设计

1. 六开身塔士多（英国版）西装纸样

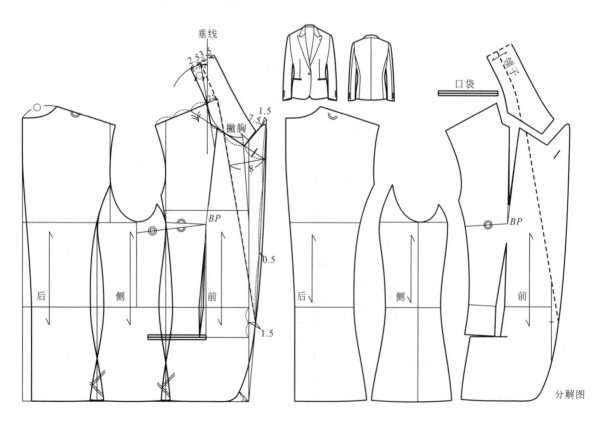

2.六开身董事西装纸样

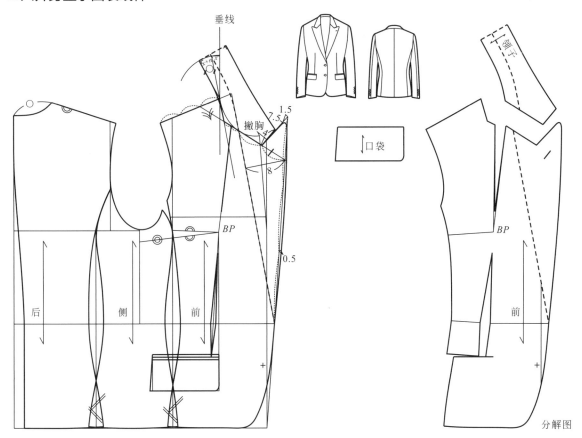

3.六开身塔士多（美国版）西装纸样

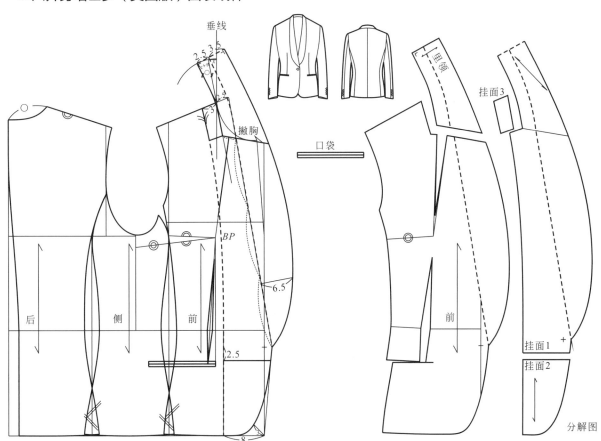

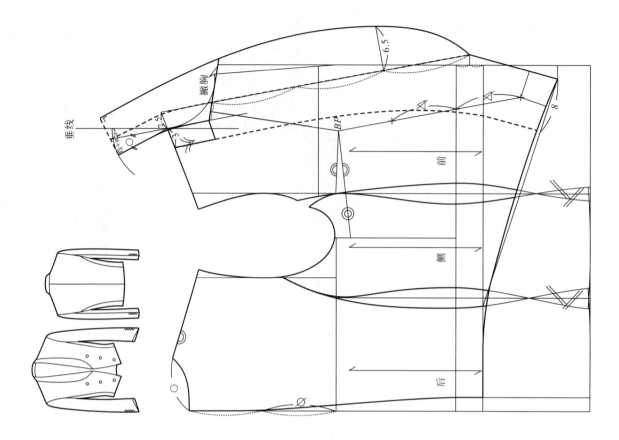

4.六开身（英国版和美国版）梅斯西装纸样

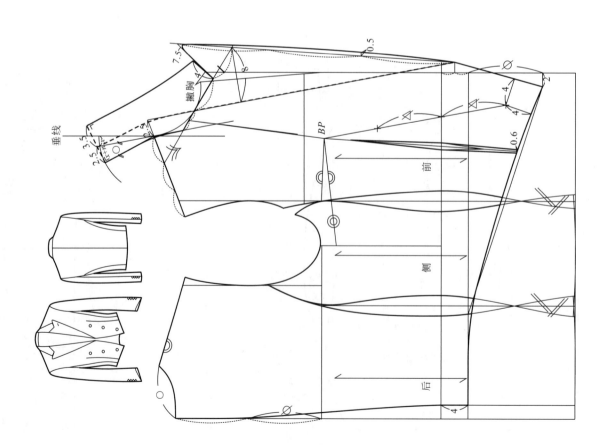

5.六开身（法国版）塔士多西装纸样

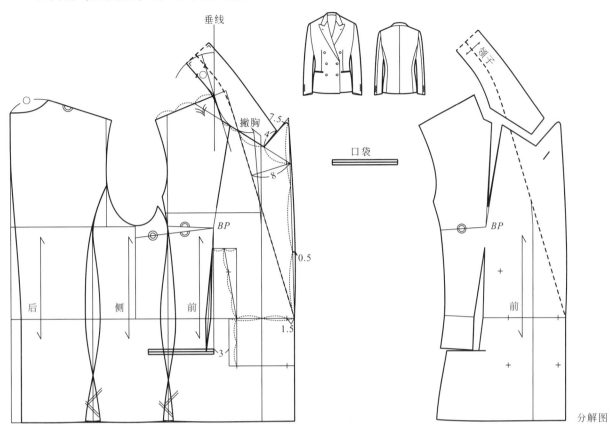

垂线
撇胸
7.5
4
8
0.5
1.5
3
BP
后 侧 前
口袋
领子
BP
前
分解图

6.六开身传统版黑色套装西装纸样

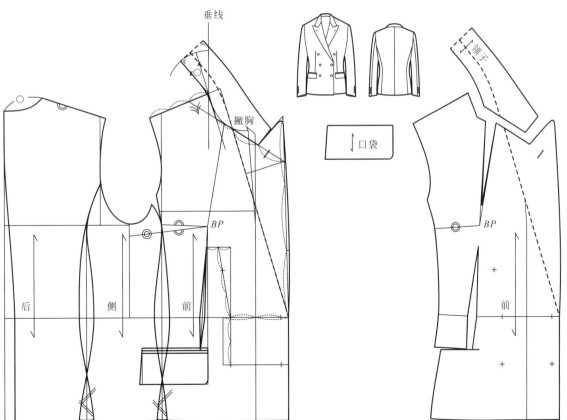

垂线
撇胸
BP
后 侧 前
口袋
领子
BP
前
分解图

7.六开身现代版黑色套装西装纸样

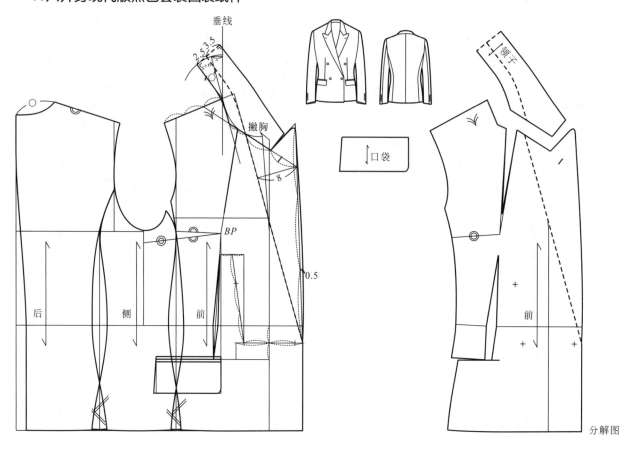

分解图

（五）基于分割元素八开身一板多款纸样系列设计

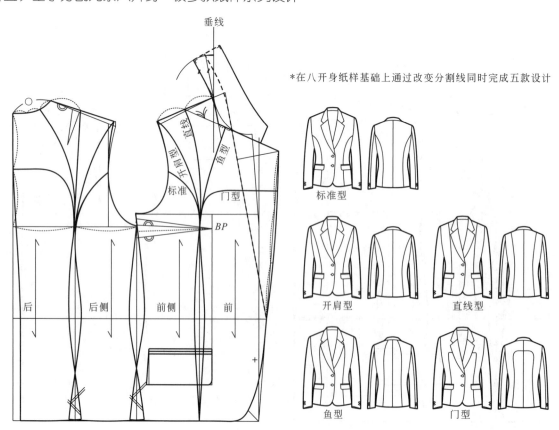

*在八开身纸样基础上通过改变分割线同时完成五款设计

标准型

开肩型　　直线型

鱼型　　门型

1.八开身标准型公主线西装纸样分解图　　2.八开身开肩型公主线西装纸样分解图

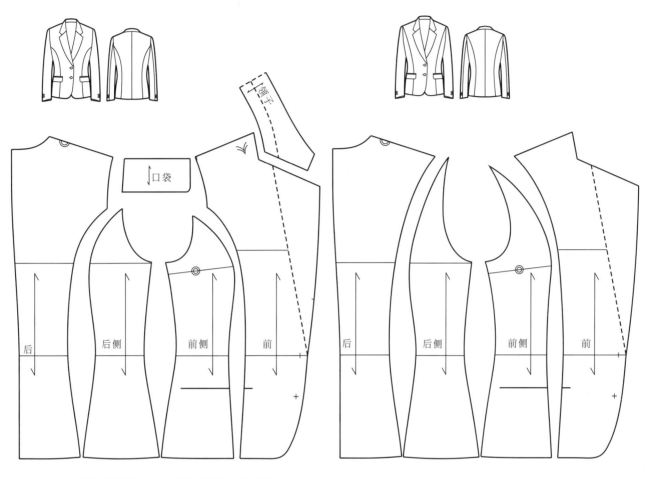

3.八开身直线型公主线西装纸样分解图

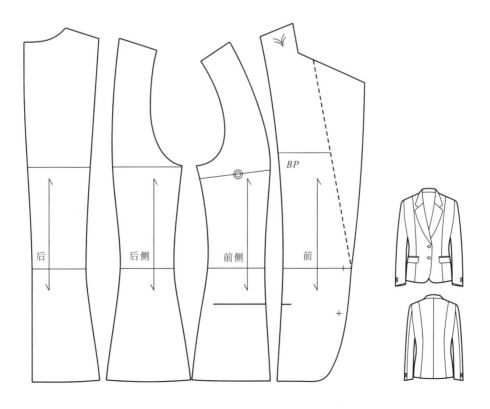

4.八开身鱼型公主线西装纸样分解图

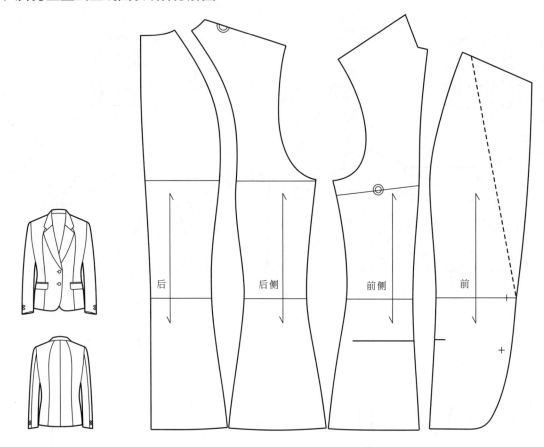

5.八开身门型公主线西装纸样分解图

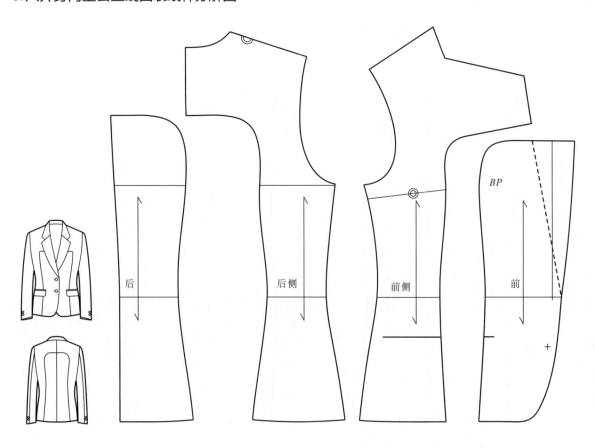

（六）连身袖六开身多板多款单排扣西装纸样系列设计

1.连身袖六开身西装基本纸样

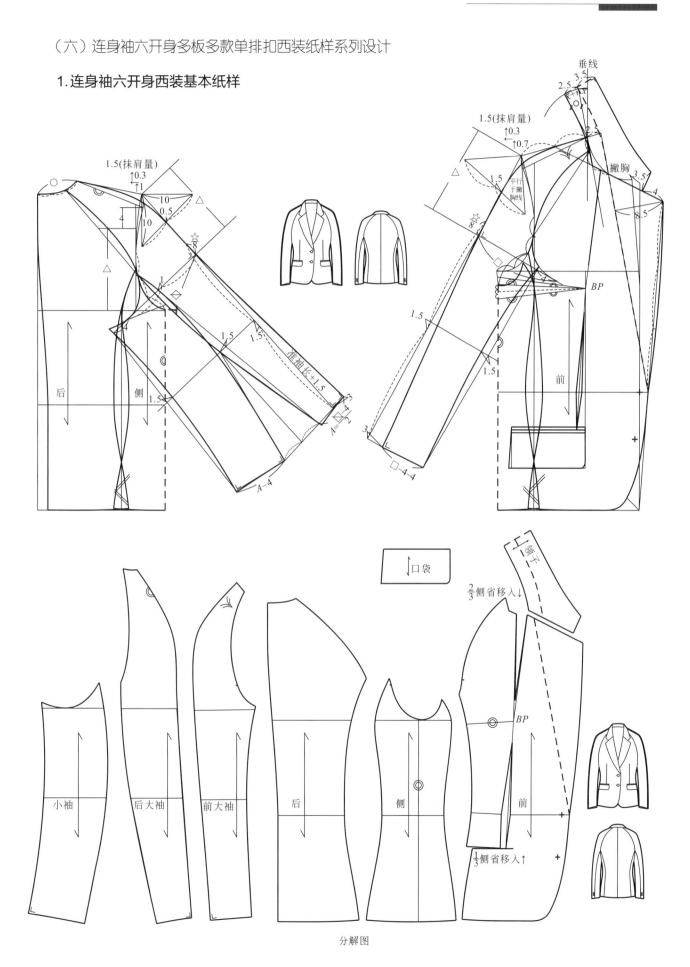

分解图

2.连身袖六开身多板多款西装纸样系列设计

撇胸

垂线

款式二

款式三

款式四

款式五

款式六

BP

前

款式七

款式五

款式四

款式七

款式三

款式六

*在连身袖六开身西装纸样基础上，通过改变插肩线形式同时完成七款设计

款式二

款式三

款式四

款式六

款式七

侧

款式一

款式二

款式三

款式四

款式六

款式七

后

（七）连身袖六开身多板多款短摆西装纸样系列设计

撇胸

垂线

BP

前

款式一
款式二
款式三
款式四
款式五
款式六
款式七

款式五

款式四

款式七

款式三

款式六

款式二

款式一

*在连身袖六开身西装系列纸样基础上，通过短摆处理完成七款短摆西装设计

款式一
款式二
款式三
款式四
款式五
款式六
款式七

侧

款式七

后

半胸围 3/4

（八）连身袖六开身多板多款短摆青果领西装纸样系列设计

款式一

款式二

款式三

款式四

款式五

款式六

款式七

垂线

撇胸

BP

前

侧

后

款式一

款式二

款式三

款式四

款式五

款式六

款式七

*在连身袖六开身西装系列纸样基础上，通过短摆和青果领设计完成七款

3.5

2.5

2.5

3.5

6.5

8

3/4袖长

（九）连身袖六开身多板多款短摆双排扣西装纸样系列设计

*在连身袖六开身西装系列纸样基础上，通过短摆双排扣设计完成七款

款式一　款式二　款式三　款式四　款式五

款式六　款式七

款式一　款式二　款式三　款式四　款式五

款式六　款式七

搬胸

垂线

前

BP

侧

后

（十）连身袖六开身多板多款短摆双排扣戗驳领西装纸样系列设计

0.5

7.5

4

8

撇胸

垂线

2.5

3.5

2.5

款式一

款式二

款式三

款式四

款式五

款式六

款式七

BP

前

款式五

款式四

款式三

款式二

款式一

款式六

款式七

侧

后

*在连身袖六开身西装系列纸样基础上，通过短摆双排扣戗驳领设计完成七款

$\dfrac{3}{4}$腰长

1.连身袖六开身多板多款短摆双排扣戗驳领西装纸样设计之一（分解图）

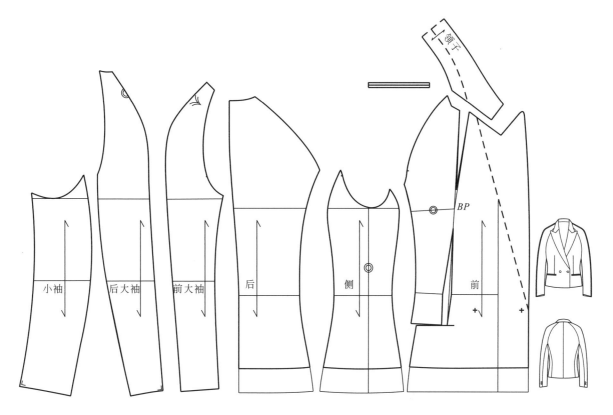

2.连身袖六开身多板多款短摆双排扣戗驳领西装纸样设计之四（分解图）

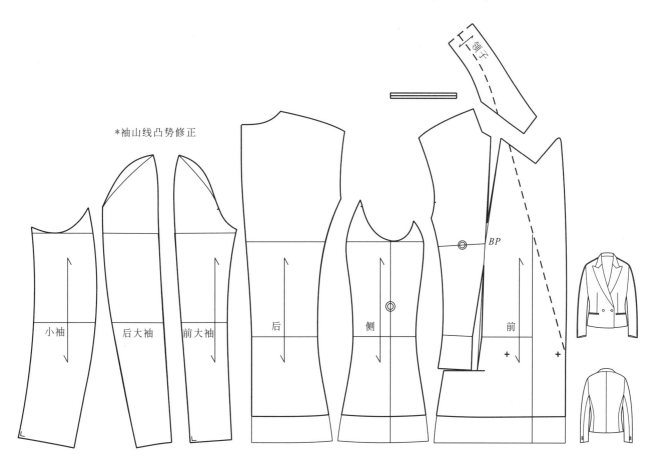

3.连身袖六开身多板多款短摆双排扣戗驳领西装纸样设计之五（分解图）

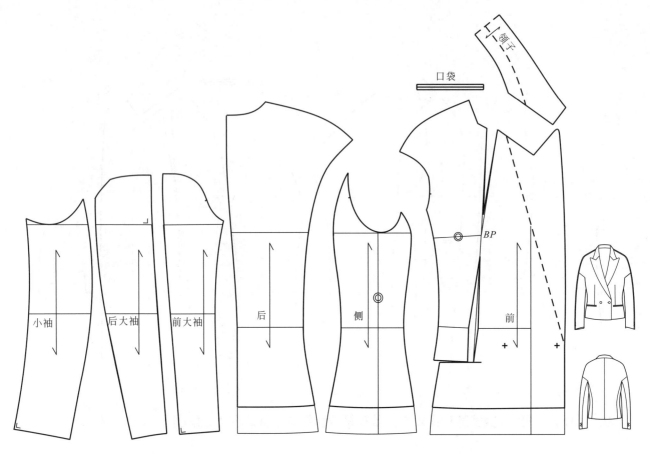

4.连身袖六开身多板多款短摆双排扣戗驳领西装纸样设计之六（分解图）

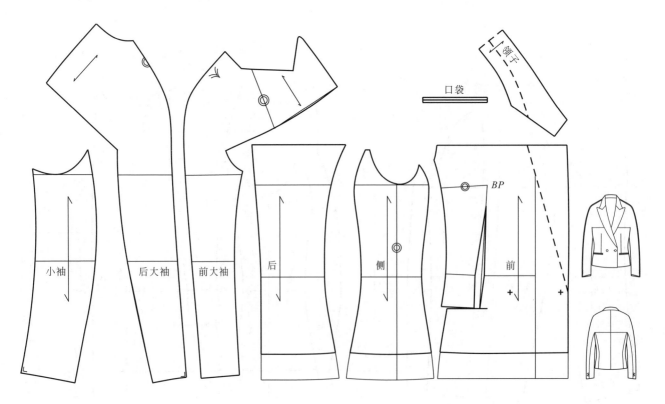

5. 连身袖六开身多板多款短摆双排扣戗驳领西装纸样设计之七（分解图）

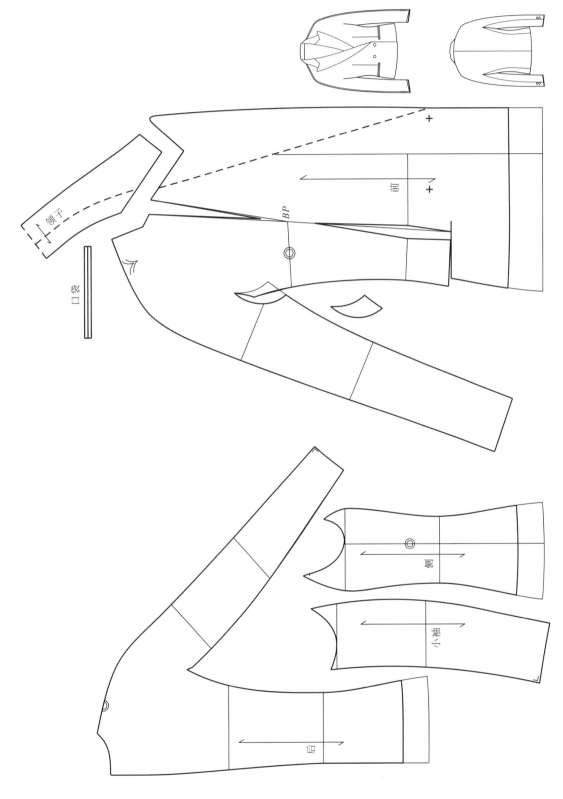

领子

口袋

BP

前

侧

小袖

后

（十一）连身袖/开身多板多款短摆双排扣西装纸样系列设计

款式一　款式二　款式三　款式四　款式五

款式六　款式七

撇胸

垂线

BP

前

前侧

款式一　款式二　款式三　款式四　款式五　款式六　款式七

后

后侧

款式一　款式二　款式三　款式四　款式六　款式七

*将连身袖六开身系列西装系列纸样进行八开身处理后再作短摆双排扣设计后成为该系列的七款。系列中前中前公主线和口袋的巧妙结合设计眼"设计眼"

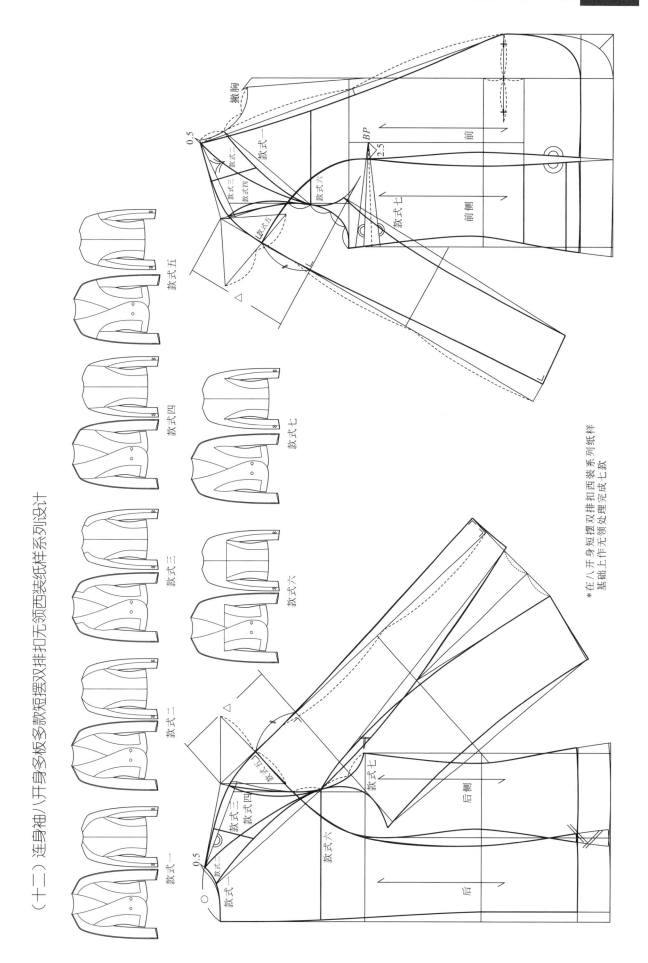

（十二）连身袖八开身多款多板多短摆双排扣无领西装纸样系列设计

撇胸

0.5

款式一

款式三

款式四

款式五

款式六

BP

2.5

前

前侧

款式七

后侧

后

款式二

款式四

款式三

款式五

款式六

款式七

款式三

款式四

款式五

款式六

款式七

款式一

款式二

款式三

款式四

款式五

*在八开身短摆双排扣西装系列纸样基础上作无领处理完成七款

第十三章 ◆ 外套款式与纸样系列设计

一、外套款式系列设计

（一）TPO知识系统中外套基本款式的女装演化

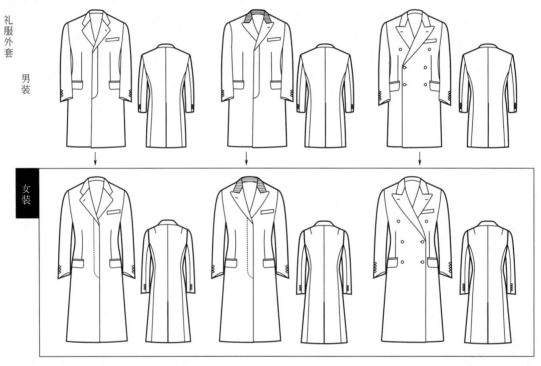

礼服外套

男装

女装

标准版柴斯特外套　　　　阿尔博特版柴斯特外套　　　　出行版柴斯特外套

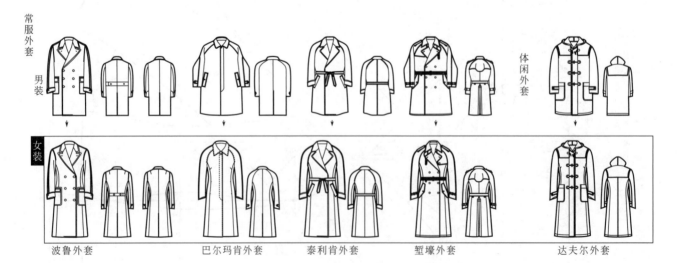

常服外套

男装

女装

体闲外套

波鲁外套　　　　巴尔玛肯外套　　　　泰利肯外套　　　　堑壕外套　　　　达夫尔外套

（二）柴斯特菲尔德外套款式系列设计

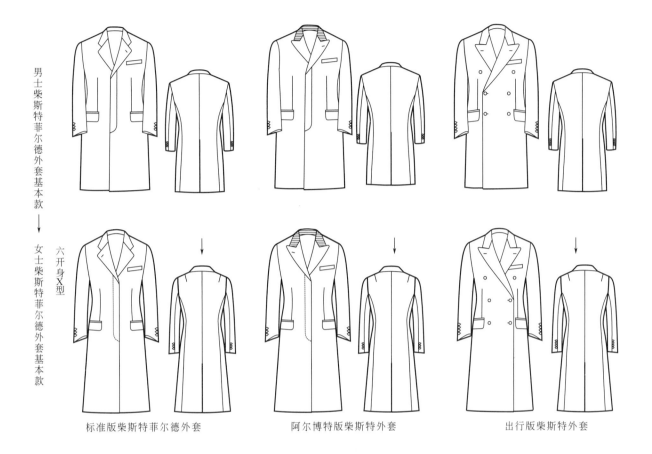

男士柴斯特菲尔德外套基本款 → 女士柴斯特菲尔德外套基本款

六开身X型

标准版柴斯特菲尔德外套　　　　阿尔博特版柴斯特外套　　　　出行版柴斯特外套

1.基于标准版柴斯特菲尔德外套款式系列（选择其中任何一个廓形改变局部元素）

（1）廓形款式系列

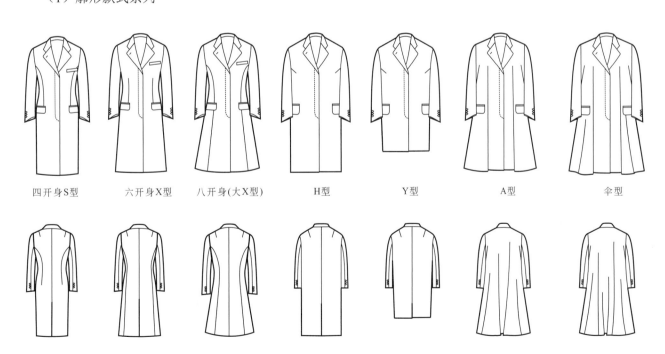

四开身S型　　六开身X型　　八开身(大X型)　　H型　　Y型　　A型　　伞型

（2）领型款式系列

（3）口袋款式系列

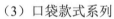

（4）门襟款式系列

（5）袖口款式系列

（6）袖型款式系列

（7）柴斯特和巴尔玛肯外套元素组合

（8）领型和口袋元素组合

（9）领型、袖型、门襟、口袋元素组合

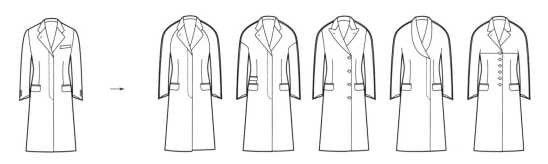

2.基于阿尔博特版柴斯特菲尔德外套款式系列（选择其中任何一个廓形改变局部元素）

（1）廓形款式系列

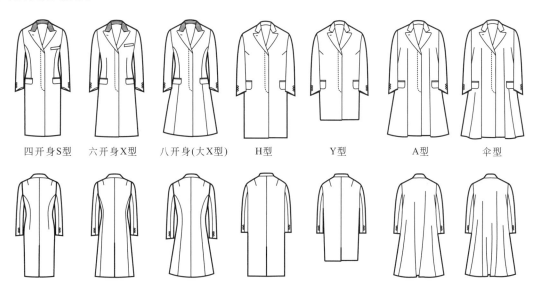

四开身S型　　六开身X型　　八开身(大X型)　　H型　　　　Y型　　　　A型　　　　伞型

（2）领型款式系列

（3）口袋款式系列

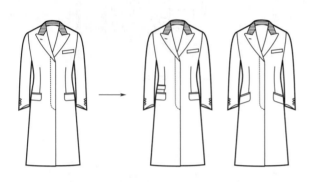

（4）门襟款式系列

（5）袖口款式系列

（6）袖型款式系列

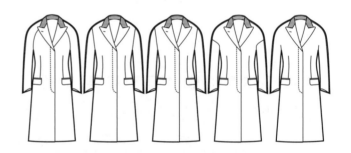

（7）综合外套元素款式系列

3.基于出行版柴斯特菲尔德外套款式系列（选择其中任何一个廓形改变局部元素）

（1）廓形款式系列

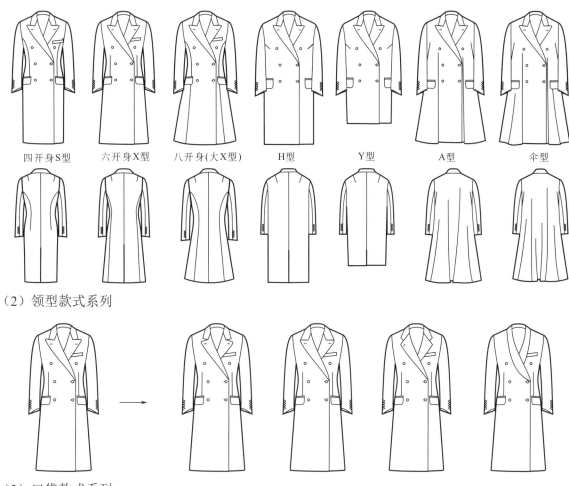

四开身S型　　　六开身X型　　　八开身(大X型)　　　H型　　　Y型　　　A型　　　伞型

（2）领型款式系列

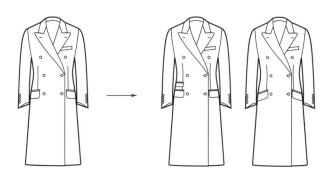

（3）口袋款式系列

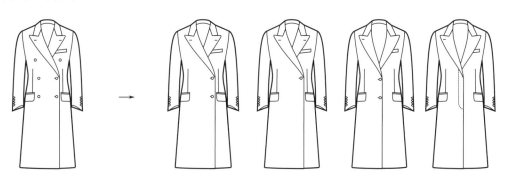

（4）门襟款式系列

（5）袖口款式系列

（6）袖型款式系列

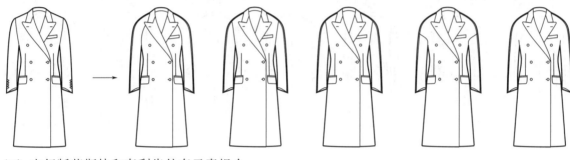

（7）出行版柴斯特和泰利肯外套元素组合

（8）出行版柴斯特和波鲁外套外套元素组合

（9）六开身、装袖、领型、门襟、袖口元素组合

（10）八开身、连身袖、领型、分割线元素组合

（11）八开身、连身袖、领型、分割线、袖口元素组合

（三）波鲁外套款式系列设计

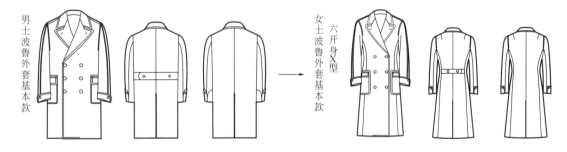

1.基于廓形变化的波鲁外套款式系列（选择其中任何一个廓形改变局部元素）

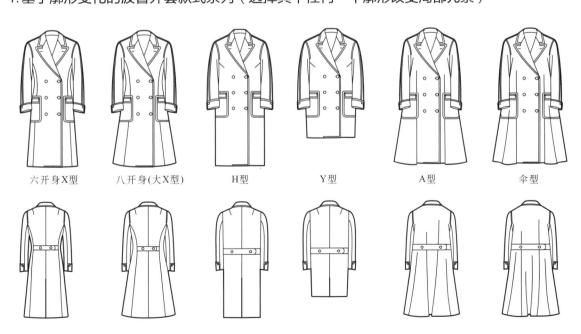

六开身X型　　八开身(大X型)　　H型　　　　Y型　　　　　A型　　　　　伞型

2.领型款式系列

3.口袋款式系列

4.门襟款式系列

5.袖口款式系列

6. 袖型款式系列

7. 波鲁外套和泰利肯外套元素组合

8. 六开身、领型、袖型、门襟、口袋元素组合

9. 六开身X型不同外套元素组合

10.A廓形不同外套元素组合

11.Y廓形不同元素组合

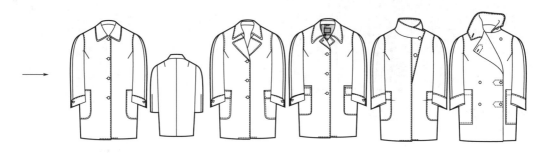

12.八开身大X型腰位造型焦点的不同元素组合

（四）巴尔玛肯外套款式系列设计

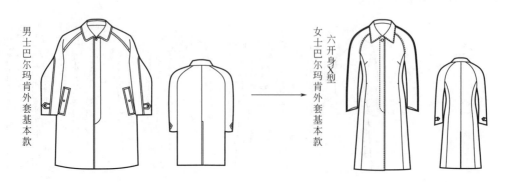

男士巴尔玛肯外套基本款

六开身X型
女士巴尔玛肯外套基本款

1.基于廓形变化的巴尔玛肯外套款式系列（选择其中任何一个廓形改变局部元素）

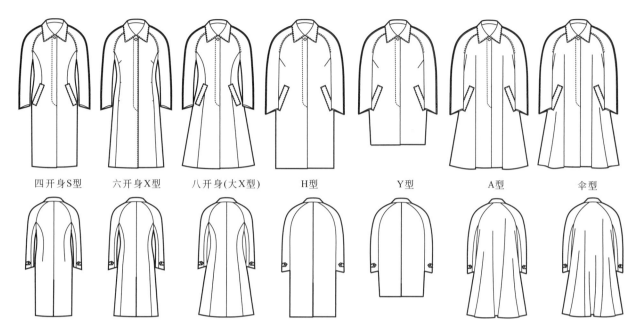

四开身S型　　六开身X型　　八开身(大X型)　　H型　　　Y型　　　A型　　　伞型

2.领型款式系列

3.口袋款式系列

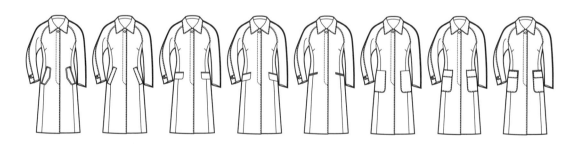

4.门襟款式系列

5.袖口款式系列

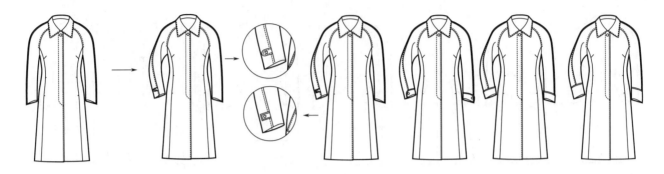

6.袖型款式系列

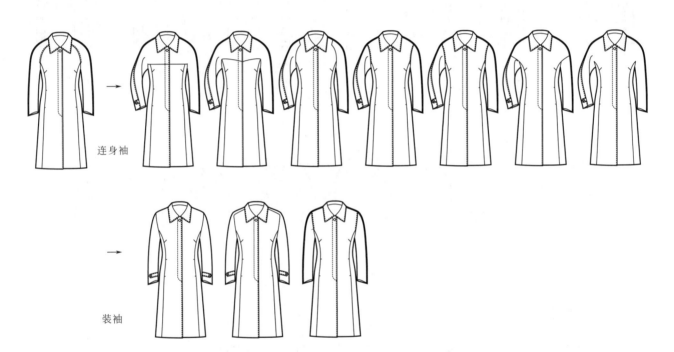

连身袖

装袖

7.综合外套元素的款式系列

（1）巴尔玛肯和波鲁外套元素组合

（2）X廓型局部元素组合

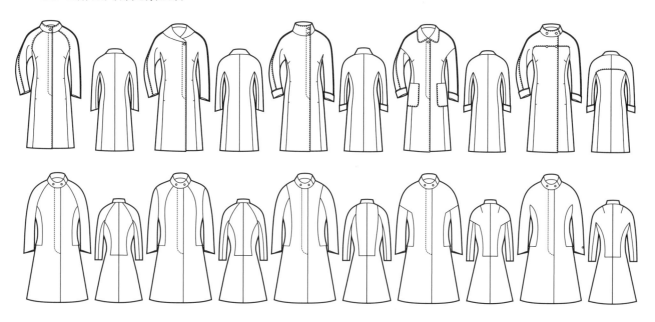

（3）S廓型局部元素组合

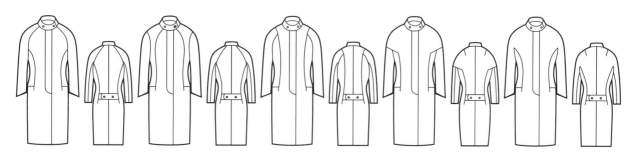

（4）H廓型局部元素组合

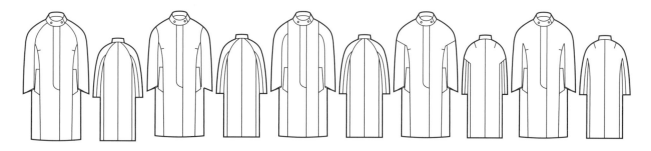

（5）A廓型局部元素组合

（6）A廓型连身袖设计焦点系列

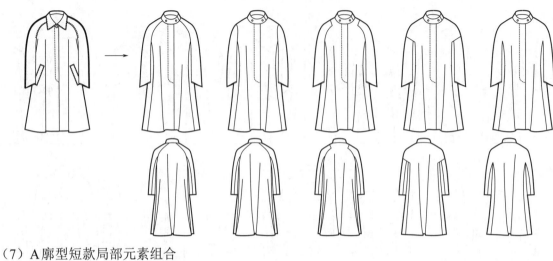

（7）A廓型短款局部元素组合

（五）泰利肯外套款式系列设计

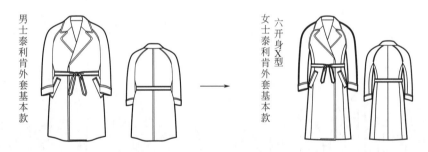

1.基于廓形变化的泰利肯外套款式系列（选择其中任何一个廓形改变局部元素）

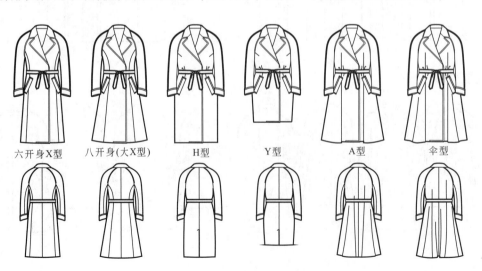

六开身X型　　八开身(大X型)　　H型　　Y型　　A型　　伞型

2.领型款式系列

3.口袋款式系列

4.门襟款式系列

5.袖口款式系列

6.袖型款式系列

连身袖　　　　　　　　　　　　　　　　　　　　装袖

7.综合外套元素的款式系列

（1）泰利肯和堑壕外套元素组合

（2）泰利肯和巴尔玛肯外套元素组合

（3）六开身X型廓型、领型、连身袖、口袋元素组合

（4）六开身X型廓型短款与领型、连身袖、口袋元素组合

（5）H廓型短款与领型、连身袖、口袋元素组合

（6）A廓形与局部元素组合（无束腰和有束腰系列）

（六）堑壕外套款式系列设计

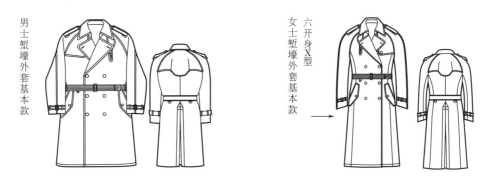

1.基于廓形变化的堑壕外套款式系列（选择其中任何一个廓形改变局部元素）

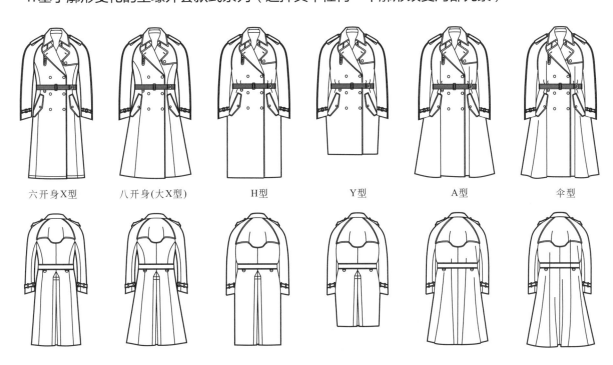

六开身X型　　　　八开身(大X型)　　　　H型　　　　　Y型　　　　　A型　　　　　伞型

2.领型、门襟款式系列

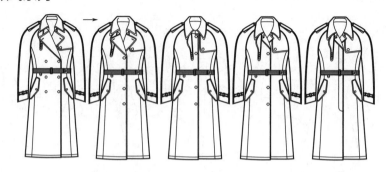

3.口袋款式系列

4.胸盖布款式系列

5.袖型款式系列

连身袖　　　　装袖　　　　前上后插袖

6.袖带、袖头款式系列

7.综合外套元素的款式系列

（1）巴尔玛肯和堑壕外套元素组合

（2）六开身X型廓形与领型、门襟、口袋等元素组合

（七）达夫尔外套（Duffel Coat）款式系列设计

男士达夫尔外套基本款

六开身X型
女士达夫尔外套基本款

1.基于廓形变化的达夫尔外套款式系列（选择其中任何一个廓形改变局部元素）

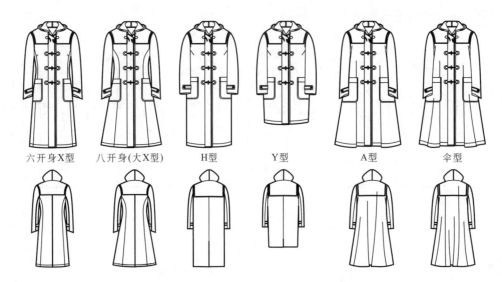

六开身X型　　八开身(大X型)　　H型　　　Y型　　　　A型　　　伞型

2.领型款式系列

3.口袋款式系列

4.门襟、袖襻、扣襻款式系列

5.袖口款式系列

6.袖型款式系列

7.综合外套元素的款式系列

（1）六开身X型廓型与局部元素组合

（2）八开身大X型廓型与局部元素组合

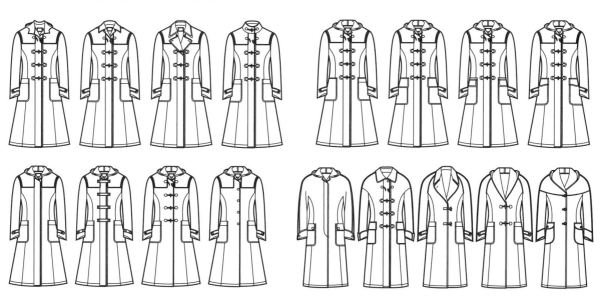

（3）A廓形与局部元素组合

（4）H廓形与局部元素组合

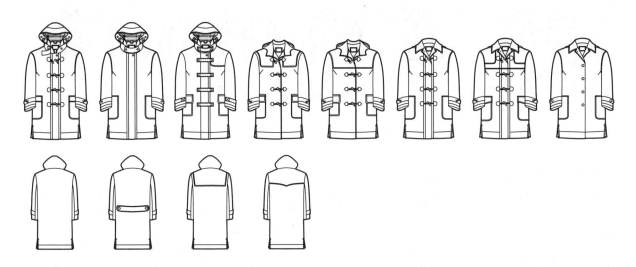

（5）Y廓形与局部元素组合

（八）披肩款式系列设计

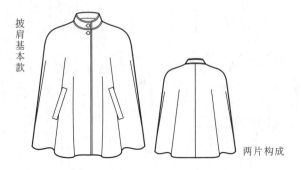

披肩基本款

两片构成

1.基于廓形变化的披肩款式系列（选择其中任何一个廓形改变局部元素）

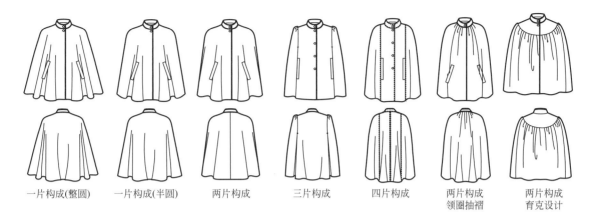

| 一片构成(整圆) | 一片构成(半圆) | 两片构成 | 三片构成 | 四片构成 | 两片构成
领圈抽褶 | 两片构成
育克设计 |

2.领型款式系列

3.门襟款式系列

4.手臂出口款式系列

5.综合披肩元素款式系列

二、外套纸样系列设计

（一）外套相似形基本纸样（亚基本纸样）

*追加形放量10cm，一半制图为5cm，成品松量为22cm，(12+10/基本纸样松量+追加量)

相似形设计：2:1.5:1:0.5(后侧缝:前侧缝:后中:前中)

前后肩升高量分别为1cm、0.5cm(前后中放量)

后颈点升高量：0.5cm(后肩升高量/2)

肩加宽量：0.7cm(前后中放量/2)

袖隆开深量：2.5cm(侧缝放量−肩升高量/2)

腰线下调：1.5cm(袖隆开深量/2)

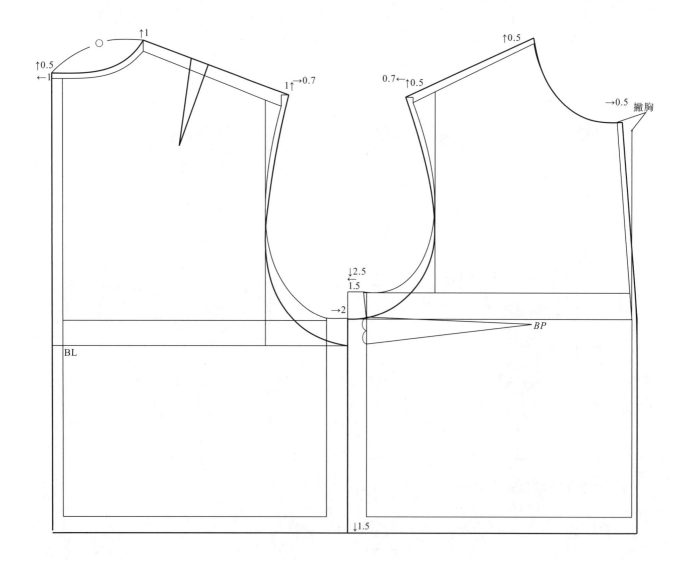

（二）标准版柴斯特菲尔德外套一款多板纸样系列设计

1.标准版柴斯特菲尔德外套六开身X型为基本纸样

*设领座3cm
　领面4cm
　倒伏量:$x+n$=2.8+1=3.8cm

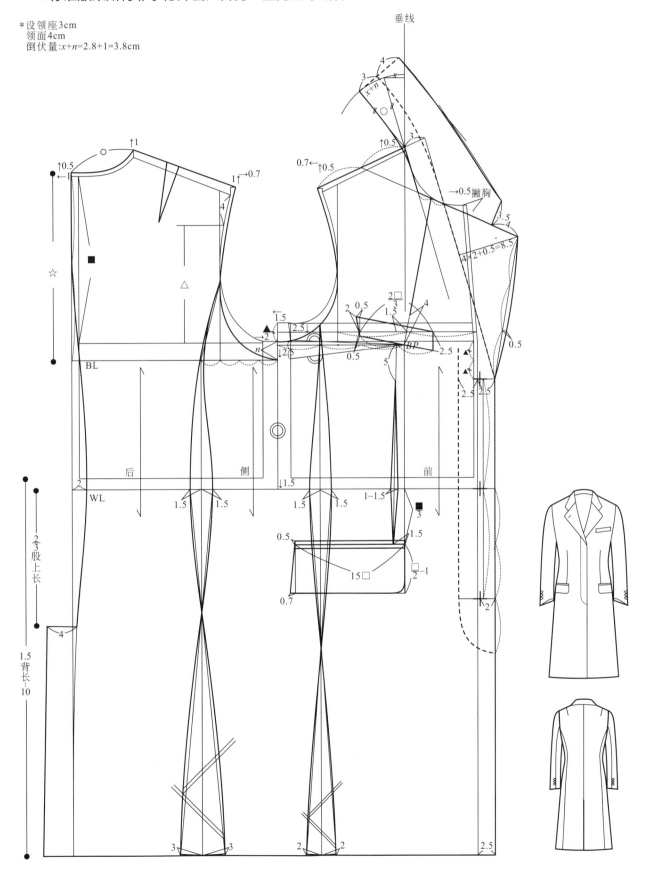

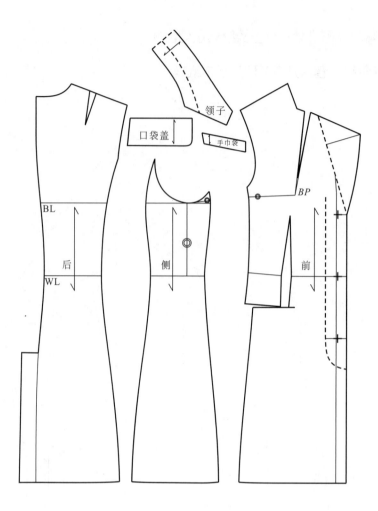

标准板柴斯特菲尔德外套基本纸样分解图(六开身X型)

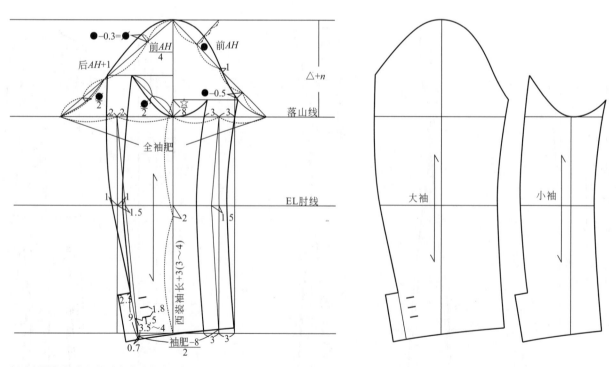

标准板柴斯特菲尔德外套装袖基本纸样

分解图

2. 八开身大X型标准板柴斯特菲尔德外套纸样

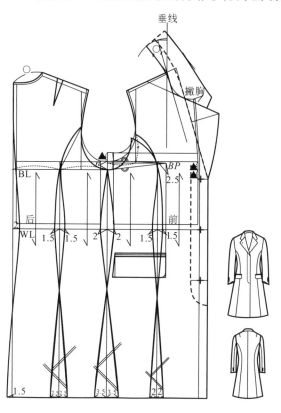
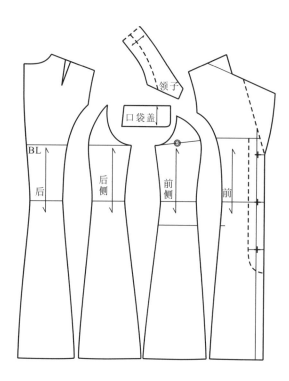

3. 四开身S型标准板柴斯特菲尔德外套纸样

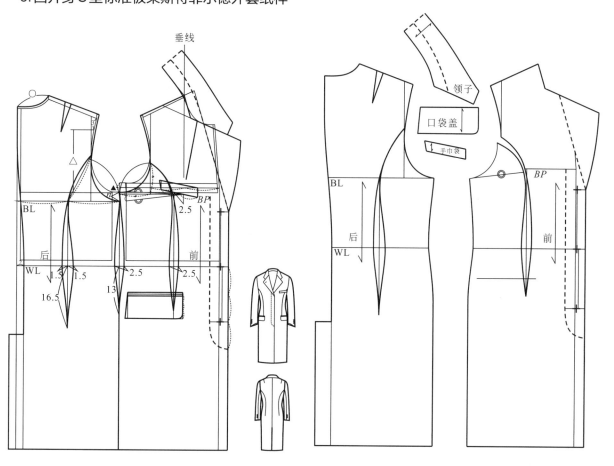

4.四开身H型标准板柴斯特菲尔德外套纸样

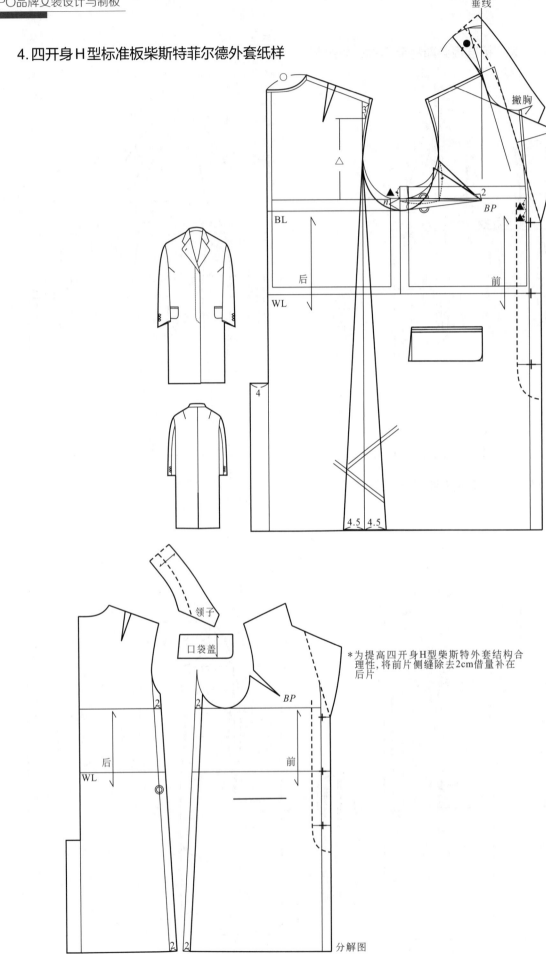

垂线

撇胸

BP

BL

后　前

WL

4

4.5　4.5

领子

口袋盖

BP

后　前

WL

*为提高四开身H型柴斯特外套结构合理性,将前片侧缝除去2cm借量补在后片

分解图

5.三开身A型标准板柴斯特菲尔德外套纸样

*在四开身H型柴斯特外套纸样基础上
通过省转摆完成

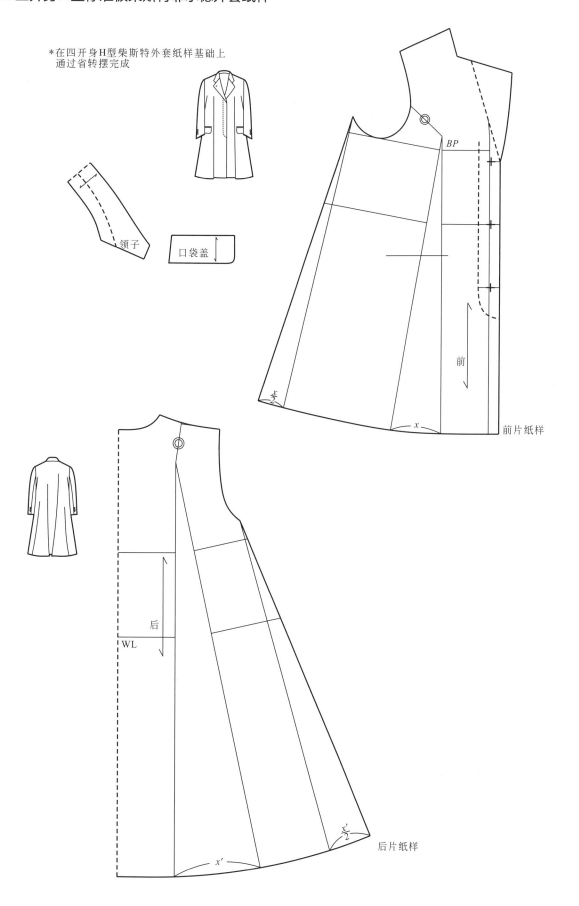

领子

口袋盖

BP

前

前片纸样

$\dfrac{x}{2}$

x

后

WL

后片纸样

$\dfrac{x'}{2}$

x'

6.三开身伞型标准板柴斯特菲尔德外套纸样

*在三开身A型柴斯特外套纸样基础上
 通过切展平衡增摆完成

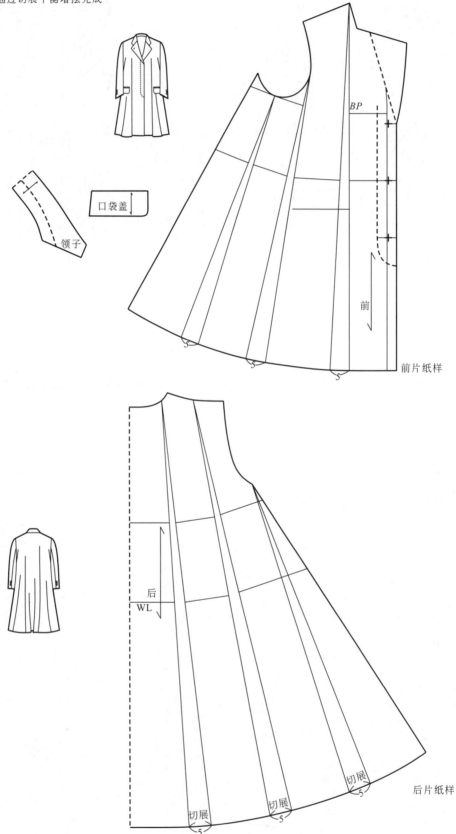

口袋盖

领子

BP

前

前片纸样

后

WL

切展

切展

切展
5

切展
5

切展
5

后片纸样

7.四开身Y型标准板柴斯特菲尔德外套纸样

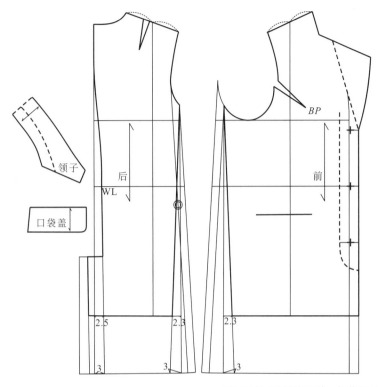

领子

口袋盖

后

WL

前

BP

2.5 2.3 2.3

3 3 3

*收缩减短下摆的同时，按收摆量平行加宽
肩量，肩部和袖子作1cm的包肩处理

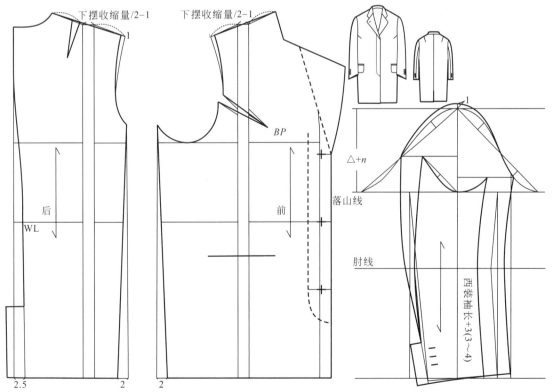

下摆收缩量/2-1

下摆收缩量/2-1

后

WL

前

BP

△+*n*

落山线

肘线

西装袖长+3(3~4)

2.5 2 2

四开身Y型标准板柴斯特菲尔德外套纸样宽肩收摆处理

（三）阿尔伯特板柴斯特菲尔德外套一款多板纸样系列设计

1.阿尔伯特板柴斯特菲尔德外套六开身X型为基本纸样

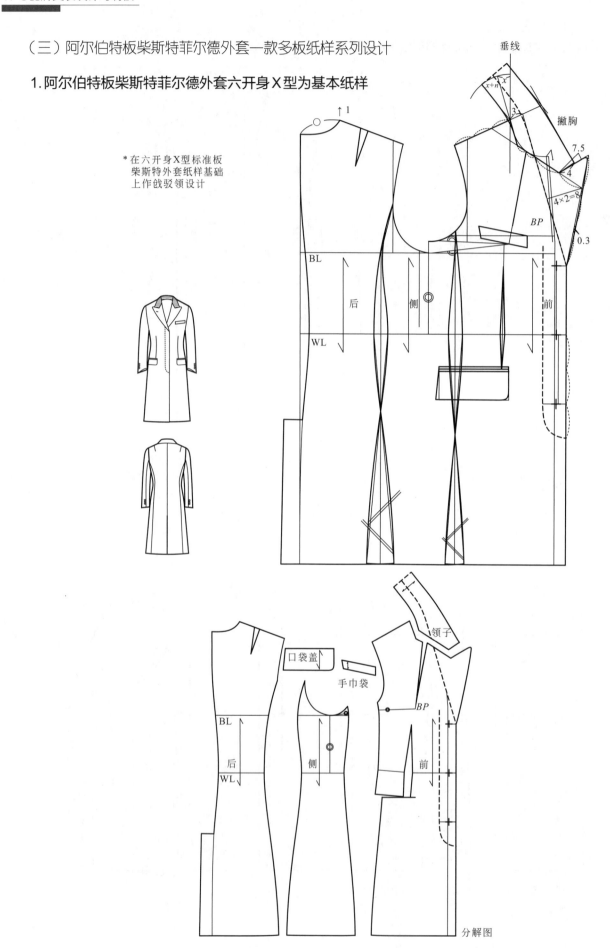

* 在六开身X型标准板
柴斯特外套纸样基础
上作戗驳领设计

2.八开身大X型阿尔伯特板柴斯特菲尔德外套纸样

*在八开身大X型标准板柴斯特外套纸样基础上作戗驳领设计

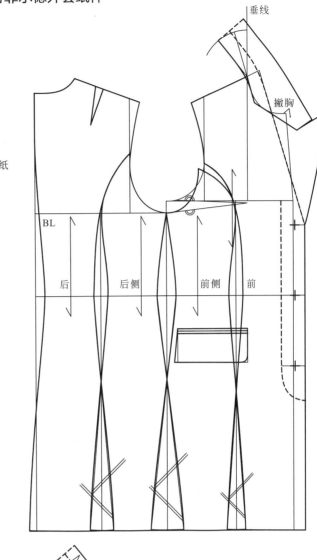

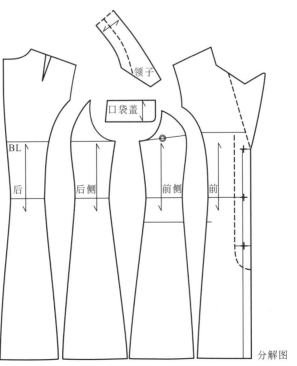

3.四开身S型阿尔伯特板柴斯特菲尔德外套纸样

* 在四开身S型标准板柴斯特外套
纸样基础上作戗驳领设计

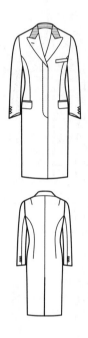

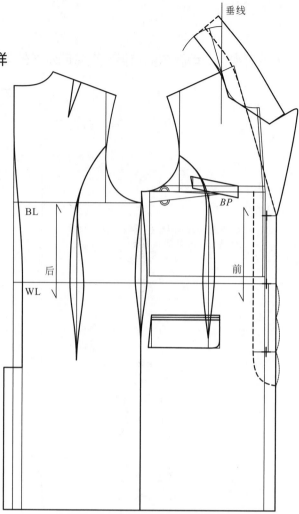

4.四开身H型阿尔伯特板柴斯特菲尔德外套纸样

* 在四开身H型标准板柴斯特外套纸
样基础上作戗驳领设计

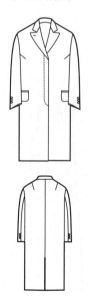

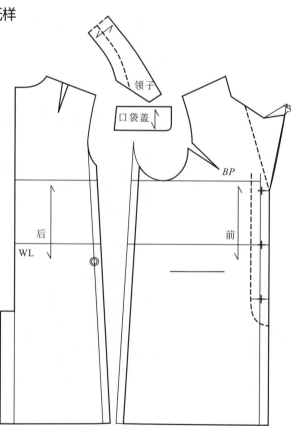

5.三开身A型阿尔博特板柴斯特菲尔德外套纸样

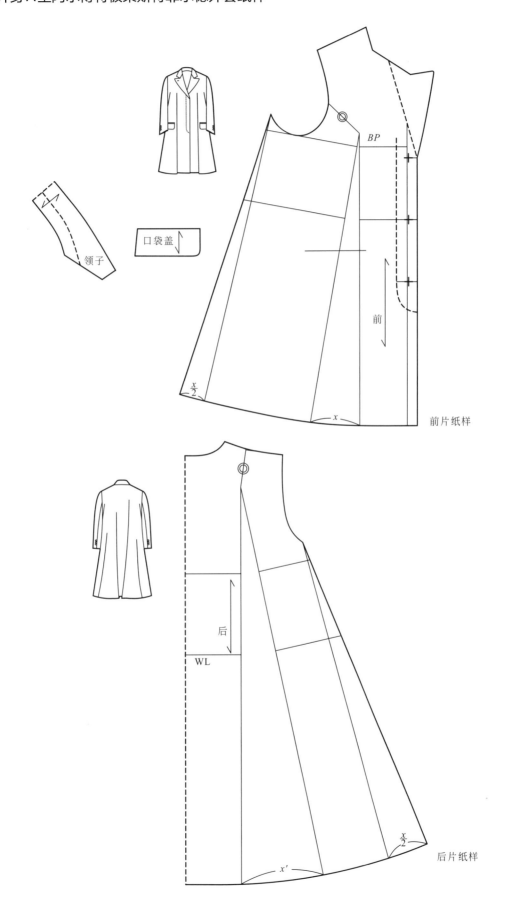

6.三开身伞型阿尔博特板柴斯特菲尔德外套纸样

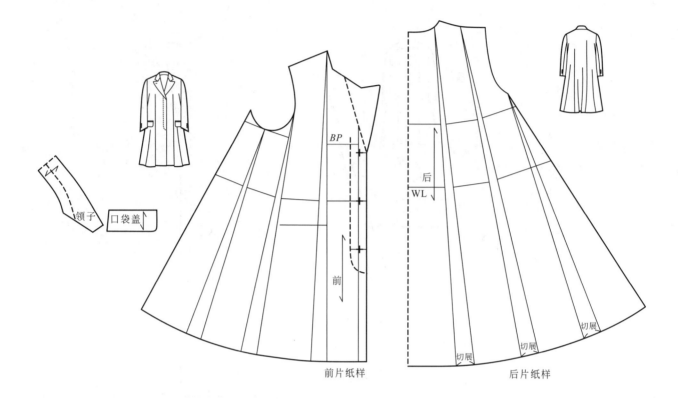

前片纸样　　　　后片纸样

7.四开身Y型阿尔博特板柴斯特菲尔德外套纸样

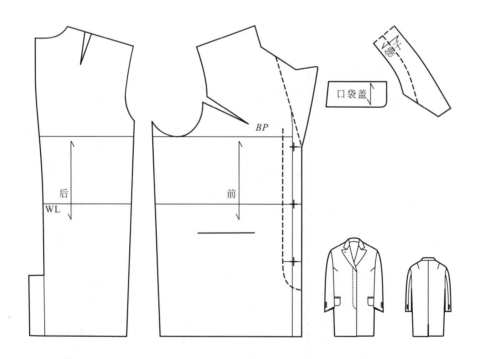

分解图

（四）出行板柴斯特菲尔德特尔德外套一款多板纸样系列设计

1. 出行板柴斯特菲尔德特外套六开身X型为基本纸样

* 在六开身X型标准板柴斯特外套纸样基础上作双排扣敞驳领设计

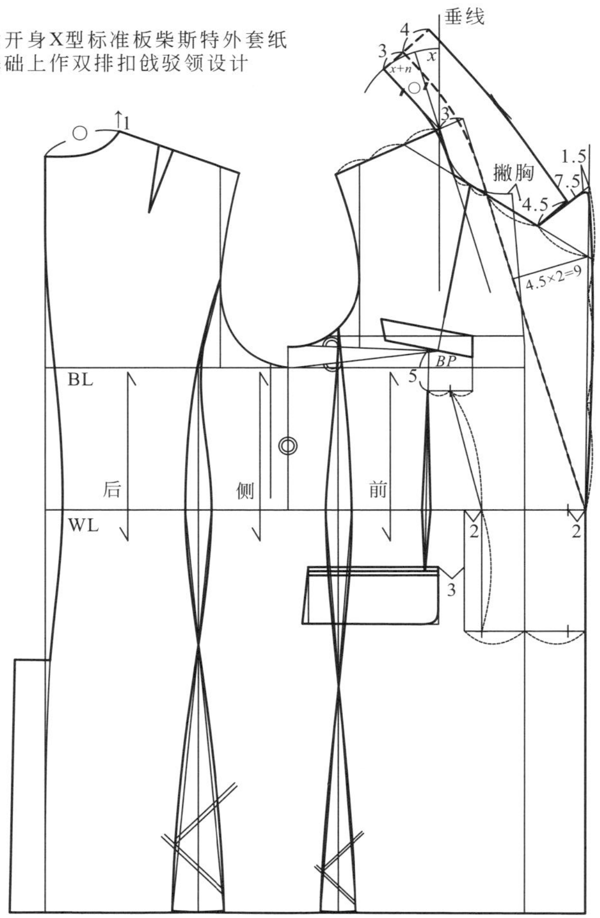

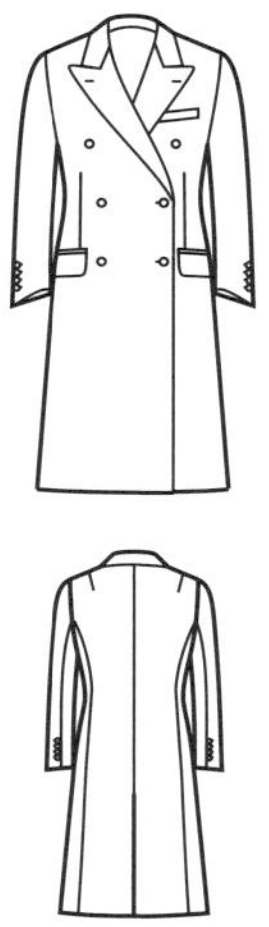

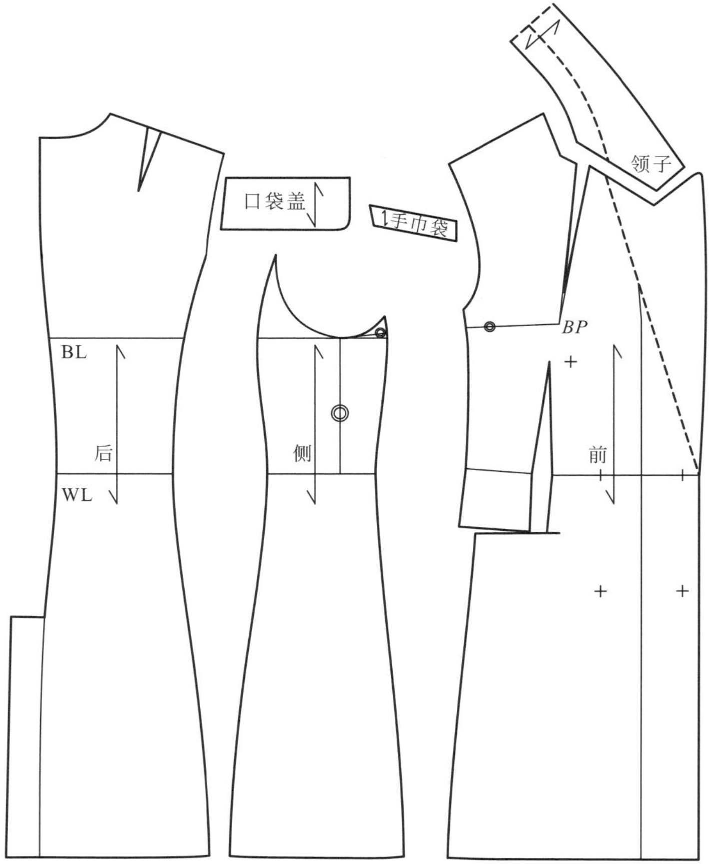

2. 八开身大X型出行板柴斯特菲尔德外套纸样

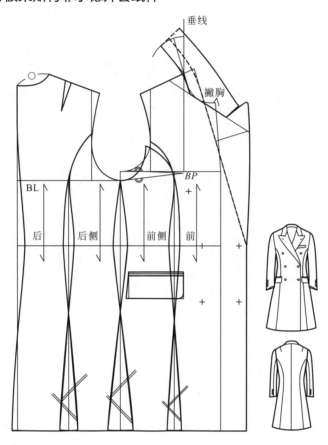

3. 四开身S型出行板柴斯特菲尔德外套纸样

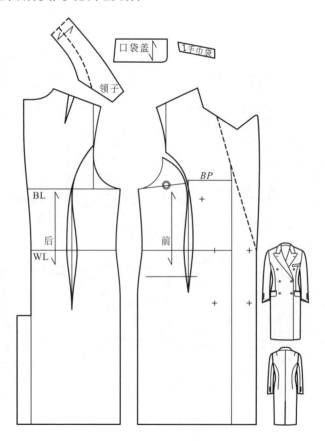

4.四开身H型出行板柴斯特菲尔德外套纸样

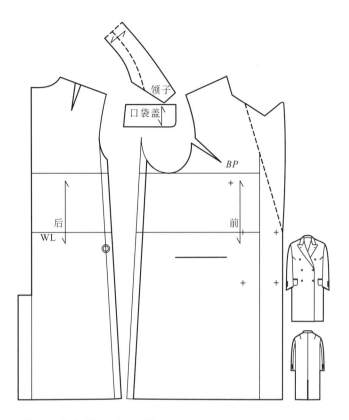

5.三开身A型出行板柴斯特菲尔德外套纸样

前片纸样

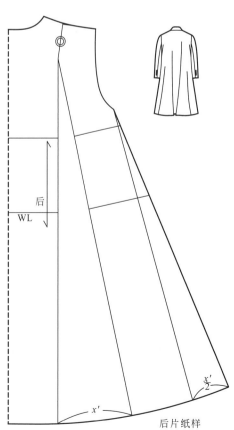

后片纸样

6.三开身伞型出行版柴斯特菲尔德外套纸样

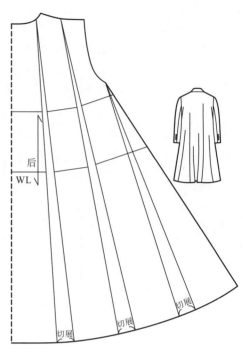

7.四开身Y型出行板柴斯特菲尔德外套纸样

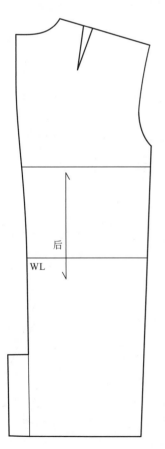
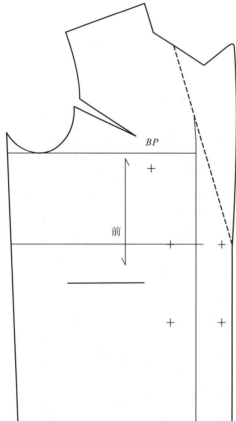
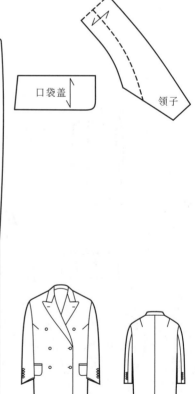

（五）柴斯特菲尔德外套一板多款纸样系列设计

1.柴斯特菲尔德外套六开身X型锐角领设计

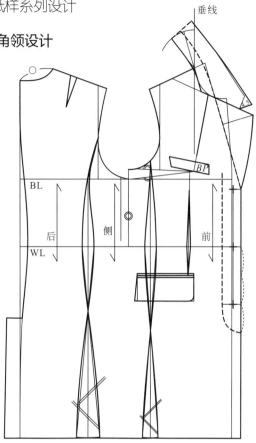

2.柴斯特菲尔德外套六开身X型折角领设计

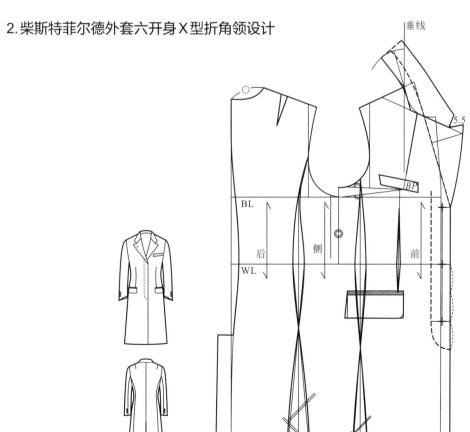

3.柴斯特菲尔德外套六开身X型戗驳领设计

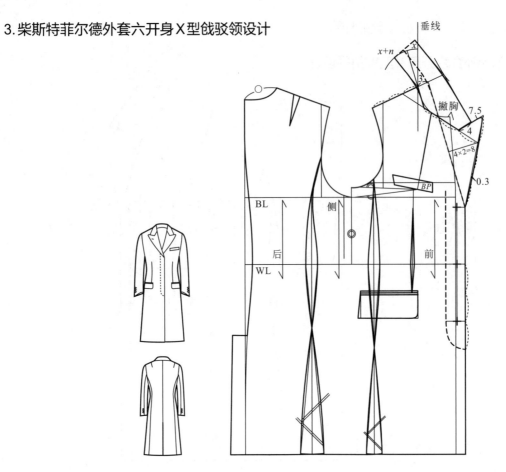

4.柴斯特菲尔德外套六开身X型半戗驳领设计

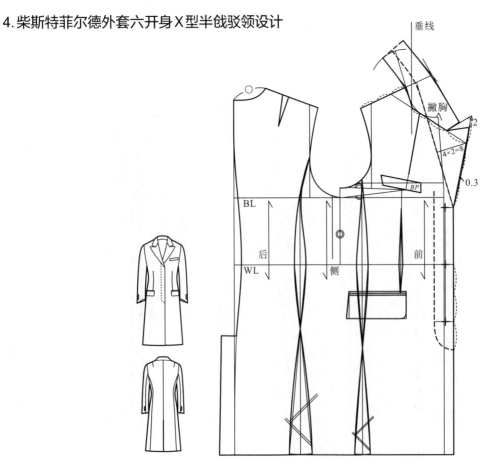

5.柴斯特菲尔德外套六开身X型青果领设计

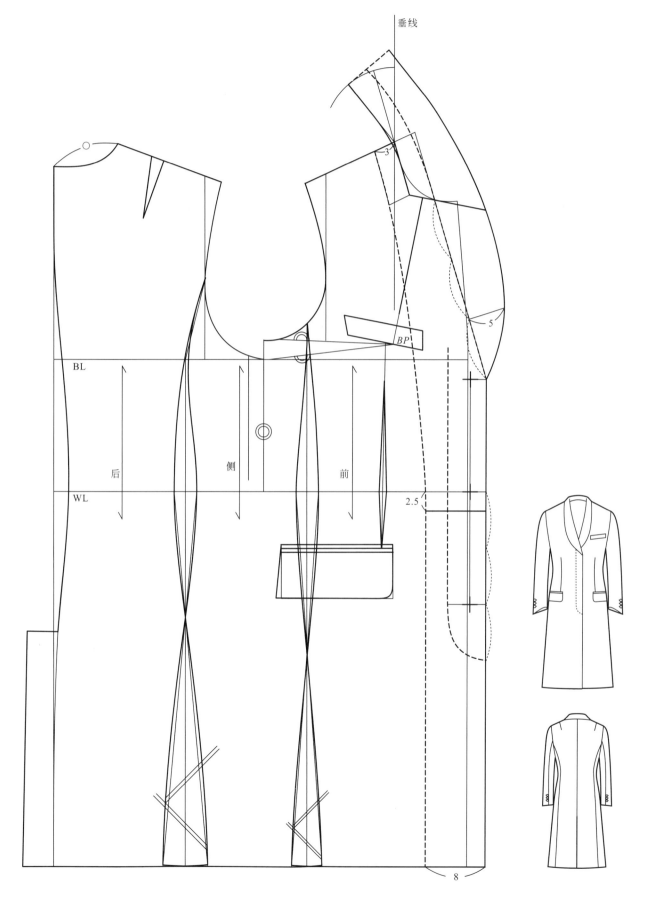

（六）基于公主线变化柴斯特菲尔德外套多板多款纸样系列设计

1.平驳领八开身柴斯特菲尔德外套公主线纸样系列设计

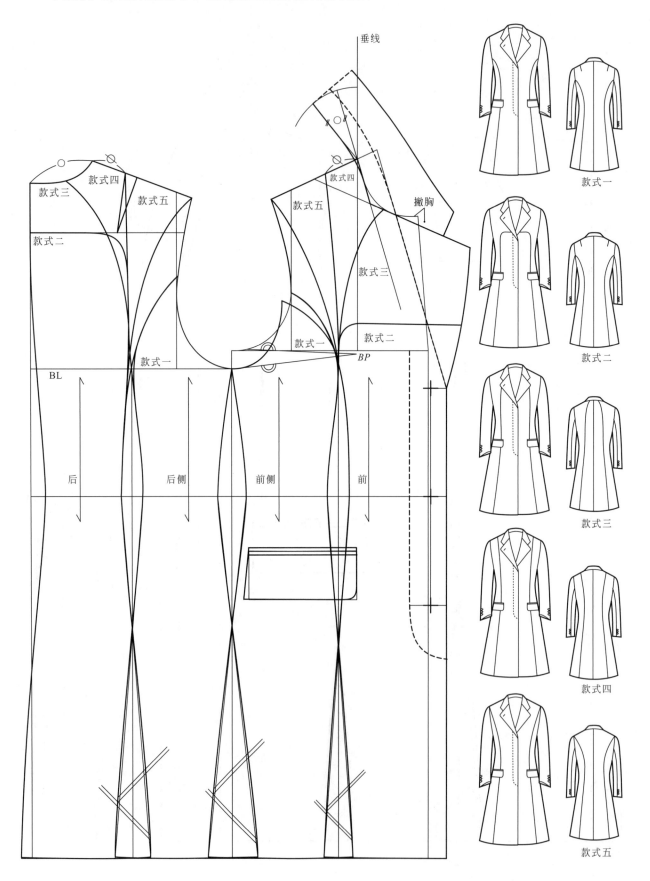

款式一

款式二

款式三

款式四

款式五

2.戗驳领八开身柴斯特菲尔德外套公主线纸样系列设计

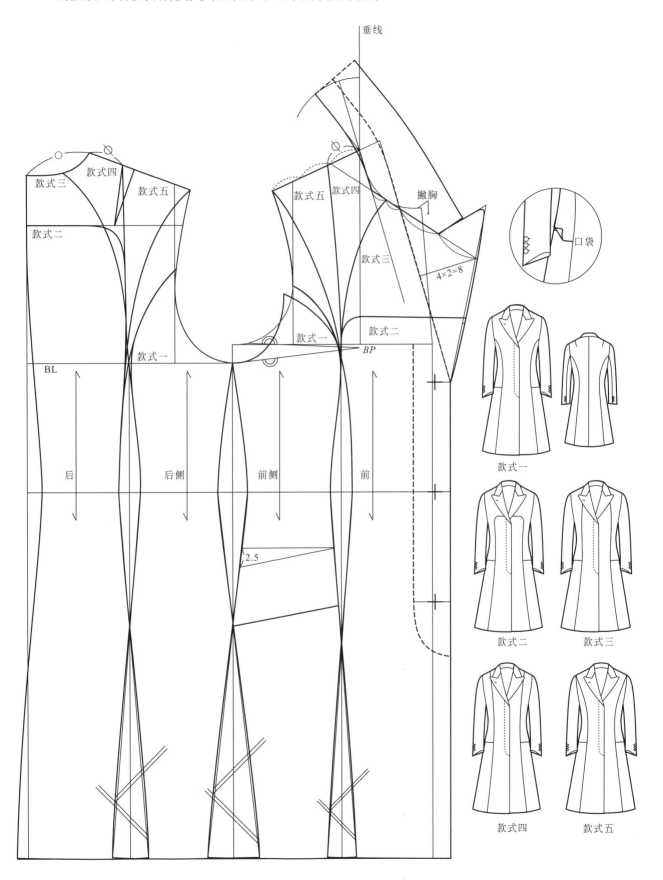

3.青果领八开身柴斯特菲尔德外套公主线纸样系列设计

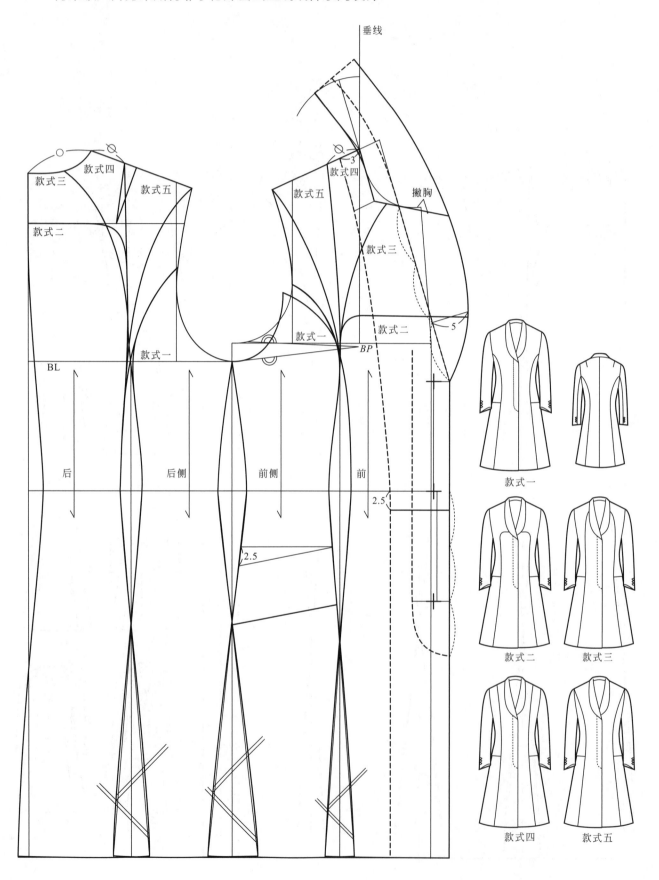

款式一

款式二　款式三

款式四　款式五

（七）基于八开身连身袖柴斯特菲尔德外套多板多款纸样系列设计

1. 平驳领柴斯特菲尔德外套八开身连身袖纸样

前片纸样

后片纸样

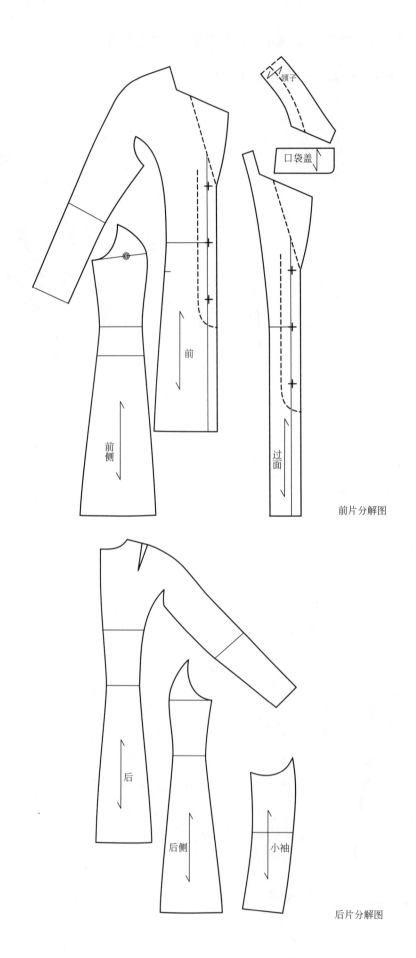

颈子

口袋盖

前

前侧

过面

前片分解图

后

后侧

小袖

后片分解图

2.戗驳领柴斯特菲尔德外套八开身连身袖纸样

垂线

3

BP

EL

前侧　前

前片纸样

领子

前

过面

前片纸样分解图（后片通用）

3.青果领柴斯特菲尔德外套八开身连身袖纸样

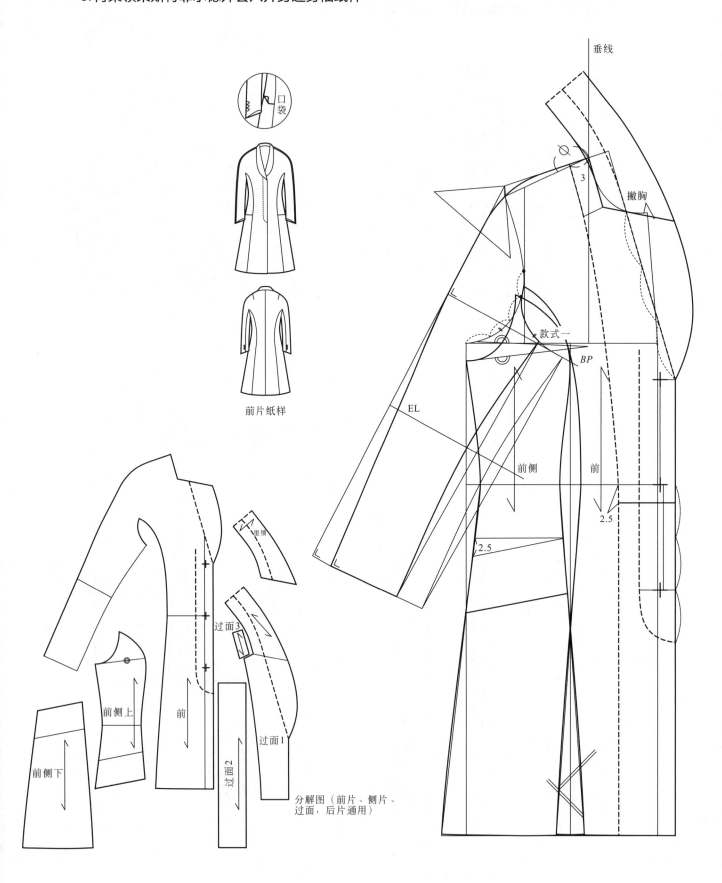

口袋

前片纸样

里领

过面3

过面1

过面2

前

前侧上

前侧下

分解图（前片、侧片、
过面，后片通用）

垂线

撇胸

款式一

BP

EL

前侧

前

2.5

2.5

（八）巴尔玛肯外套一款多板纸样系列设计

1.巴尔玛肯外套基本纸样（六开身X型）

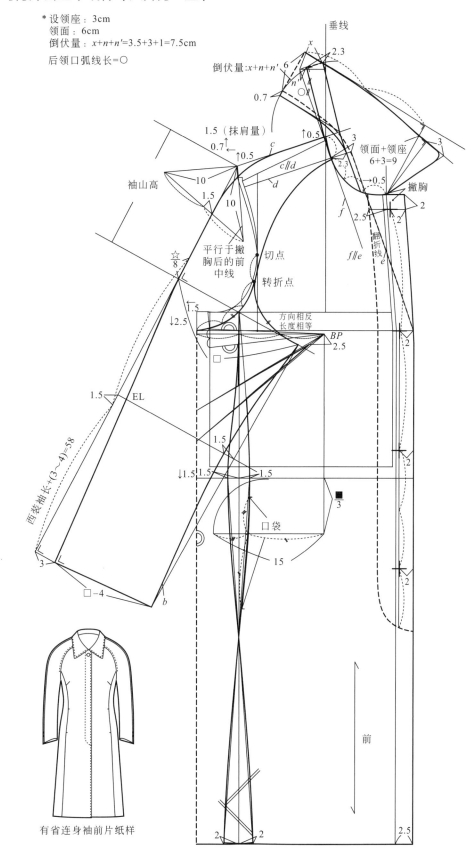

有省连身袖前片纸样

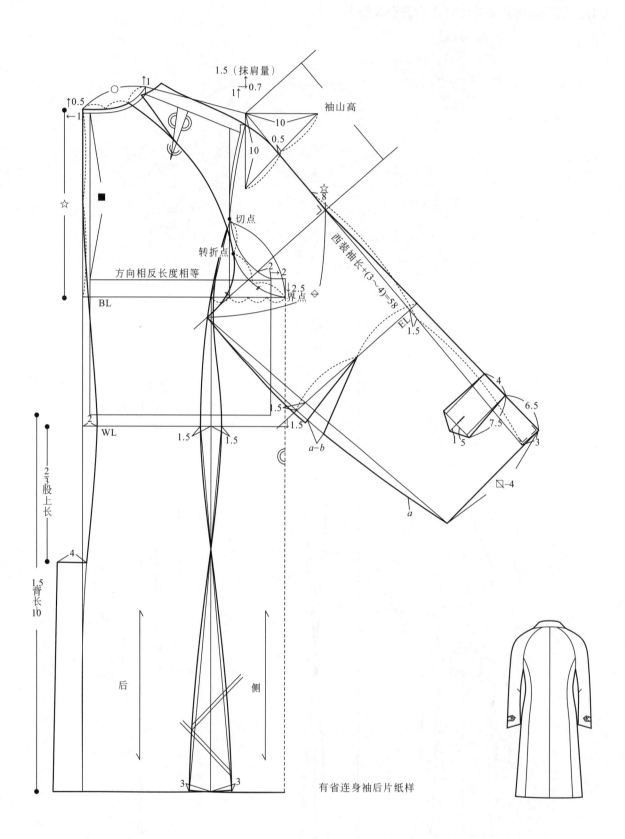

1.5（抹肩量）

袖山高

切点

转折点

方向相反长度相等

界点

西装袖长+(3~4)=58

BL

WL

后

侧

有省连身袖后片纸样

2.巴尔玛肯外套六开身X型纸样（无肘省处理）

* 无省连身袖设计,在有省连身袖基础上将肘省平衡分解,肘省位置保留约0.8cm做归拔工艺

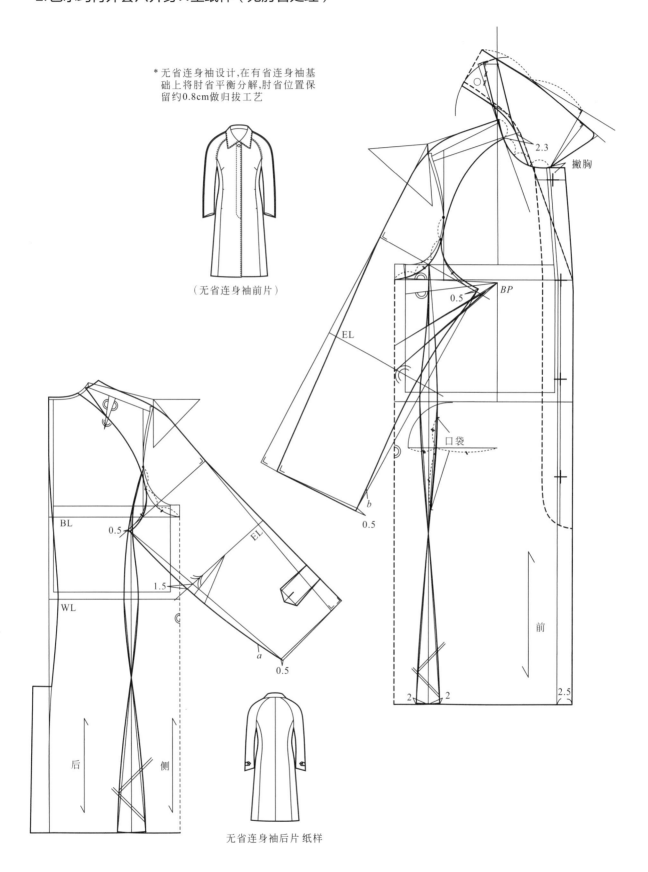

（无省连身袖前片）

无省连身袖后片 纸样

3.巴尔玛肯外套六开身X型纸样（三片插肩袖处理）

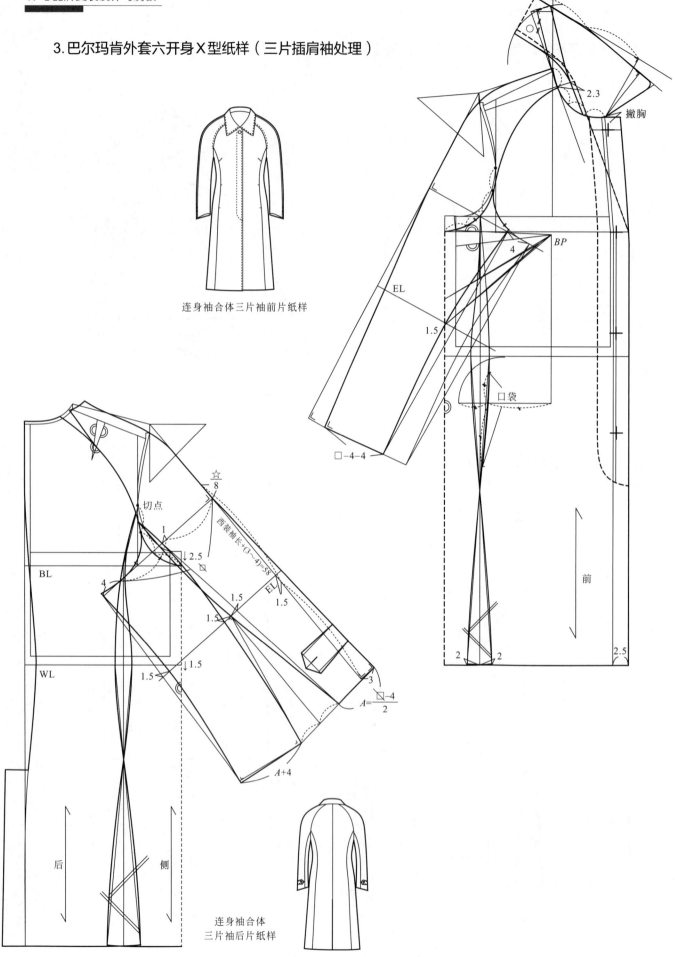

连身袖合体三片袖前片纸样

连身袖合体
三片袖后片纸样

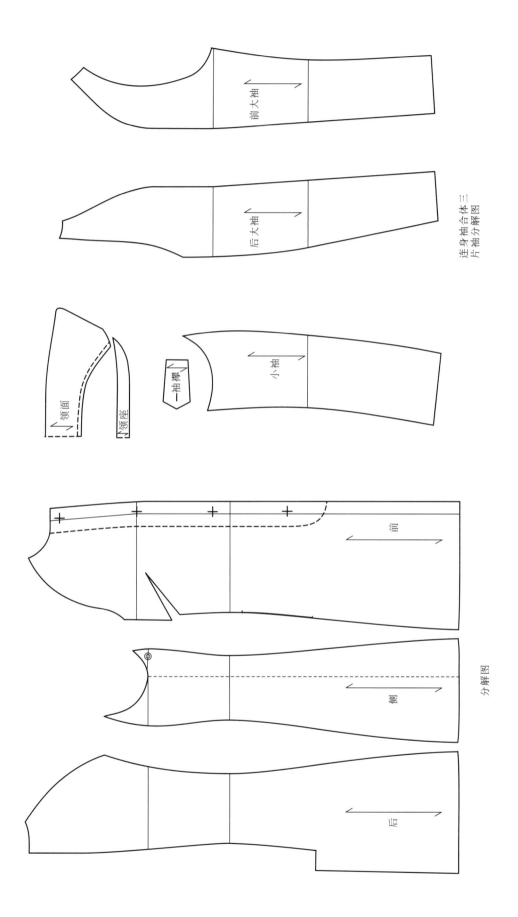

前大袖

后大袖

连身袖合体三
片袖分解图

领面

领座

袖襻

小袖

前

侧

后

分解图

4.巴尔玛肯外套八开身大X型纸样

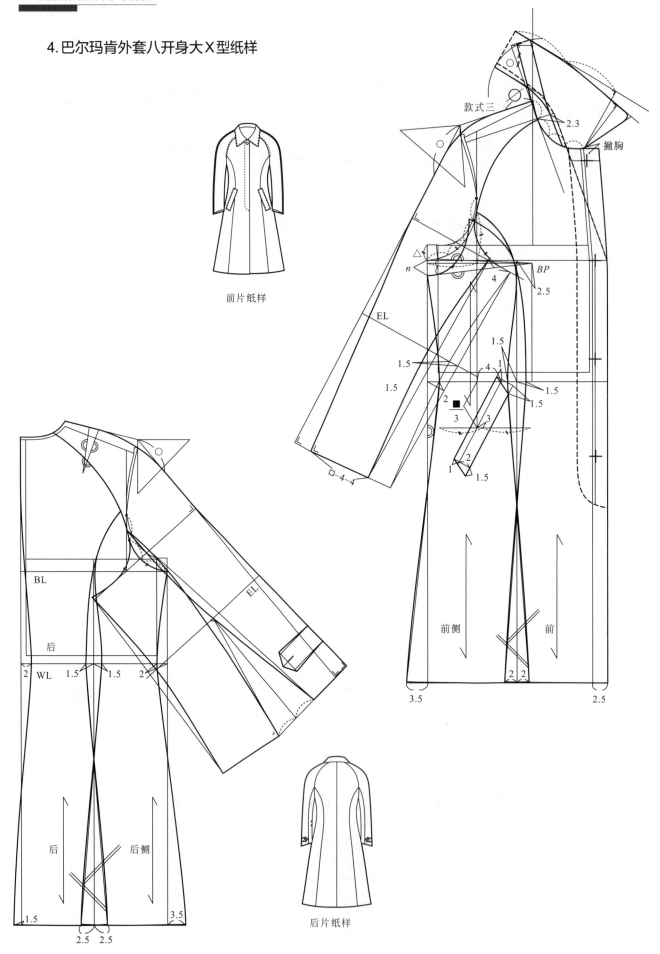

前片纸样

后片纸样

5.巴尔玛肯外套四开身 H 型纸样

* 将巴尔玛肯外套六开身 X 型纸样中的侧省移到袖窿后作无省四开身处理

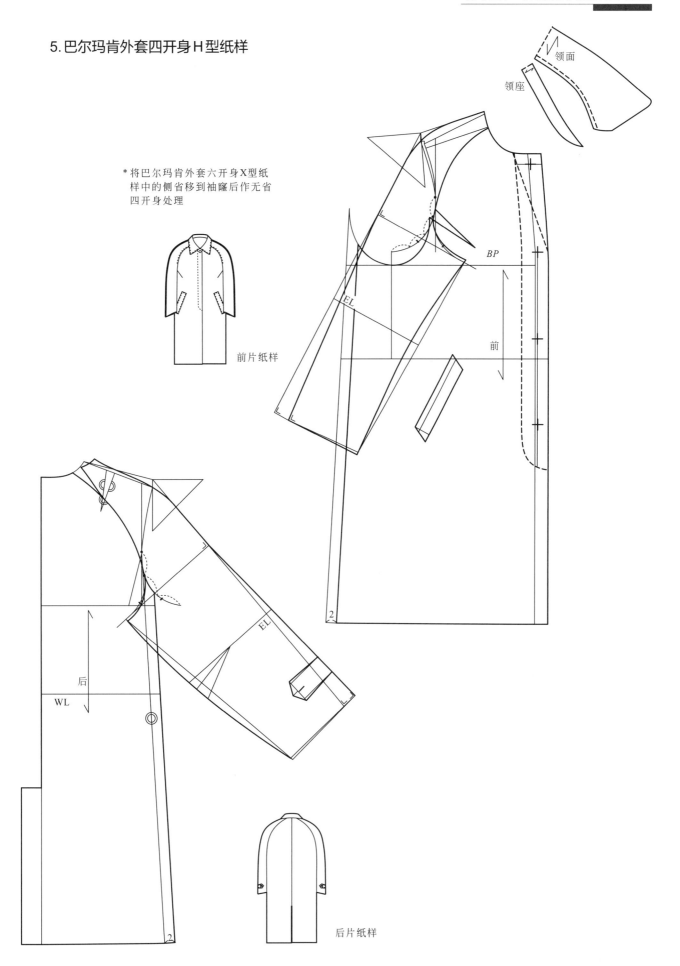

领面

领座

前片纸样

前片纸样

BP

EL

前

后

WL

EL

后片纸样

6.巴尔玛肯外套四开身Y型纸样

* 在巴尔玛肯外套四开身H型纸样基础作宽肩收摆处理

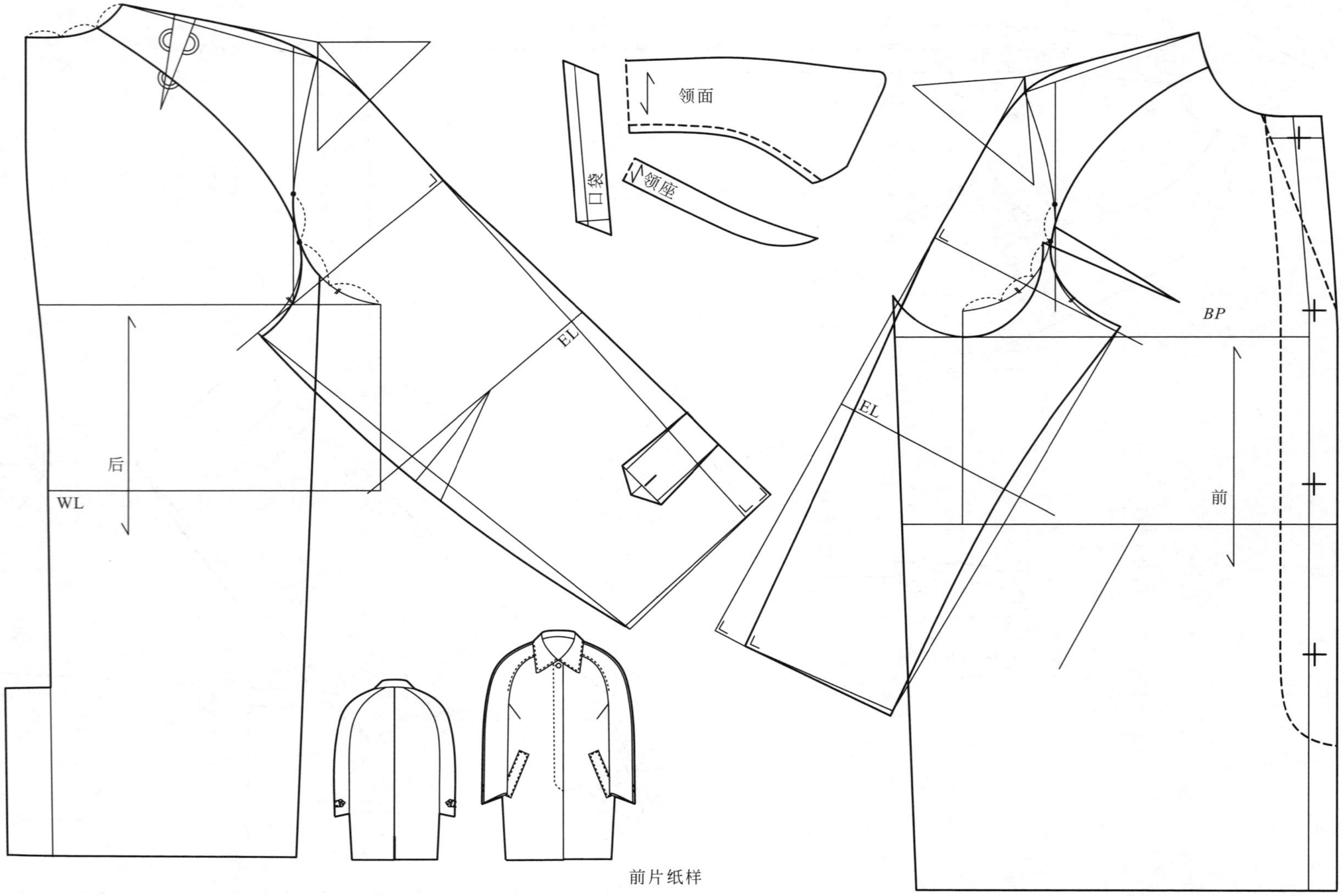

BP

前

EL

领面

领座

挂口

后

WL

前片纸样

（九）巴尔玛肯外套装袖一款多板纸样系列设计

1.装袖巴尔玛肯外套基本纸样（六开身X型，以装袖标准版柴斯特外套为基本纸样）

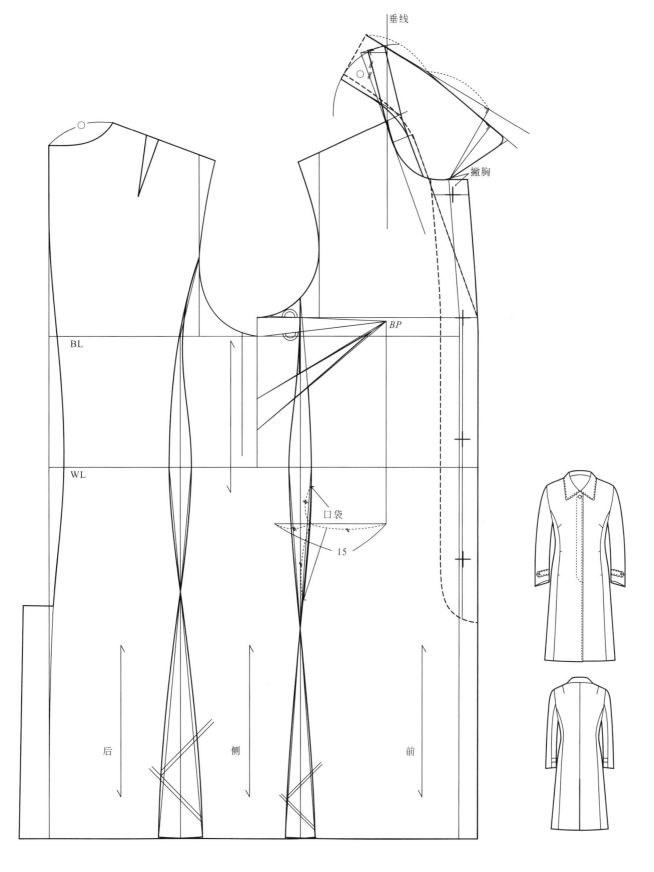

装袖巴尔玛肯外套六开身X型分解图

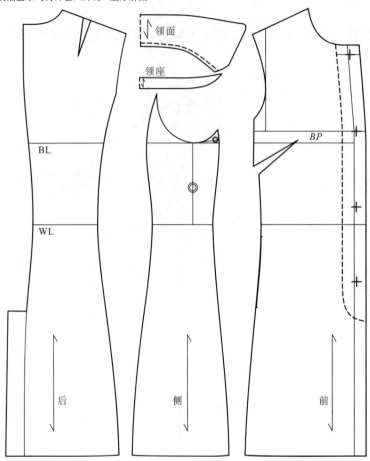

领面

领座

BL

WL

BP

后

侧

前

* 袖子在标准板柴斯特外套装袖纸样基础上作吃势调整

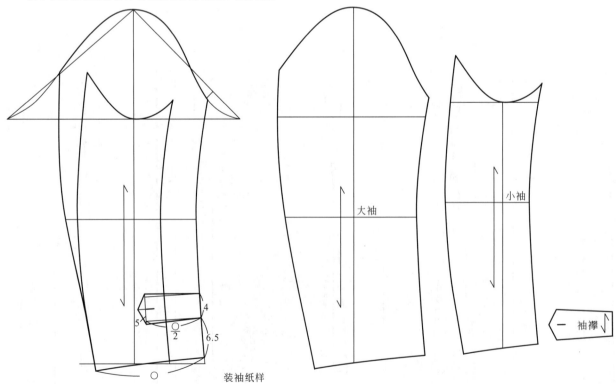

大袖

小袖

4

5

$\frac{○}{2}$

6.5

袖襻

装袖纸样

2.装袖巴尔玛肯外套八开身大X型纸样

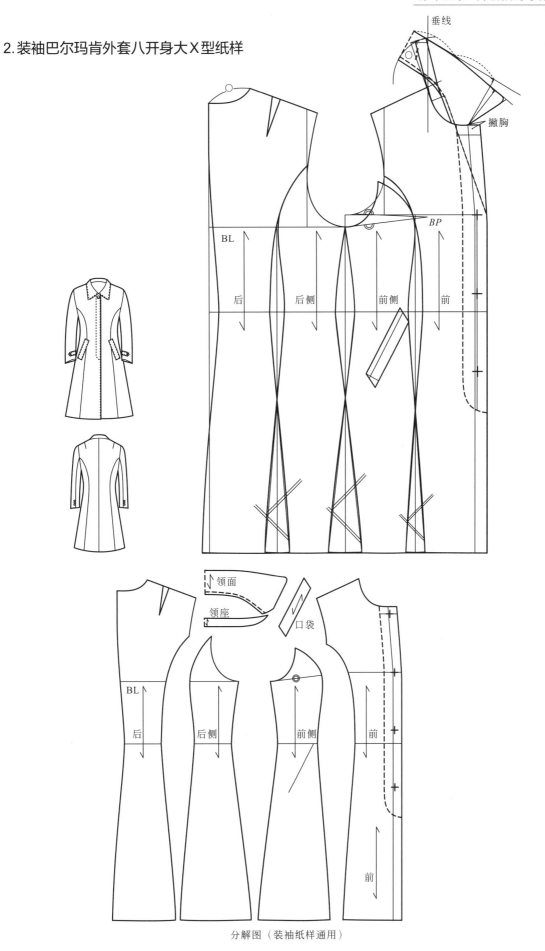

分解图（装袖纸样通用）

3.装袖巴尔玛肯外套四开身S型纸样

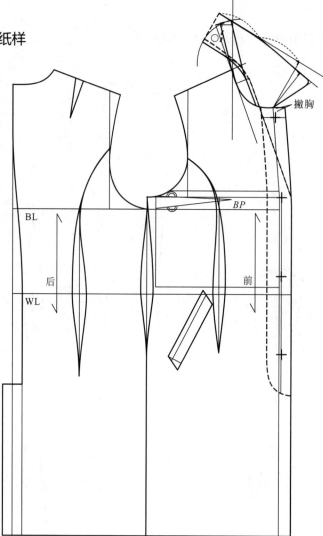

垂线

撇胸

BL

后

WL

前

BP

领面

领座

口袋

BL

后

WL

前

BP

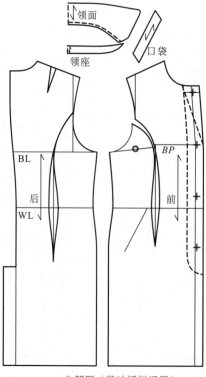

分解图（装袖纸样通用）

4. 装袖巴尔玛肯外套四开身 H 型纸样

5. 装袖巴尔玛肯外套四开身 Y 型纸样

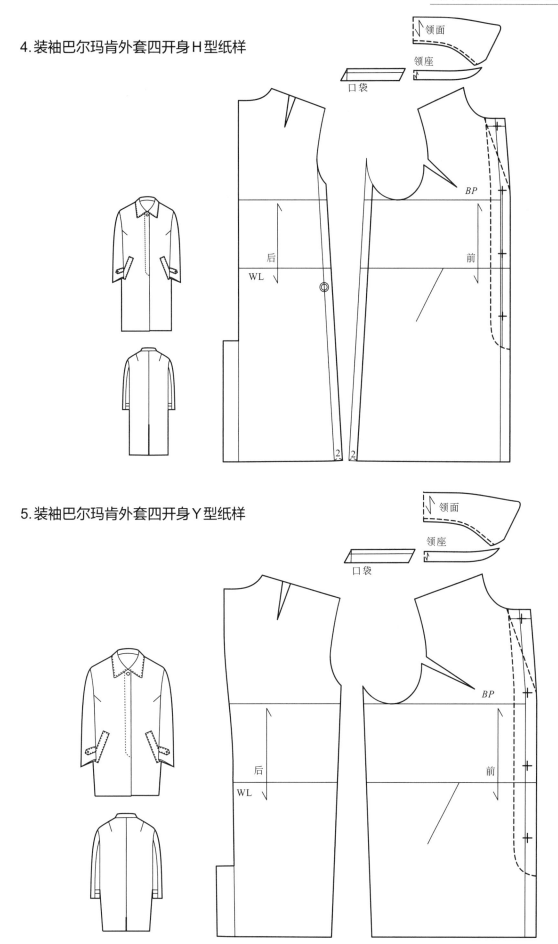

6.装袖巴尔玛肯外套三开身A型纸样

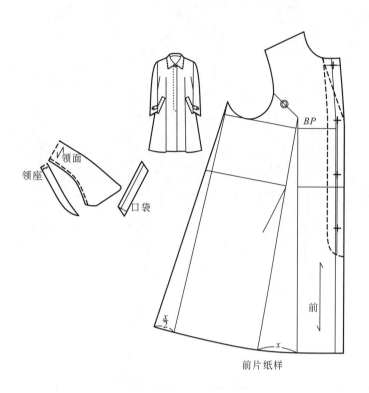

前片纸样

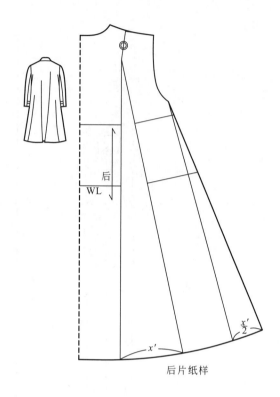

后片纸样

7.装袖巴尔玛肯外套三开身伞型纸样

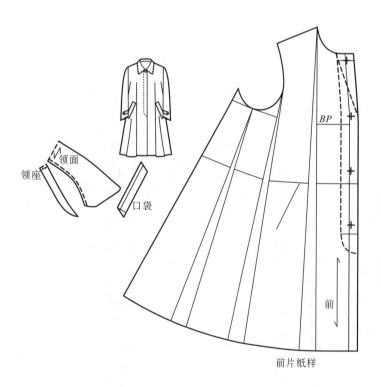

前片纸样

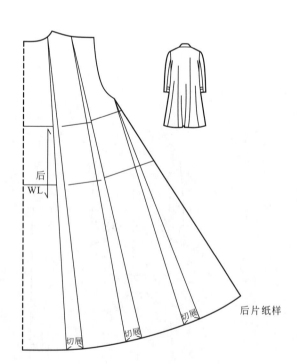

后片纸样

（十）巴尔玛肩外套多板多款纸样系列设计

1.六开身连身袖巴尔玛肩外套多板多款纸样系列设计

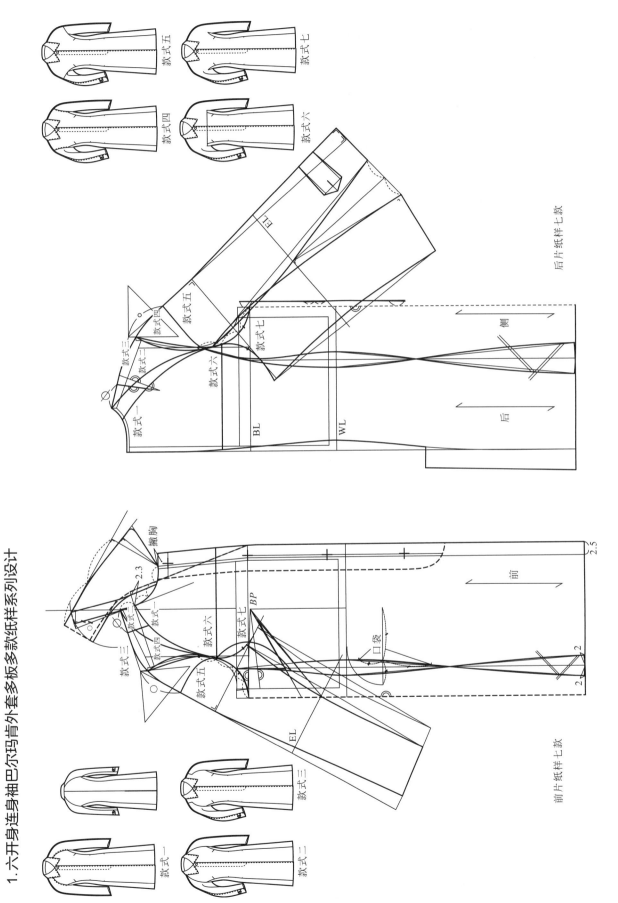

前片纸样七款

后片纸样七款

款式一　款式二　款式三　款式四　款式五　款式六　款式七

搬胸

口袋

BP

前

BL

WL

EL

侧

后

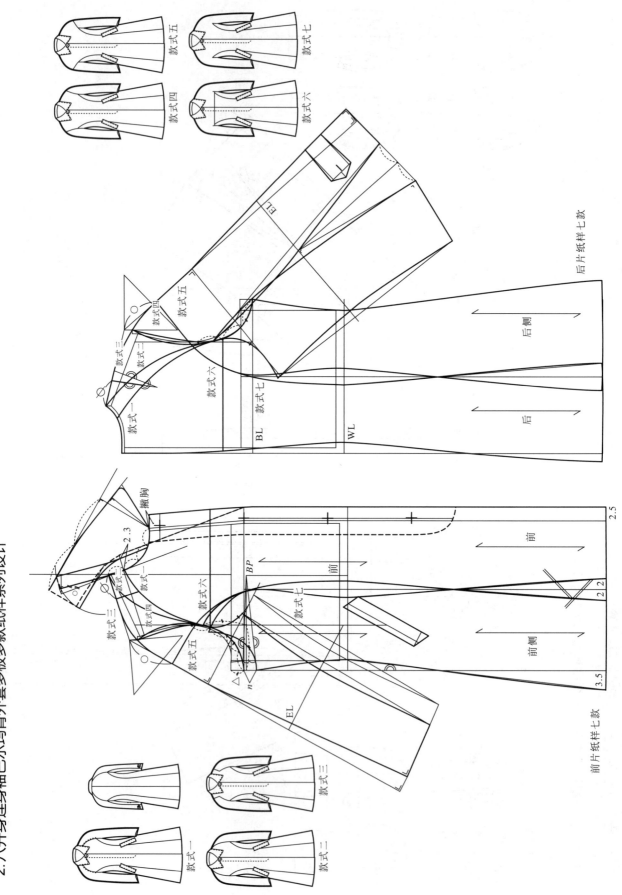

2.八开身连身袖巴尔玛肩外套多板多款纸样系列设计

款式五

款式七

款式四

款式六

后片纸样七款

后侧

后

BL

WL

款式三

款式四

款式五

款式六

款式七

款式一

款式二

撇胸

2.3

BP

前

前

款式七

前侧

EL

2.5

2.2

3.5

前片纸样七款

款式三

款式三

款式一

款式二

3.深化公主线设计巴尔玛肯外套多板多款纸样系列设计

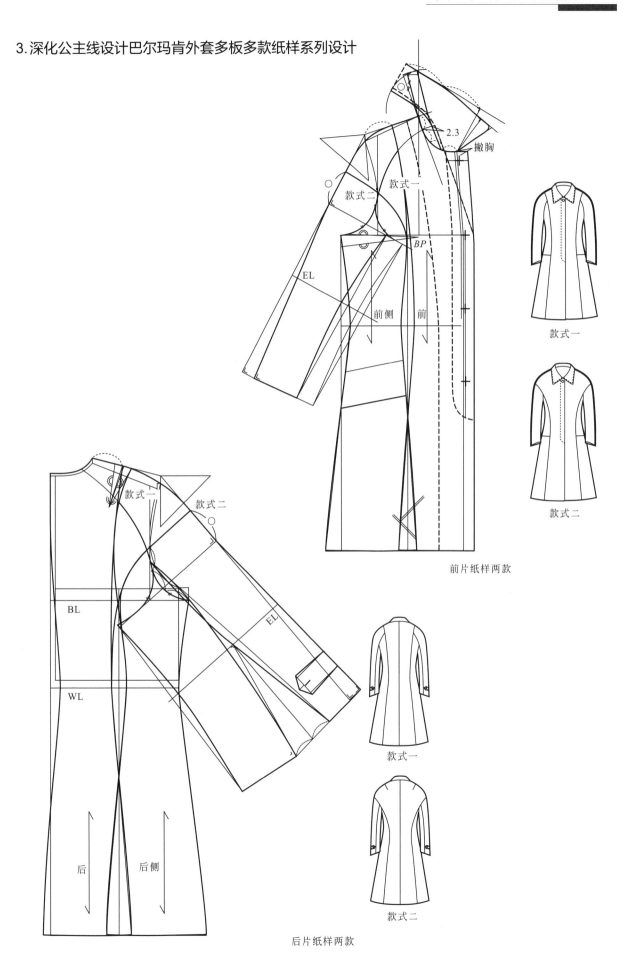

前片纸样两款

后片纸样两款

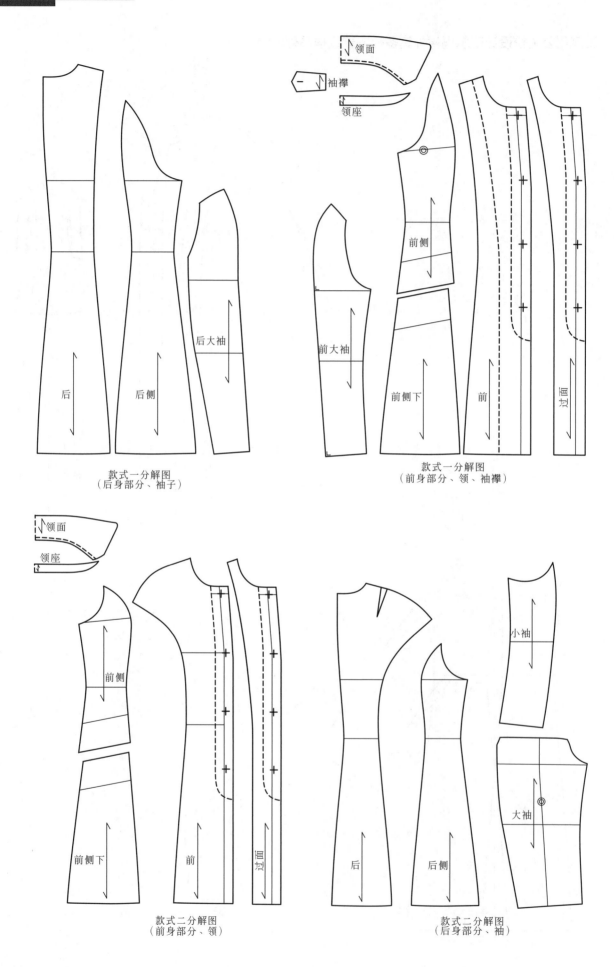

领面

袖襻

领座

款式一分解图
（后身部分、袖子）

前侧

前大袖

前侧下

前

过面

款式一分解图
（前身部分、领、袖襻）

领面

领座

前侧

前侧下

前

过面

款式二分解图
（前身部分、领）

小袖

大袖

后

后侧

款式二分解图
（后身部分、袖）

（十一）波鲁外套六开身X型纸样系列设计

1.戗驳领波鲁外套六开身X型纸样

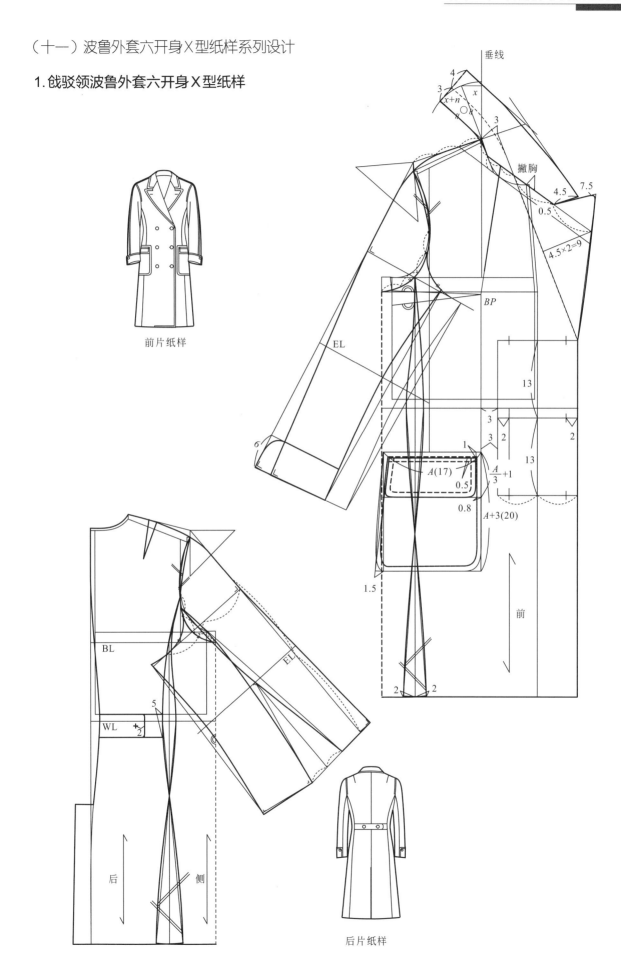

前片纸样

后片纸样

2.半戗驳领波鲁外套六开身X型纸样前片（后片通用）

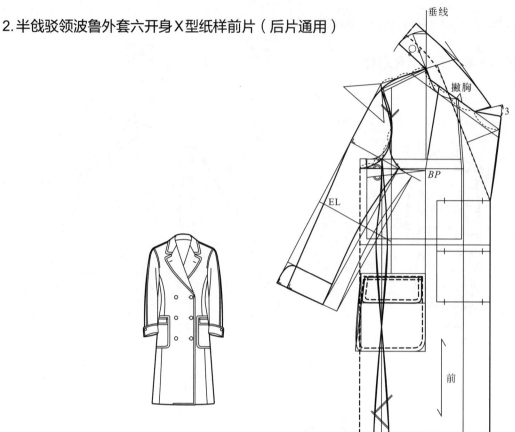

3.阿尔斯特领波鲁外套六开身X型纸样前片（后片通用）

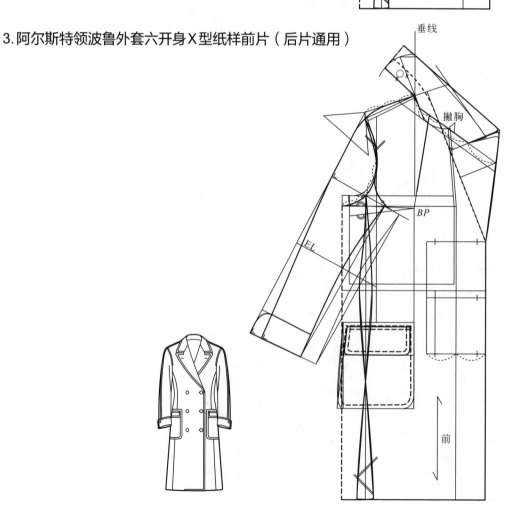

（十二）泰利肯外套六开身X型纸样系列设计

1.标准领型泰利肯外套六开身X型纸样（在波鲁外套纸样基础上进行设计）

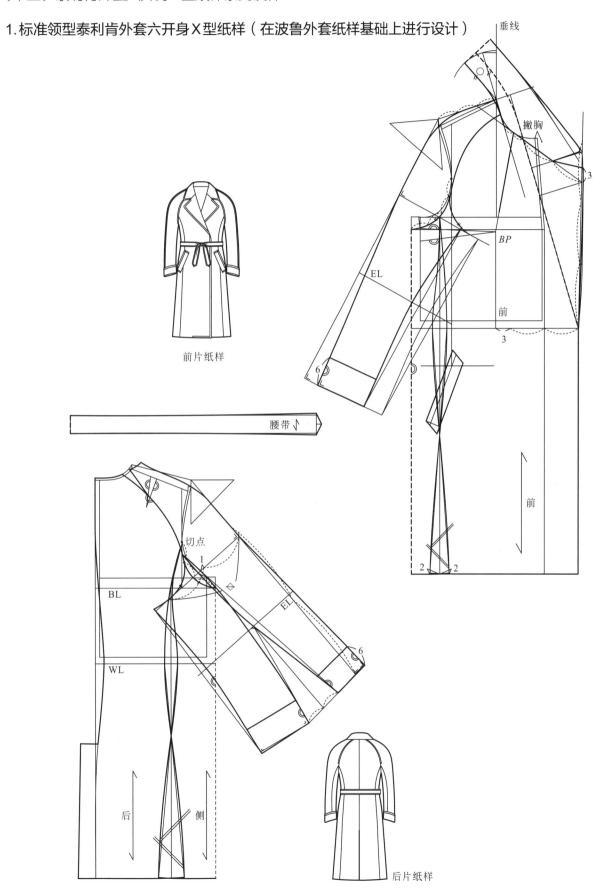

前片纸样

腰带

后片纸样

2. 戗驳领型泰利肯外套六开身X型纸样（后片通用）

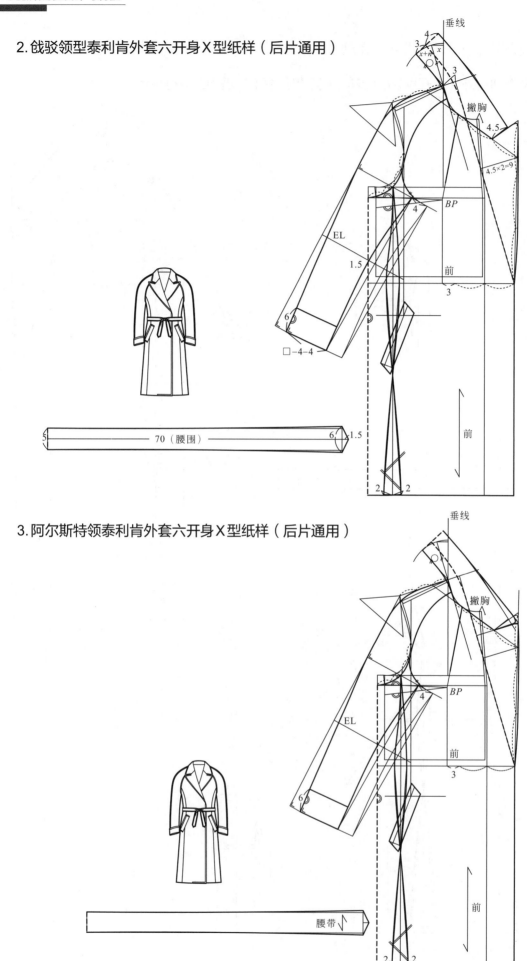

垂线

撇胸

4.5

4.5×2=9

BP

EL

1.5

4

前

3

□−4−4

6

5 ———— 70（腰围）———— 6 1.5

前

3. 阿尔斯特领泰利肯外套六开身X型纸样（后片通用）

垂线

撇胸

BP

4

EL

前

3

6

腰带

前

2 2

4.泰利肯外套结合波鲁外套的口袋、
袖头元素纸样设计（后片通用）

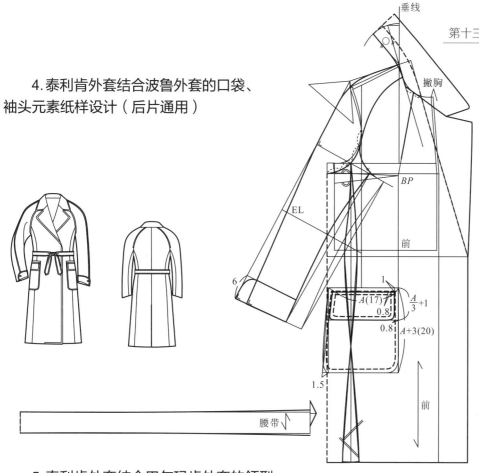

5.泰利肯外套结合巴尔玛肯外套的领型、
口袋元素纸样设计（后片通用）

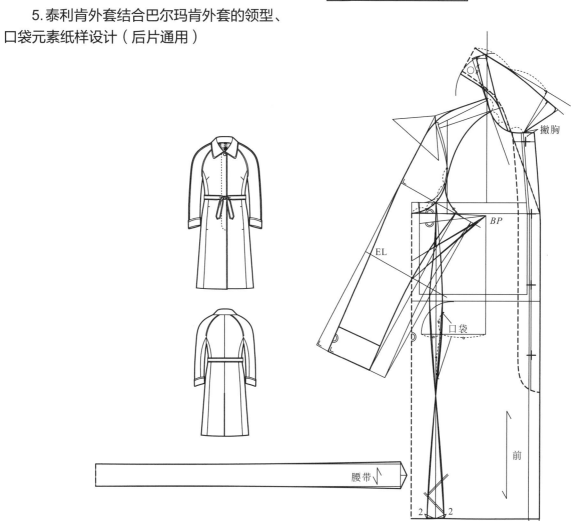

（十三）堑壕外套六开身X型纸样系列设计

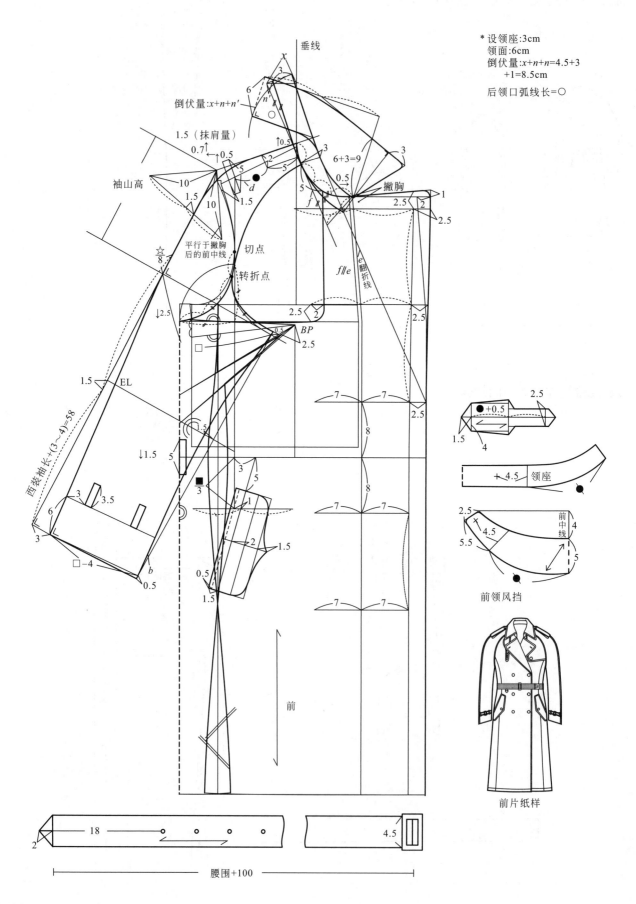

* 设领座:3cm
  领面:6cm
  倒伏量:x+n+n=4.5+3
  +1=8.5cm

后领口弧线长=○

前领风挡

前片纸样

腰围+100

*堑壕外套六开身 X 型纸样作为堑壕外套基本纸样,可以加入巴尔玛肯、波鲁、泰利肯等几乎所有经典外套的元素,根据前面提供了堑壕外套系列款式,利用一板多款、一款多板和多板多款方法设计出不亚于任何外套的大家庭

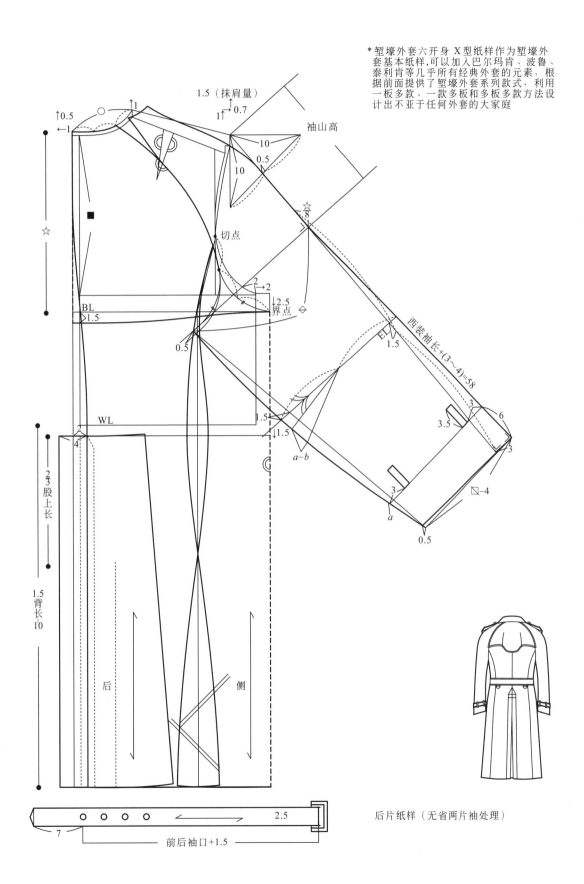

1.5（抹肩量）

袖山高

切点

界点

BL

WL

背长
10

1.5

后

侧

2.5

前后袖口+1.5

后片纸样（无省两片袖处理）

西装袖长+(3～4)=58

（十四）达夫尔外套一款多板纸样系列设计

1.达夫尔外套六开身X型纸样

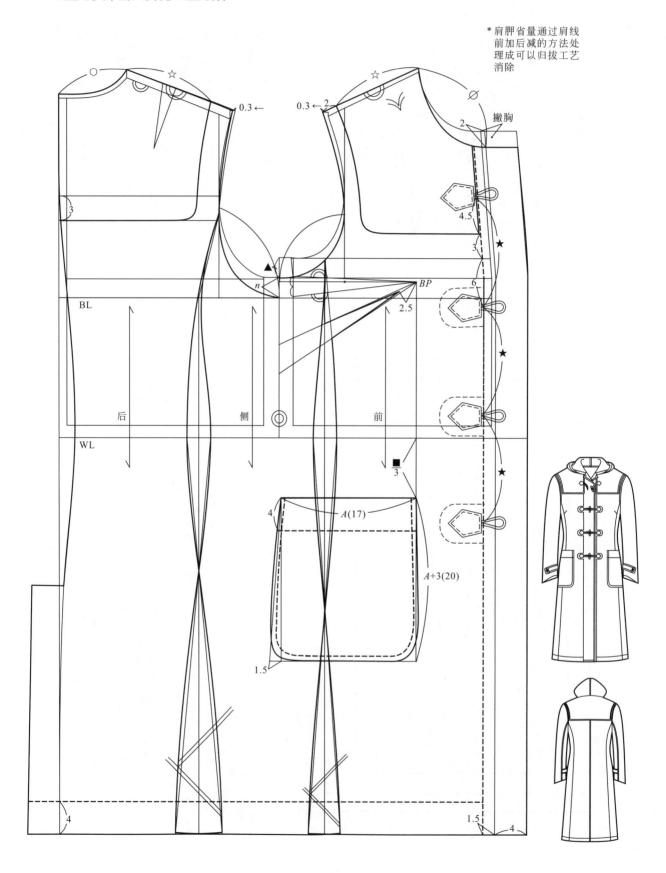

*肩胛省量通过肩线
前加后减的方法处
理成可以归拔工艺
消除

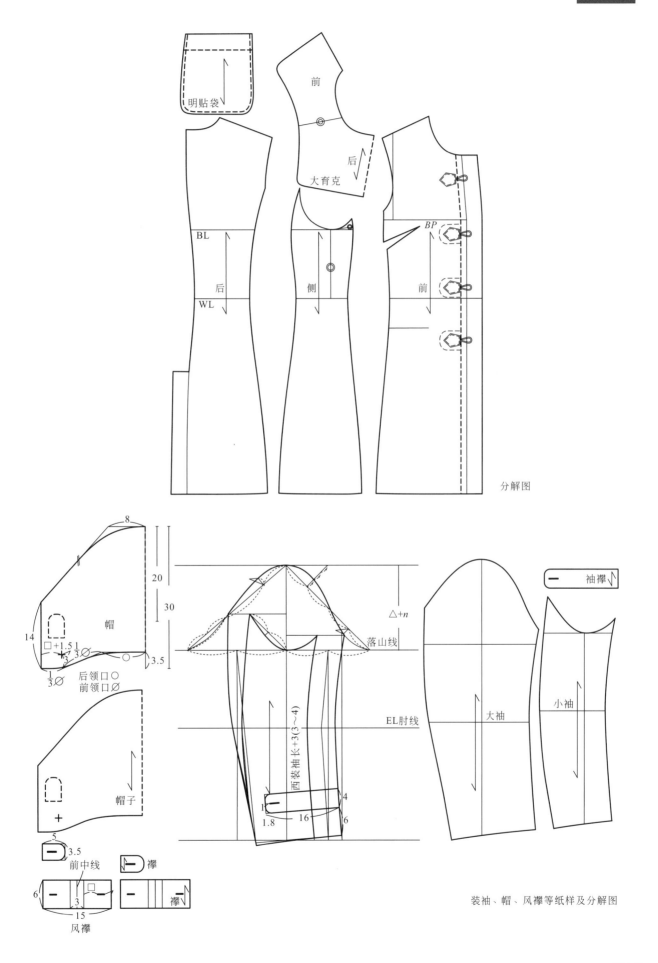

明贴袋

前

后

大育克

BP

BL

后

侧

前

WL

BP

分解图

8

20

30

3.5

14

帽

□+1.5 1/3 ∅

1/3 ∅

后领口 ○
前领口 ∅

帽子

+

5
3.5

前中线

6
3
15

风襦

襦

△+n

落山线

EL肘线

西装袖长+3(3～4)

1.8
16
4
6

袖襦

大袖

小袖

装袖、帽、风襦等纸样及分解图

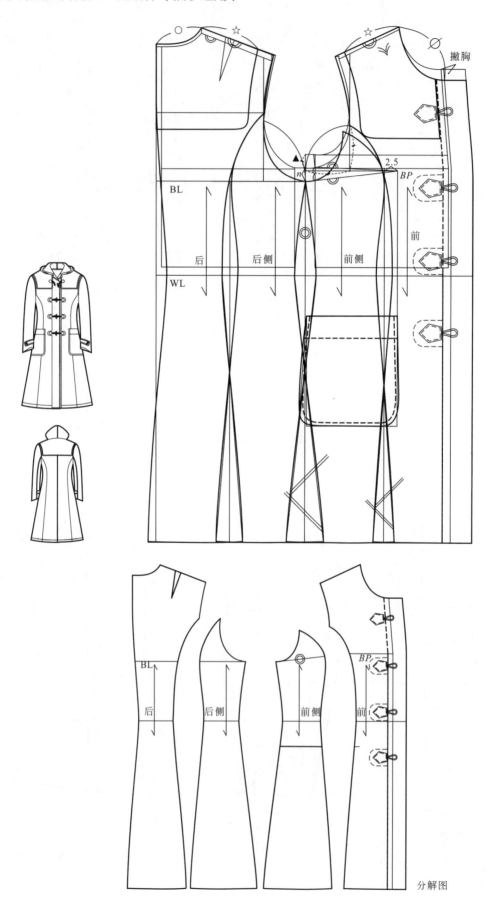

2.达夫尔外套八开身大X型纸样（袖子通用）

撇胸

2.5

BP

BL

WL

后

后侧

前侧

前

BP

前

分解图

3.达夫尔外套四开身H型纸样（袖子通用）

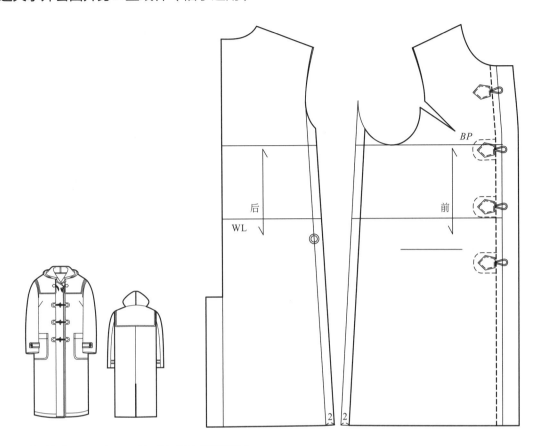

4.达夫尔外套四开身Y型纸样（袖子通用）

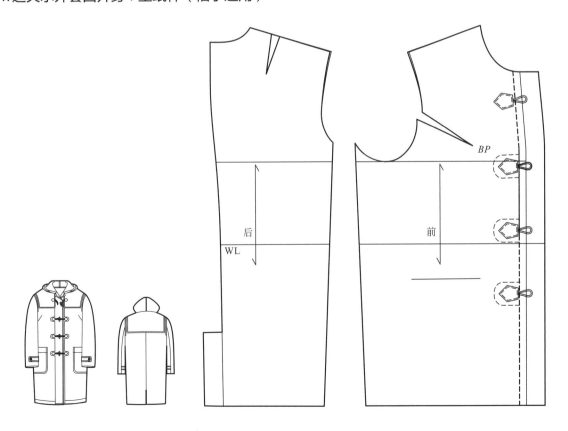

5.达夫尔外套三开身A型纸样

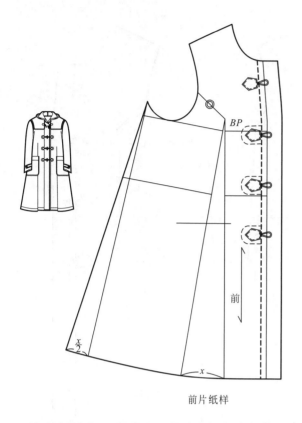

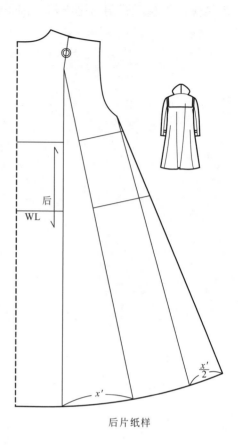

前片纸样

后片纸样

6.达夫尔外套三开身伞型纸样

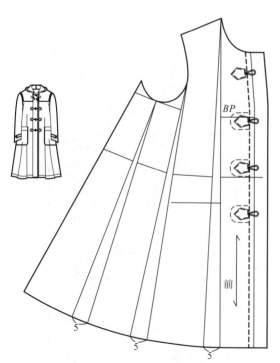

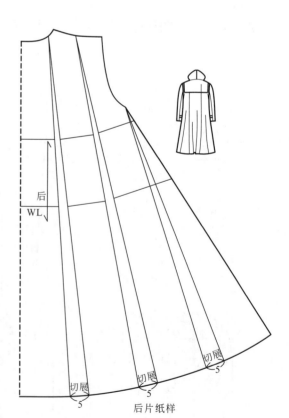

前片纸样

后片纸样

第十四章 ✦ 衬衫款式与纸样系列设计

一、衬衫款式系列设计

（一）合体衬衫款式系列设计

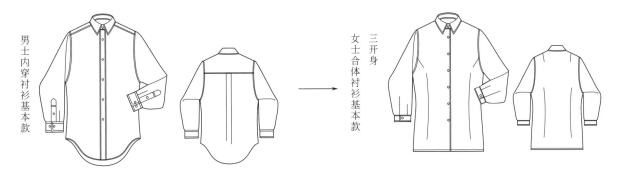

男士内穿衬衫基本款　　　　三开身　女士合体衬衫基本款

1.基于廓形变化的衬衫款式系列（选择其中任何一个廓形改变局部元素）

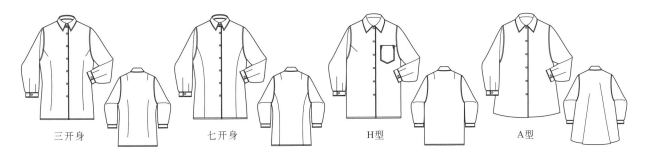

三开身　　　　七开身　　　　H型　　　　A型

2.领型款式系列

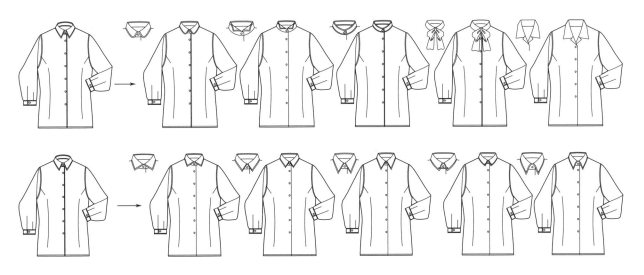

3.卡夫款式系列

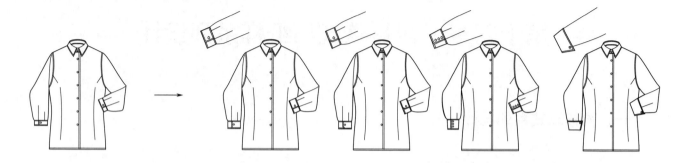

4.袖型款式系列

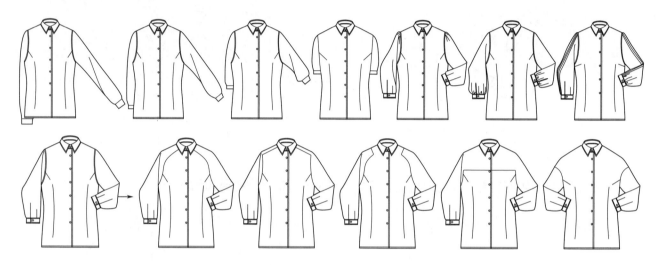

5.门襟款式系列

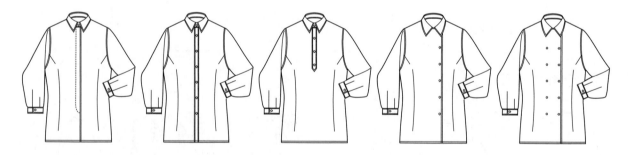

6.前胸装饰款式系列

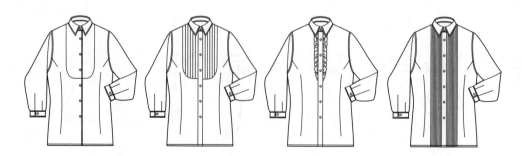

7.下摆款式系列

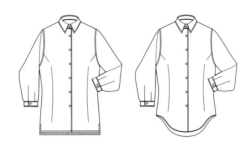

8.综合衬衫元素的款式系列

（1）X型廓形与领型、袖型、褶元素组合

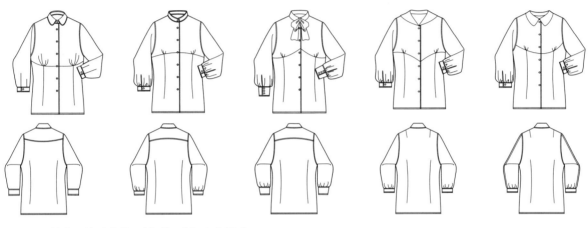

（2）H型廓形与领型、袖型、褶元素组合

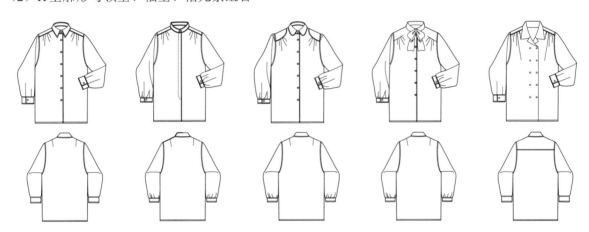

（二）休闲衬衫款式系列设计

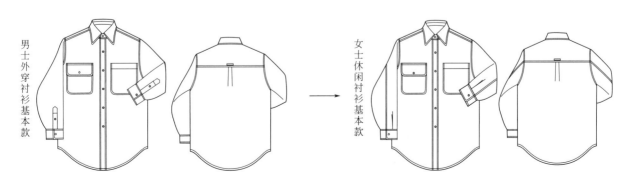

男士外穿衬衫基本款

女士休闲衬衫基本款

1.领型款式系列

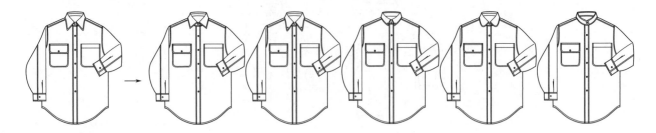

2.卡夫款式系列

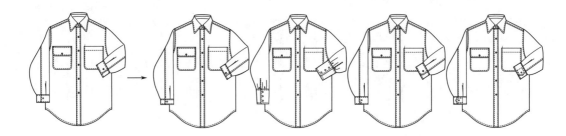

3.袖型款式系列

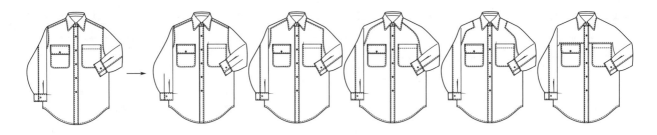

4.口袋款式系列

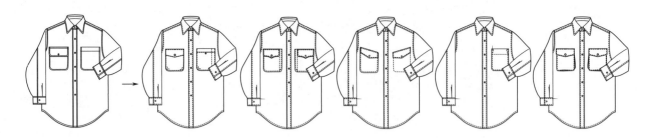

5.门襟款式系列

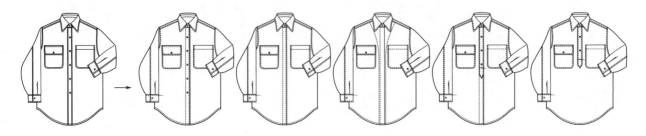

6.下摆款式系列

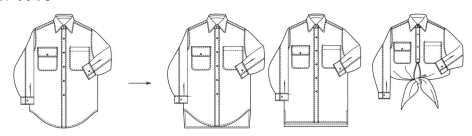

7.综合衬衫元素的款式系列

（1）门襟、口袋、下摆元素组合

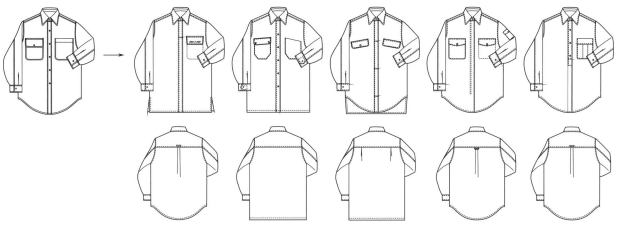

（2）门襟、口袋、卡夫、下摆元素组合

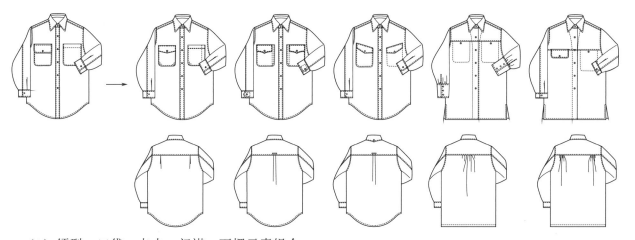

（3）领型、口袋、卡夫、门襟、下摆元素组合

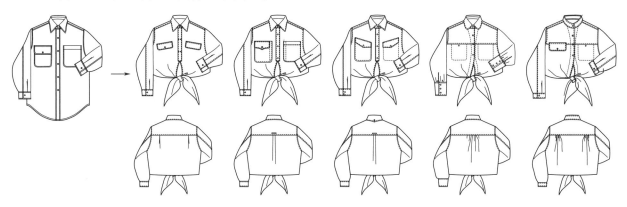

二、衬衫纸样系列设计

（一）合体衬衫一款多板纸样系列设计

1.三开身X型衬衫基本纸样

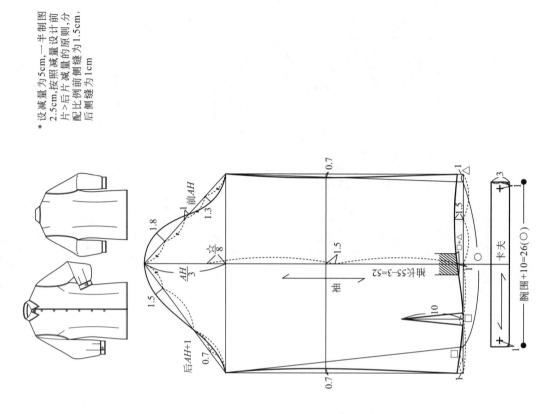

* 设减量为5cm，一半制图前
2.5cm，按照减量设计原则，分
配前后片减量的原则，前
片>后片前侧缝为1.5cm，
后侧缝为1cm

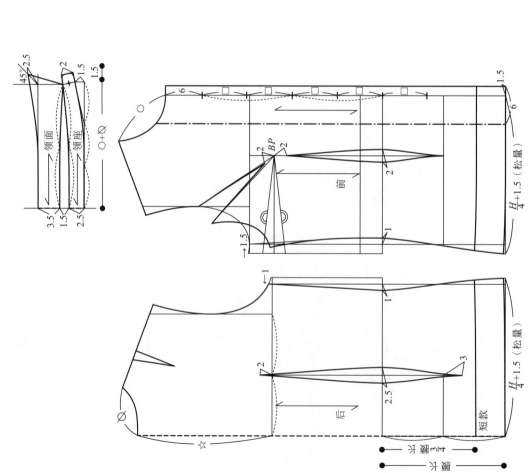

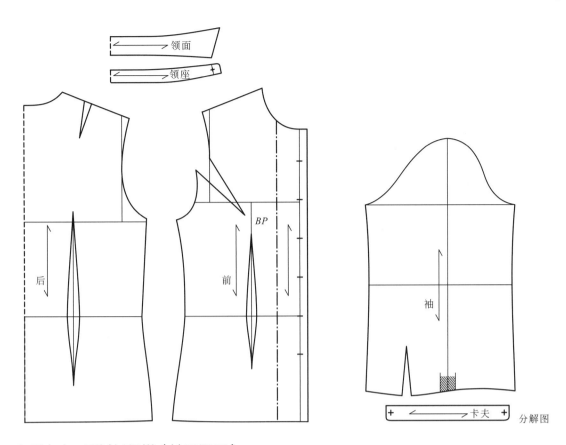

2.七开身大X型衬衫纸样（袖子通用）

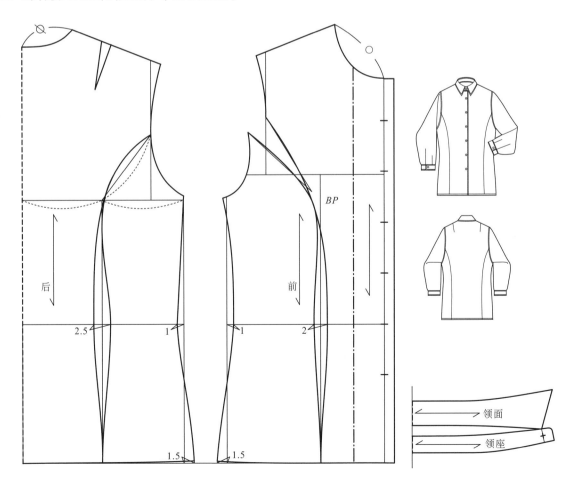

3.三开身H型衬衫纸样（袖子通用）

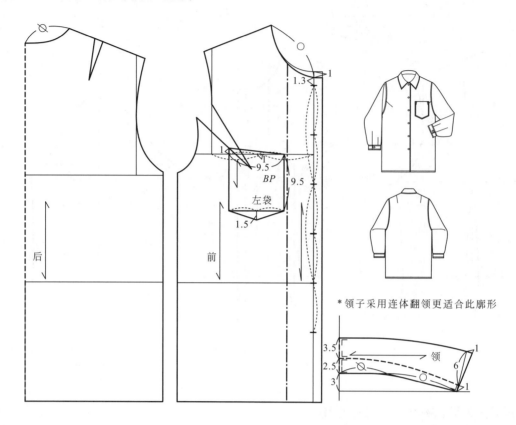

* 领子采用连体翻领更适合此廓形

4.三开身A型衬衫纸样（袖子通用）

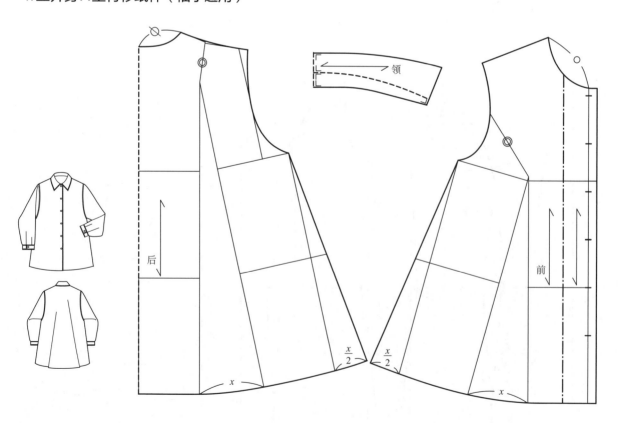

（二）合体衬衫多板多款多纸样系列设计

1.高腰线圆角企领衬衫纸样（袖子纸样同基本款）

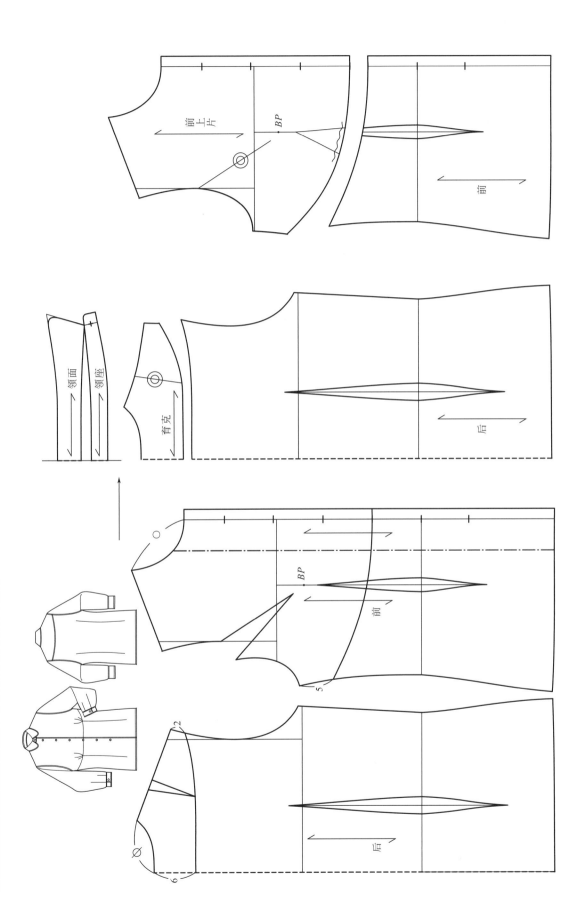

2.高腰线立领衬衫纸样

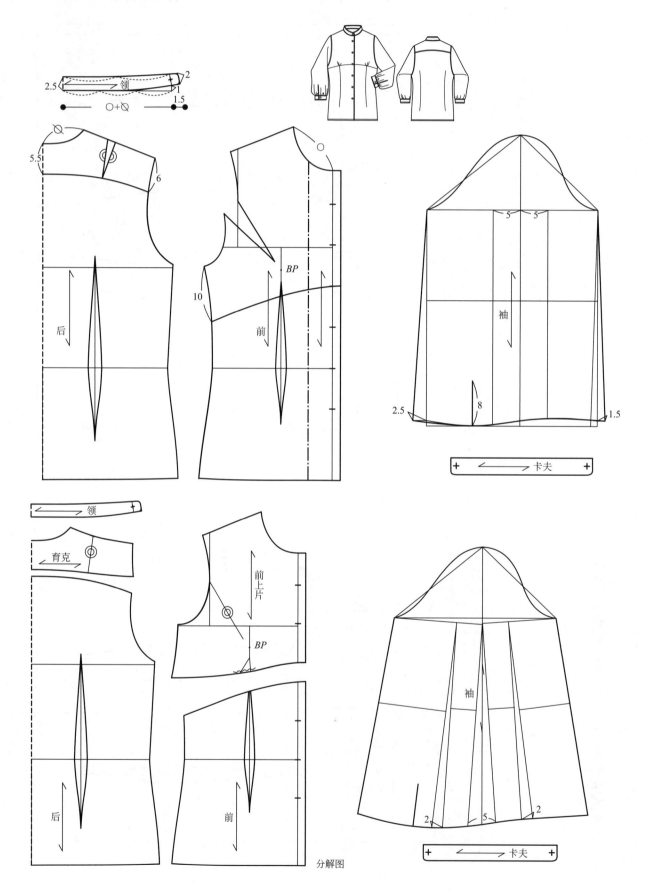

分解图

3.高腰线打结衬衫纸样（袖子同高腰线立领衬衫款）

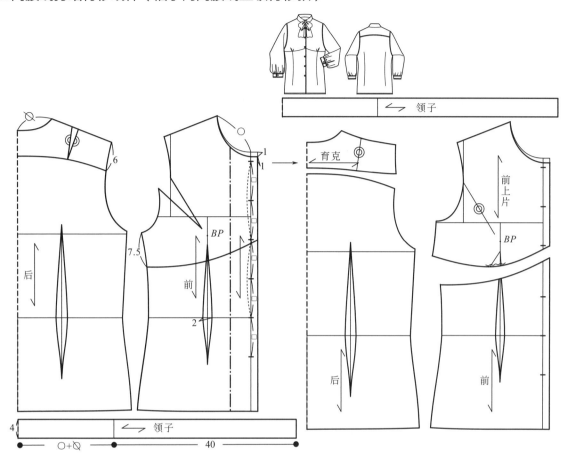

4.高腰线平领衬衫纸样（袖子同前款）

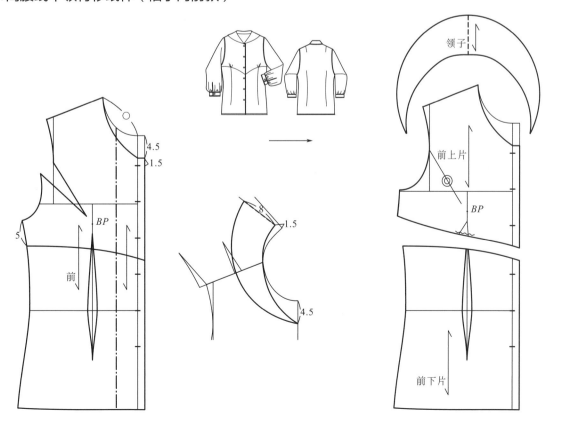

5.高腰线连体企领衬衫纸样（袖子同前款）

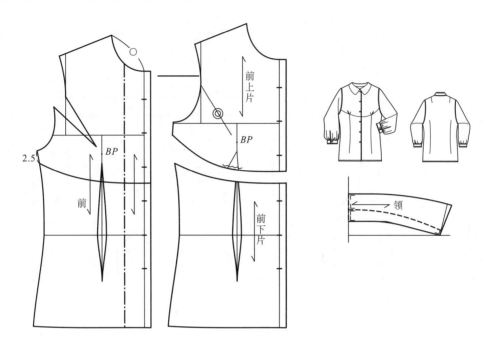

（三）休闲衬衫基本纸样设计

1.休闲衬衫变形基本纸样（亚基本纸样）

休闲衬衫先要通过"变形亚基本纸样"完成追加放量的要求，这是进入休闲类衬衫纸样系列设计的前提。

休闲衬衫的内在结构和户外服休闲装趋于同化。如果成衣松量为26cm，在基本纸样基础上就要设追加量为14cm，一半制图为7cm，按照变形结构的放量原则与方法完成休闲衬衫的亚基本纸样，与户外服不同的是衬衫的领口要还原为最初的领口，与颈围尺寸保持高度的合适度，而不是按照胸围放量的增加而增加。

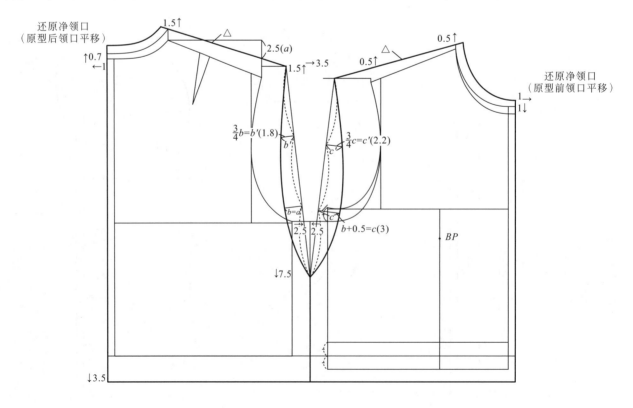

2.标准休闲衬衫纸样设计（休闲衬衫类基本纸样）

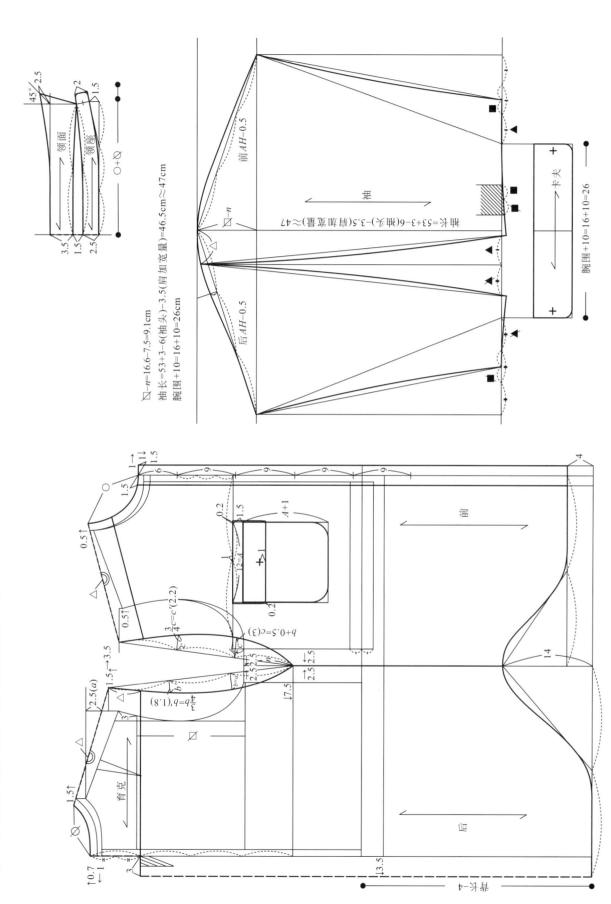

袖长=53+3−6(袖头)−3.5(肩加宽量)=46.5cm≈47cm

腕围+10=16+10=26cm

▱−n=16.6−7.5=9.1cm

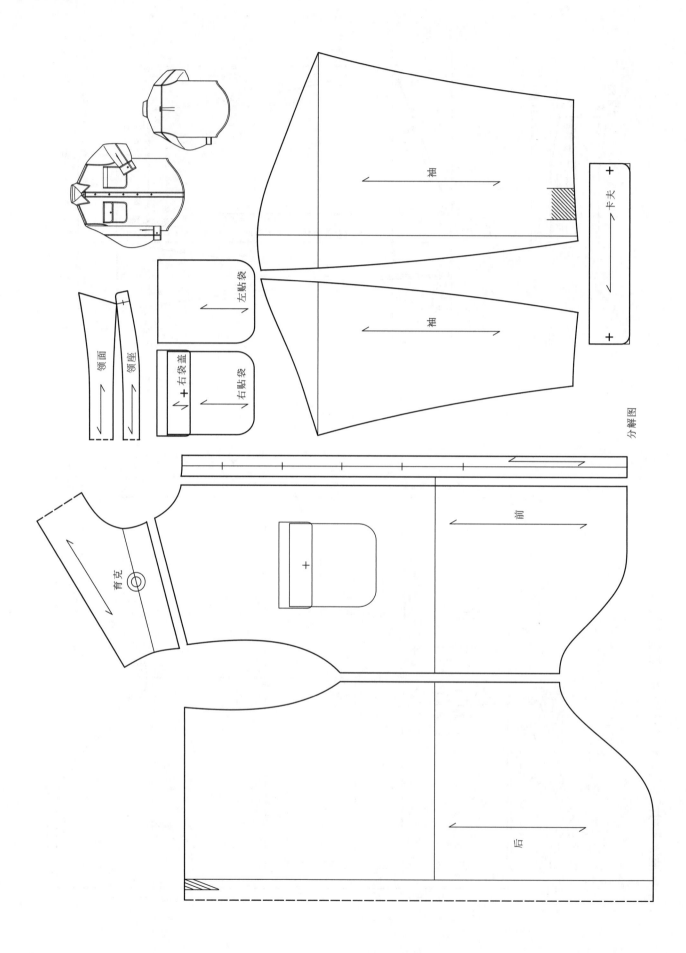

袖

卡夫

袖

左贴袋

领面

领座

右袋盖

右贴袋

分解图

育克

前

后

（四）休闲衬衫—板多款纸样系列设计

1.圆角卡夫、挖袋、打结前摆衬衫纸样

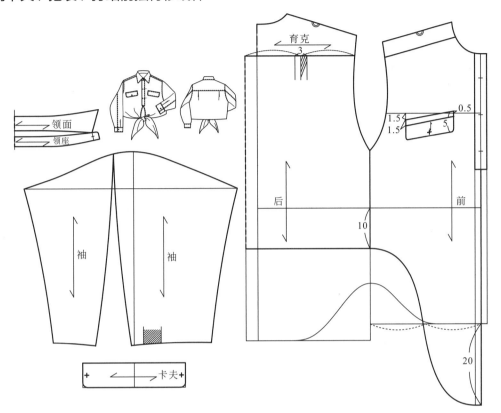

2.方角卡夫、复合贴袋、打结前摆衬衫纸样

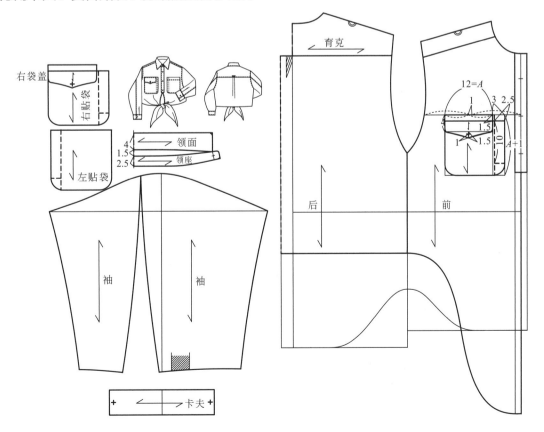

3.切角卡夫、斜贴袋、打结前摆衬衫纸样

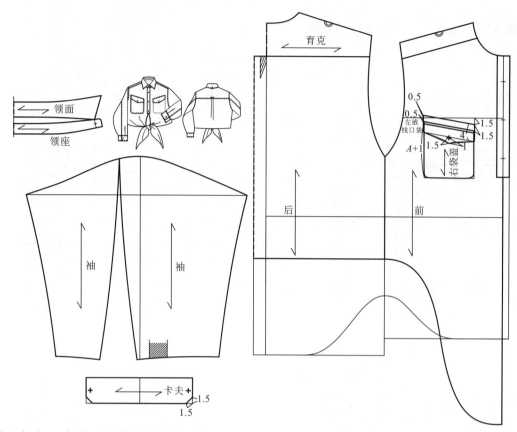

4.梯形卡夫、暗袋、打结前摆衬衫纸样

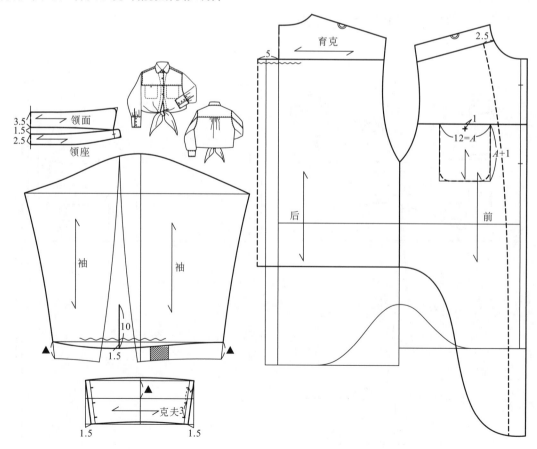

5.窄卡夫、明暗袋、打结前摆衬衫纸样

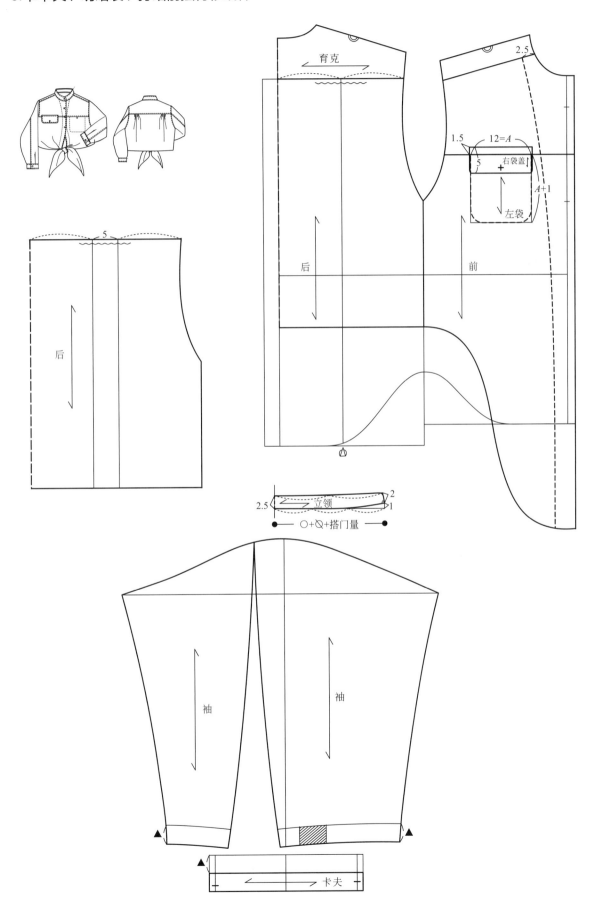

第十五章 ✦ 户外服款式与纸样系列设计

一、户外服款式系列设计

（一）牛仔夹克款式系列设计

男士牛仔夹克基本款

女士牛仔夹克基本款

（宽松）　　　　　　　　　　　（合体）

1.领型款式系列

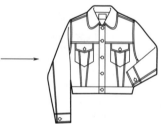

2.门襟款式系列

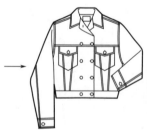

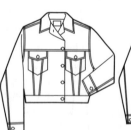

3.上衣分割线与口袋结合款式系列

4.袖型款式系列

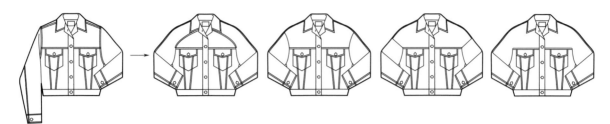

5.袖口款式系列

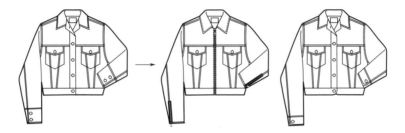

6.下摆款式系列

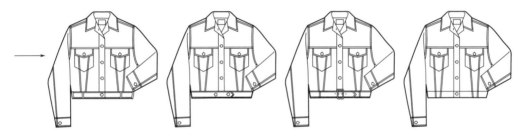

7.综合上衣元素款式系列

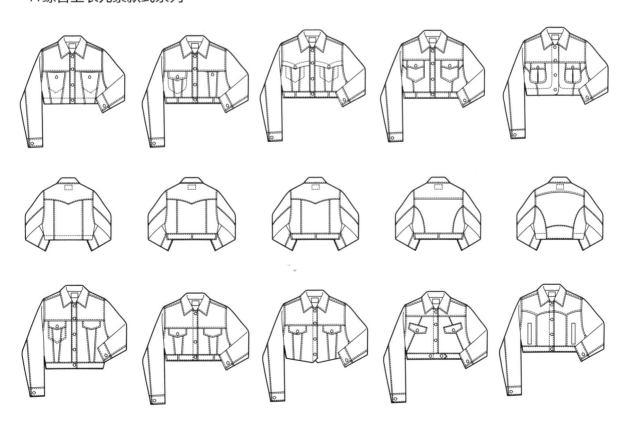

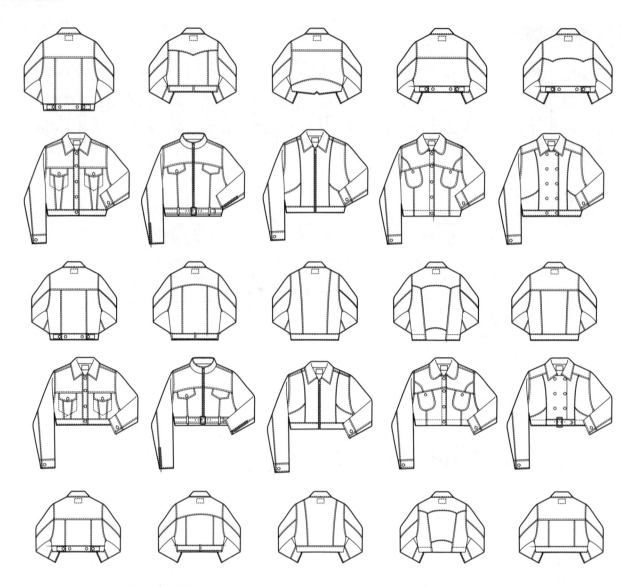

（二）摩托夹克款式系列设计

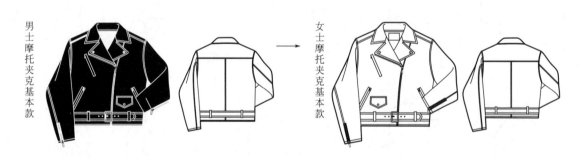

男士摩托夹克基本款

女士摩托夹克基本款

1.领型款式系列

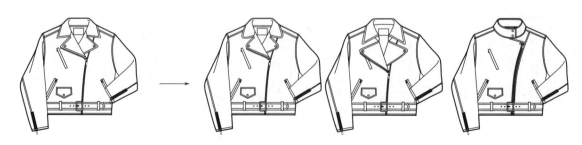

2.袖型款式系列

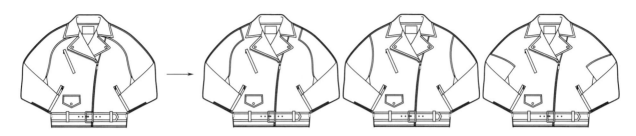

3.口袋款式系列

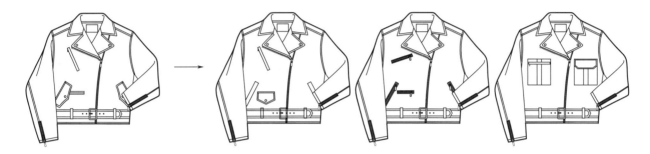

4.袖口款式系列

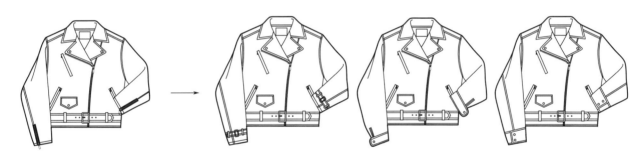

5.门襟款式系列

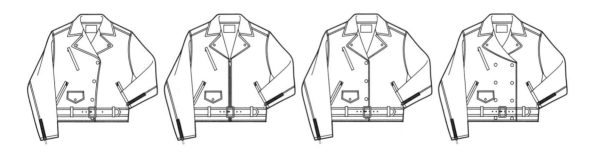

6.衣长与下摆款式系列

7.分割线和口袋款式系列

8.摩托夹克和堑壕外套元素组合

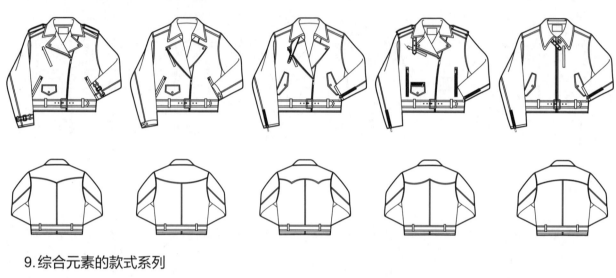

9.综合元素的款式系列

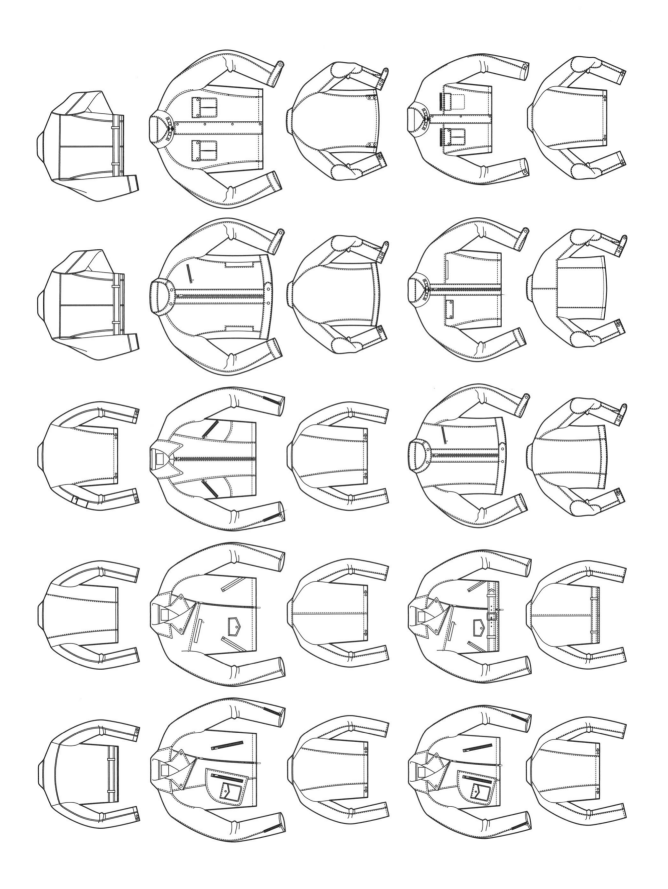

二、户外服纸样系列设计

（一）户外服变形基本纸样（亚基本纸样）

户外服纸样系列设计与休闲衬衫相同，即通过基本纸样、亚基本纸样和类基本纸样的流程，不同的是户外服亚基本纸样不需要作基本领口的回归处理。

户外服的变形结构亚基本型与休闲衬衫的相似，与外套相似形结构有着本质不同，它属于无省结构亚基本纸样，其袖窿形状为"剑形"，而相似形结构的亚基本纸样为"手套形"。放量手法也不相同，在此设计成衣松量为26cm，追加量应为14cm，一半制图为7cm，在设计中遵循变形基本纸样整齐划一的分配原则和微调的方法，并以此对追加量进行合理的分配。在制图时，首先需要做的就是去掉侧省，这是从有省板型到无省板型的关键技术，方法是将乳凸量的1/2点对齐腰线，肩线、袖窿、腰线等处理方法与休闲衬衫相同。只是领口是随放量设计的增加而增加，无需作原领口回归处理。

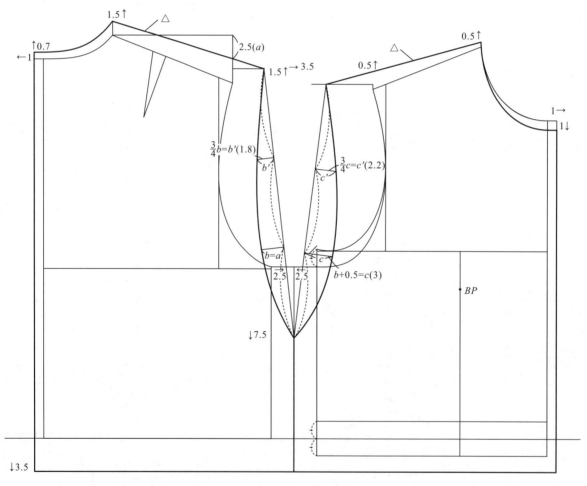

* 设追加量14cm，一半制图7cm，成品松量约为26cm（12+14/基本纸样松量+追加量）

变形设计：2.5：2.5：1：1（后侧缝：前侧缝：后中：前中）

后前肩升高量：1.5：0.5（后肩：前肩）

后颈点升高量：0.7cm（后肩升高量/2）

肩加宽量：3.5cm（侧缝放量/2+1）

袖窿开深量：7.5cm（侧缝放量−肩升高量/2+后肩加宽量）

腰线下调：3.5cm（袖窿开深量/2）

（二）标准版牛仔夹克纸样设计

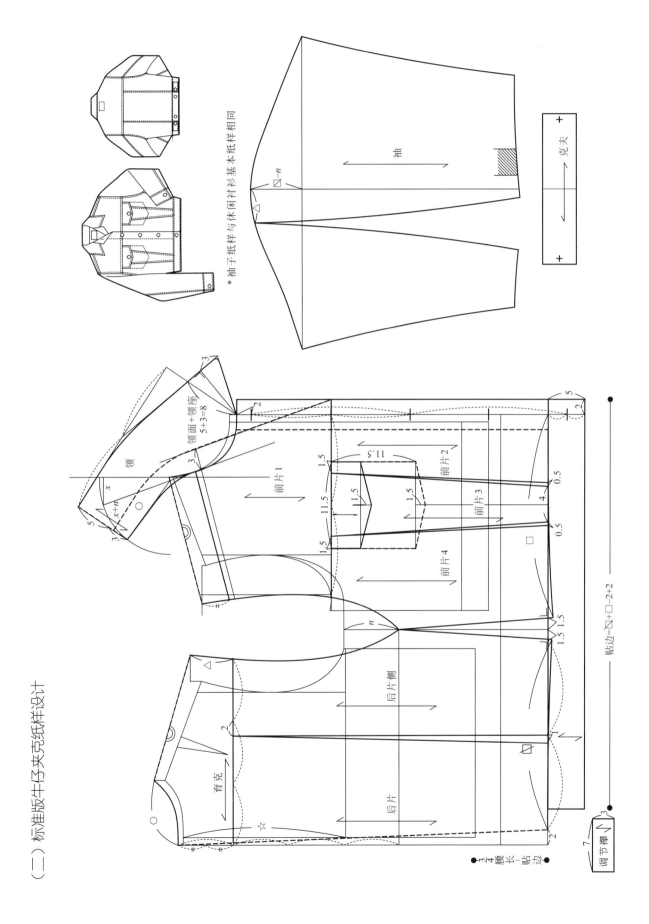

*袖子纸样与休闲衬衫基本纸样相同

袖

克夫

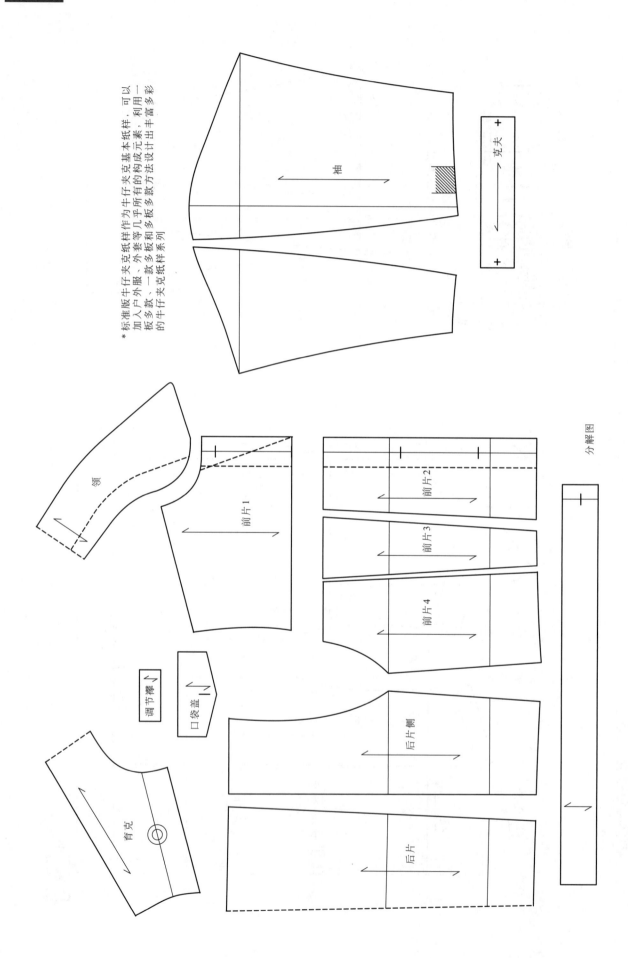

＊标准版牛仔夹克纸样作为牛仔夹克基本纸样，可以加入户外服、外套等几乎所有的构成元素，利用富多彩板多款和多板多款设计方法设计出富多彩的牛仔夹克纸样系列

袖

克夫

领

前片1

前片2

前片3

前片4

调节襻

口袋盖

育克

后片侧

后片

分解图

（三）标准版摩托夹克纸样设计

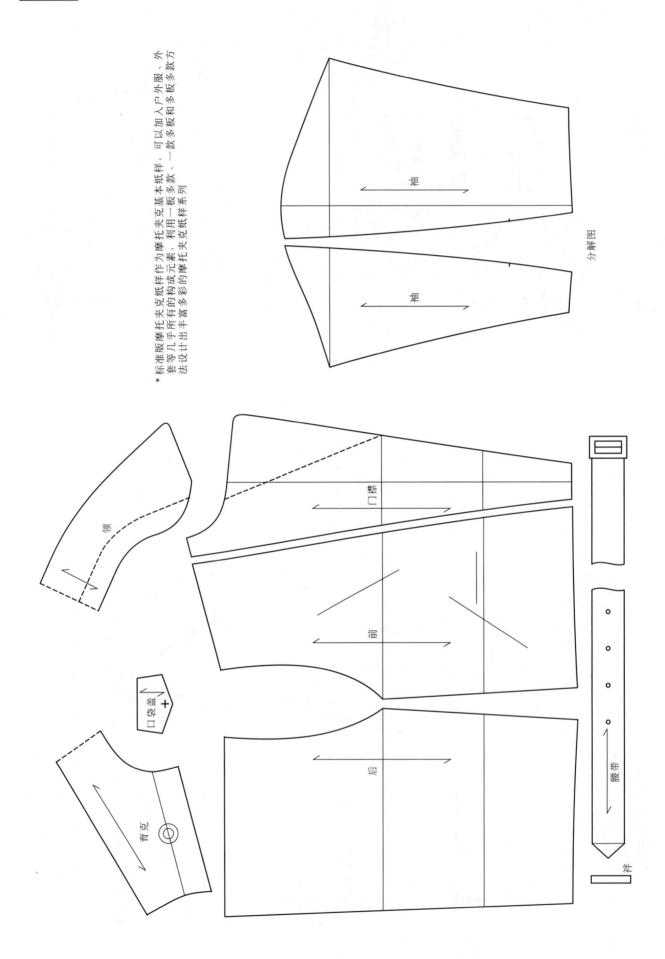

* 标准版版摩托夹克纸样作为摩托夹克夹基本纸样，可以加入户外服、款方等几平所有的构成元素，利用一版一板多款、一款多板和多板多款系列法设计出丰富多彩的摩托夹克纸样系列

分解图

袖

袖

领

门襟

前

口袋盖

后

育克

腰带

祥

祥

第十六章 ◆ 常服连衣裙款式与纸样系列设计

一、常服连衣裙款式系列设计

（一）基于廓形变化的款式系列

（二）廓形与局部元素结合的款式系列

1. S型连衣裙腰位款式系列

2. S型连衣裙领口采形款式系列

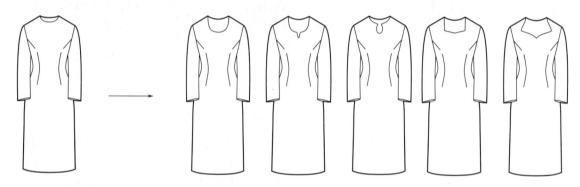

3. S型连衣裙领型款式系列

4. S型连衣裙长度款式系列

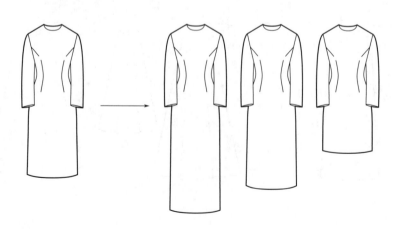

5. S型连衣裙肩与袖款式系列

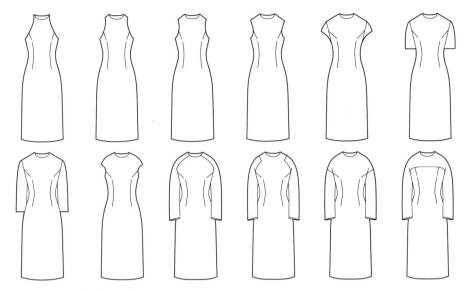

6. X型连衣裙公主线款式系列

（三）连衣裙褶的款式系列

1. 波形褶款式系列

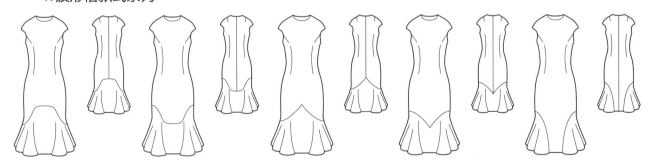

2. 公主线与波形褶鱼尾裙款式系列

3.分割线与缩褶款式系列

4.风琴褶款式系列

（四）综合元素主题款式系列

1.S型廓形与门襟、开领、袖子、口袋元素的组合

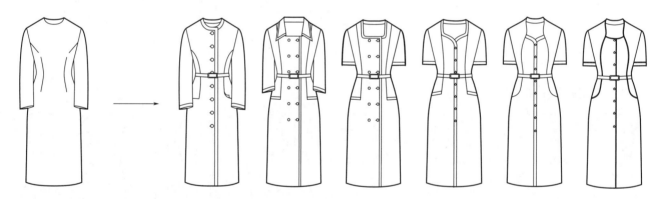

2.小X型与中腰线、褶、领型、袖型元素的组合

3.大X型长袖与无袖系列

4.袖型、前门襟领子、廓形、口袋元素不同造型焦点的系列

5.H廓形与门襟、袖型、口袋元素组合的休闲系列

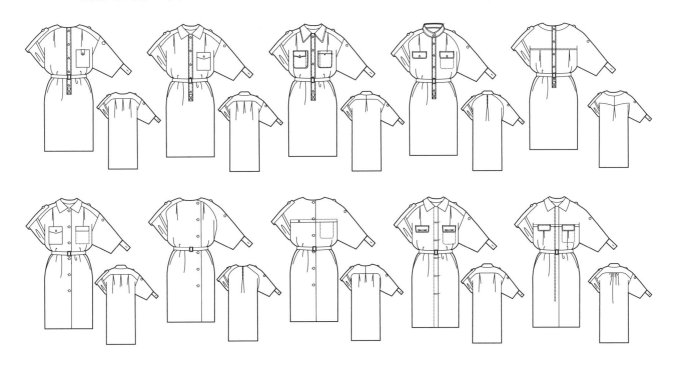

6.立体造型焦点与门襟、袖型、口袋元素组合系列

7.运动风格与低腰线、风琴褶元素组合的网球连衣裙

二、常服连衣裙纸样系列设计

（一）基于常服连衣裙廓形的一款多板纸样系列设计

1. S型连衣裙基本纸样

由女装基本纸样进入到S型连衣裙基本纸样，首先需要进行减量设计。

常服连衣裙胸围松量为4cm左右，一半制图为2cm，也就是说要在原基本纸样6cm松量基础上减去4cm，根据前减量大于后减量的设计原则，前后减量分别为3cm和1cm。S型廓形属于纤细型的紧身连衣裙，腰部、臀部保留6cm左右的松量。袖子纸样与S型纸样系列设计通用。

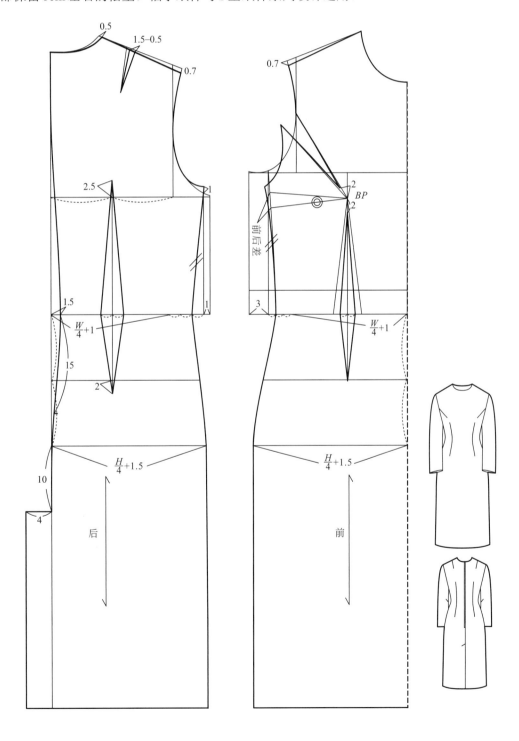

2. S型衣长纸样系列设计（三款）

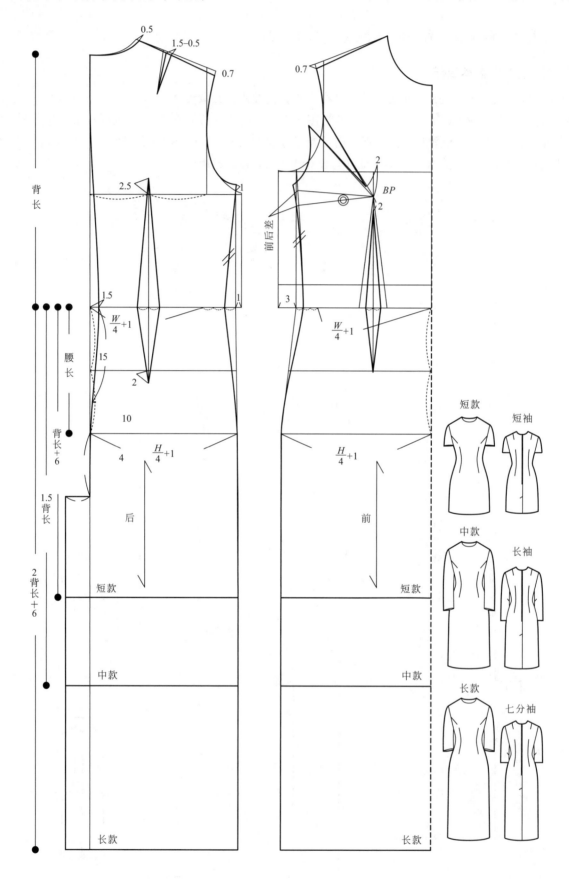

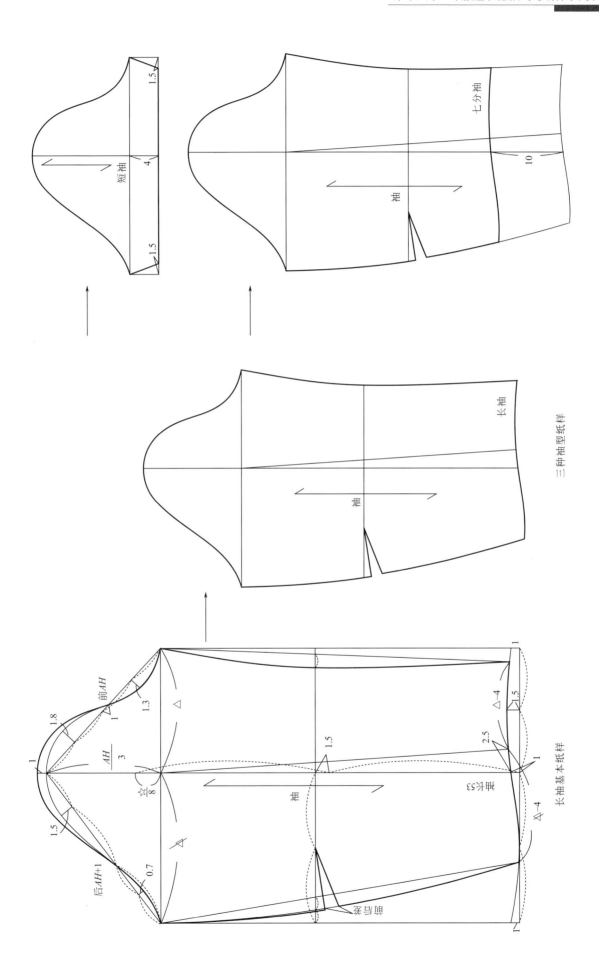

七分袖

短袖

4

1.5

1.5

袖

10

长袖

袖

三种袖型纸样

前AH

1.8

1

$\dfrac{AH}{3}$

1.3

△

1.5

△-4

1.5

2.5

1

袖

袖长53

1

后AH+1

$\dfrac{☆}{8}$

1.5

△

0.7

△

△-4

袖肘线

长袖基本纸样

3. 无袖S型衣长纸样系列（三款）

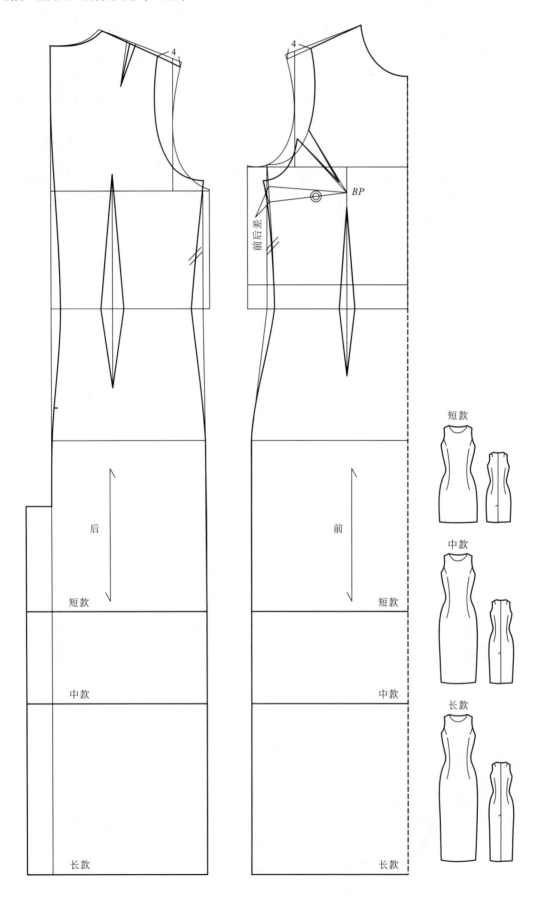

4.小X型衣长纸样系列（三款）

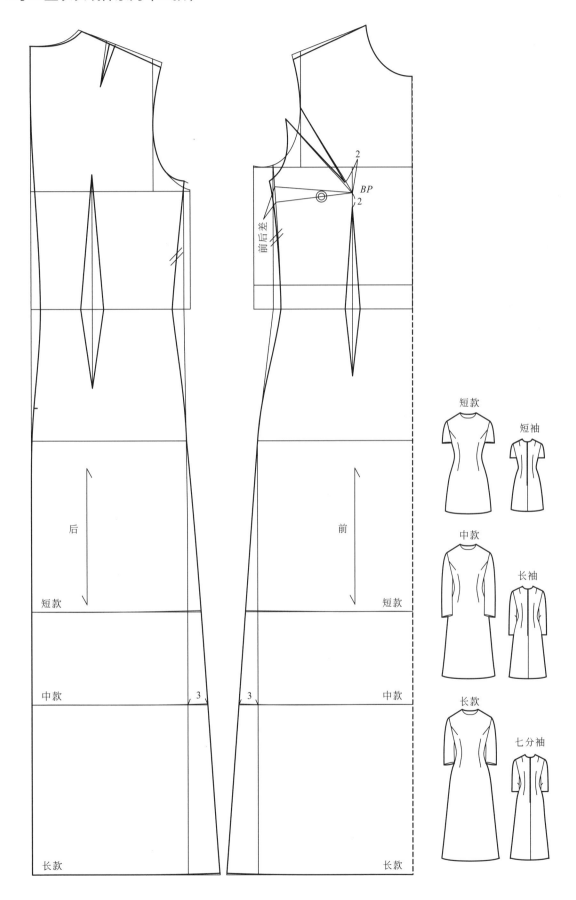

5.无袖小X型衣长纸样系列（三款）

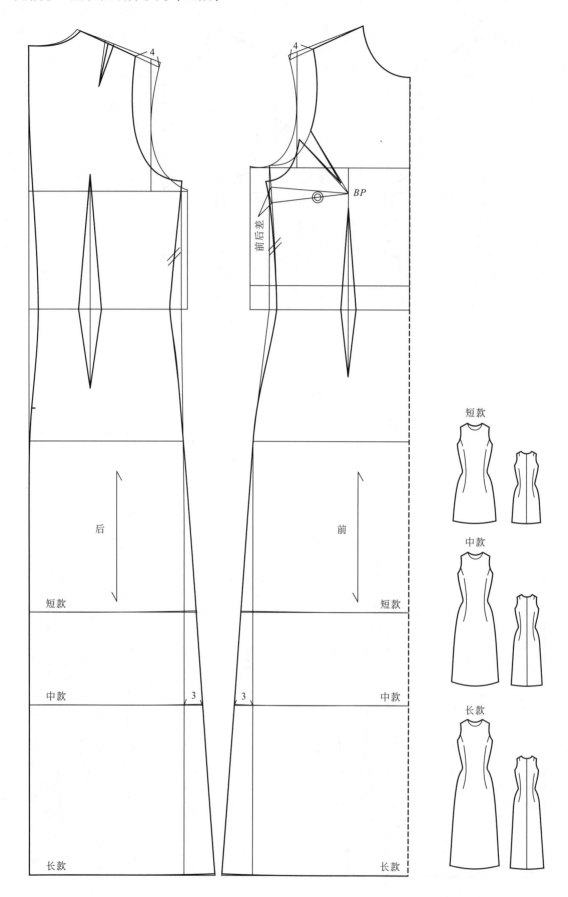

6. 大X型衣长纸样系列（三款）

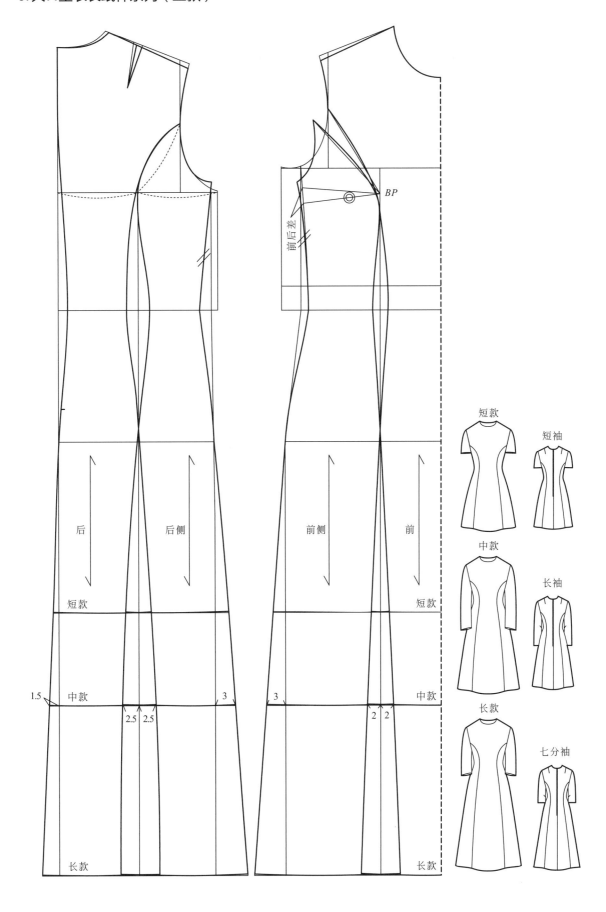

7.无袖大X型衣长纸样系列（三款）

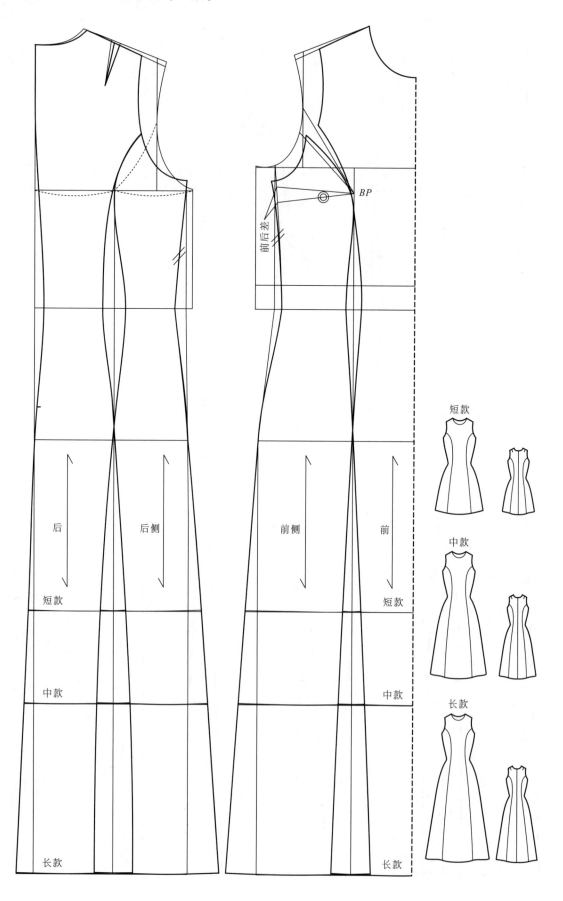

8. H型衣长纸样系列（三款）

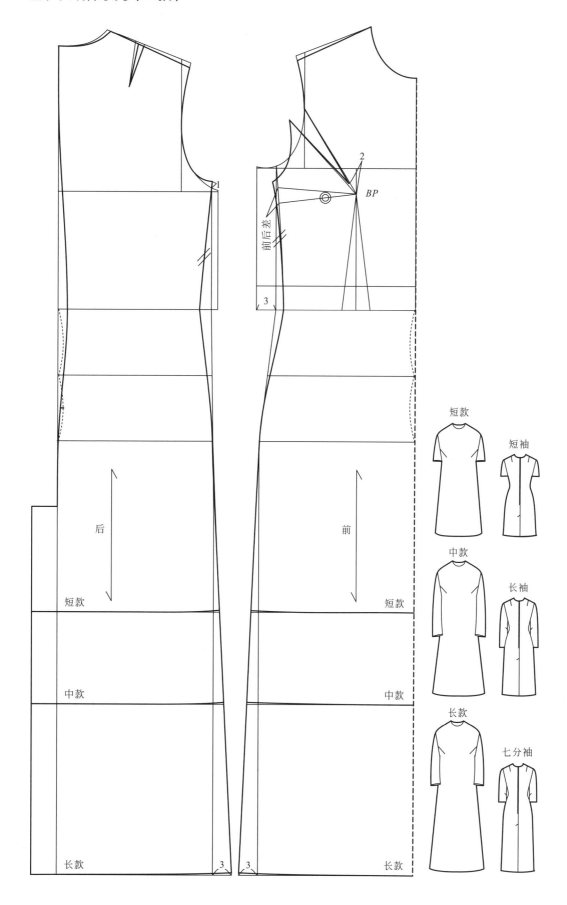

9. A型衣长纸样系列（三款）

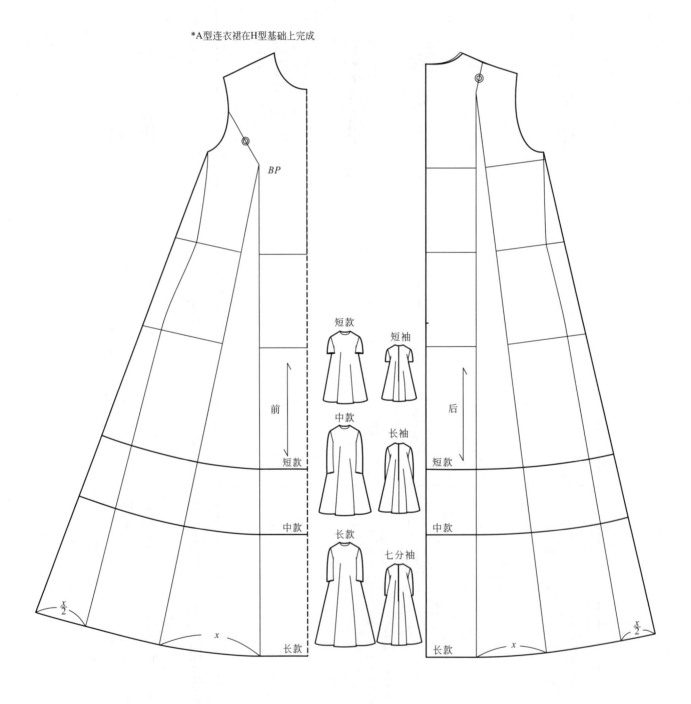

*A型连衣裙在H型基础上完成

短款

短袖

中款

长袖

长款

七分袖

10.伞型衣长纸样系列（三款）

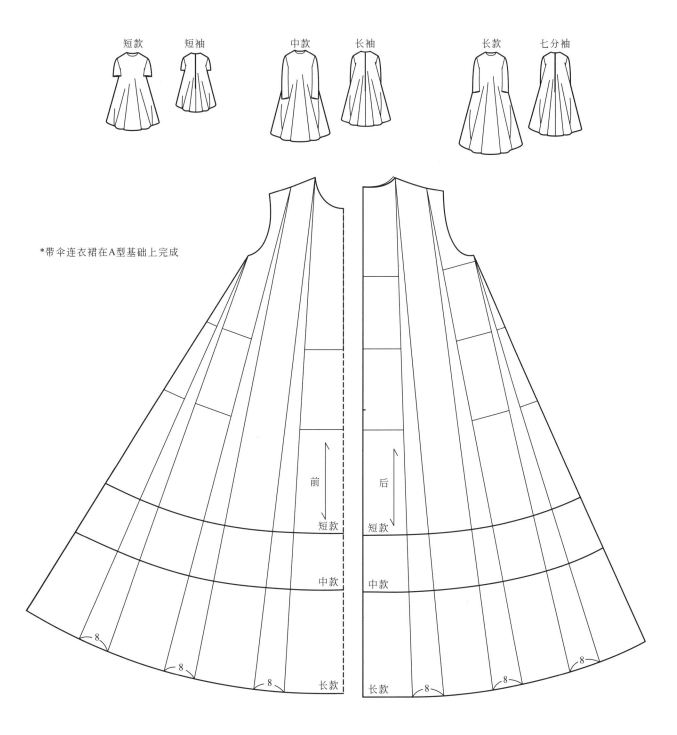

*带伞连衣裙在A型基础上完成

（二）八开身大X型连衣裙—板多款纸样系列设计

1.长袖八开身大X型无领标准公主线纸样

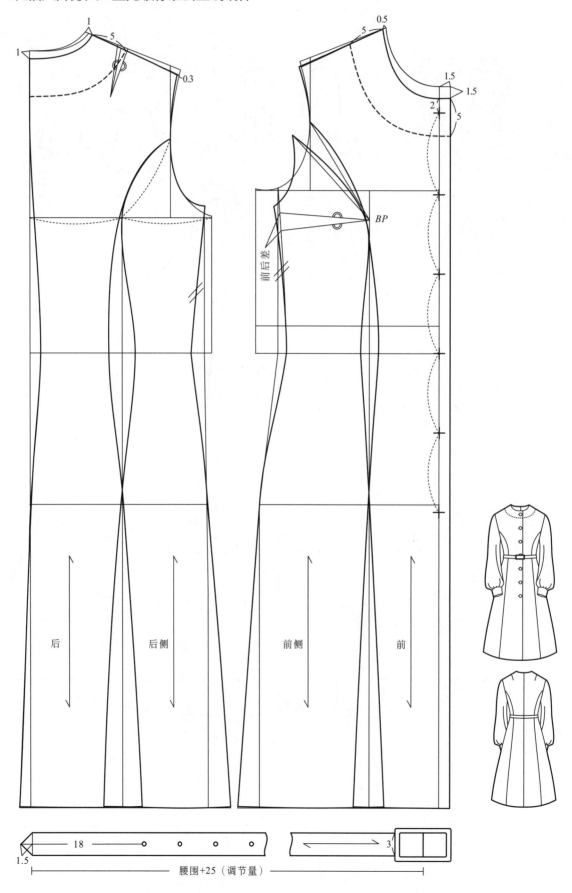

长袖八开身大X型连衣裙无领标准公主线纸样分解图

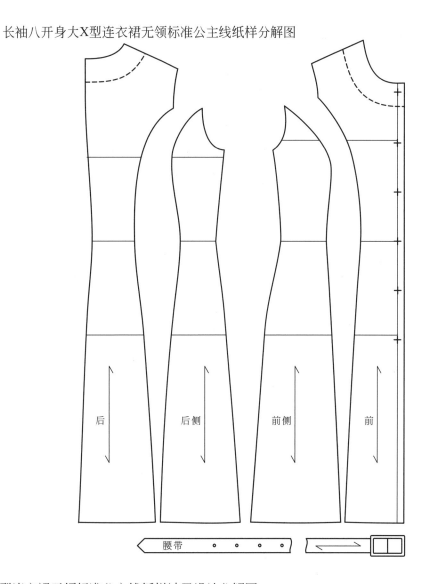

长袖八开身大X型连衣裙无领标准公主线纸样袖子设计分解图

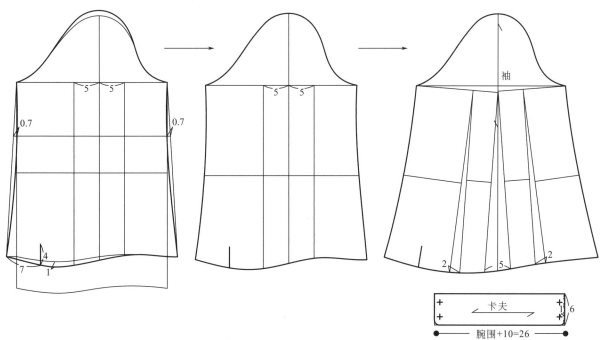

2.长袖八开身大X型连衣裙花结领变异公主线纸样

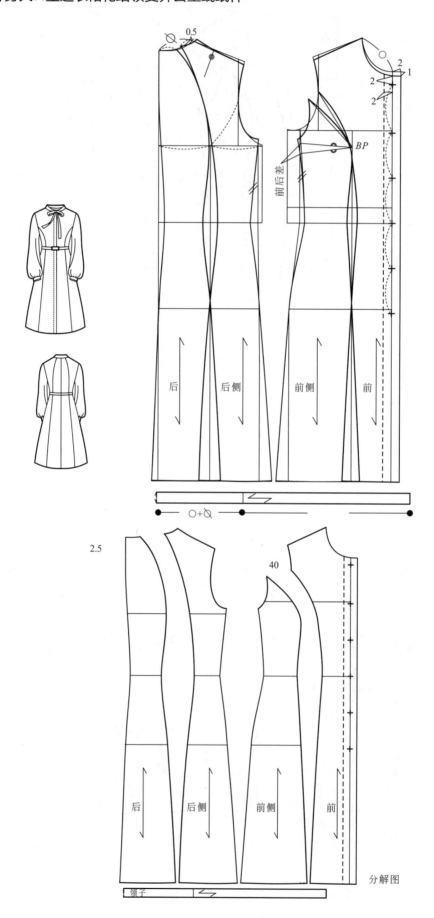

3.长袖八开身大X型连衣裙花结领鱼形公主线纸样

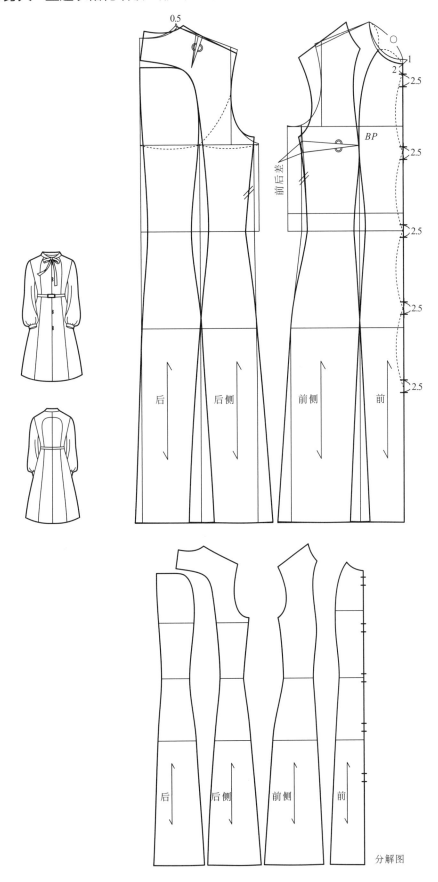

分解图

4.长袖八开身大X型连衣裙连体企领直线公主线纸样

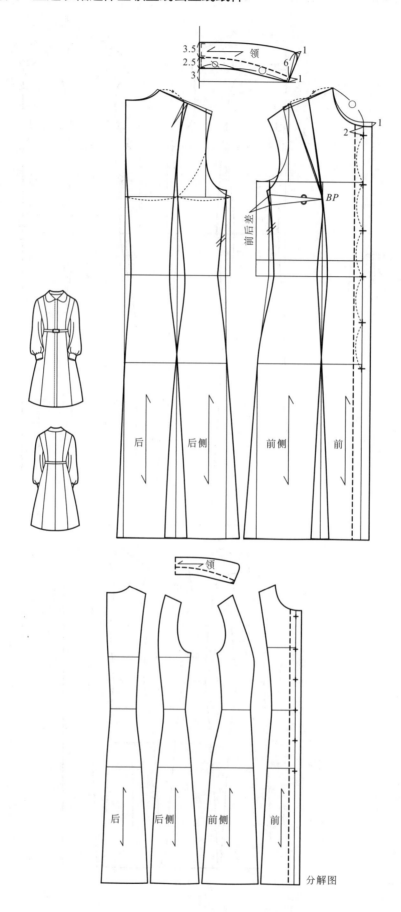

分解图

5. 长袖八开身大X型连衣裙方领口双排扣直线公主线纸样

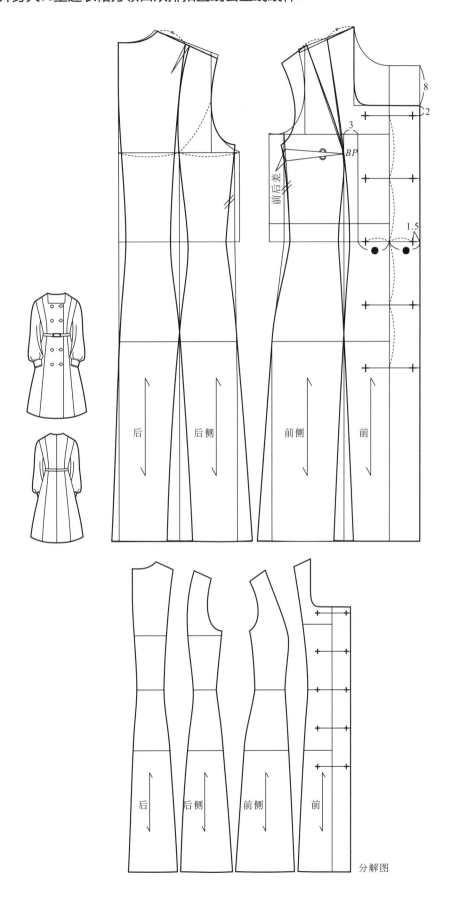

后　后侧　前侧　前

前后差

BP

8
2
3
1.5

后　后侧　前侧　前

分解图

6.无袖八开身大X型连衣裙圆领口标准公主线纸样

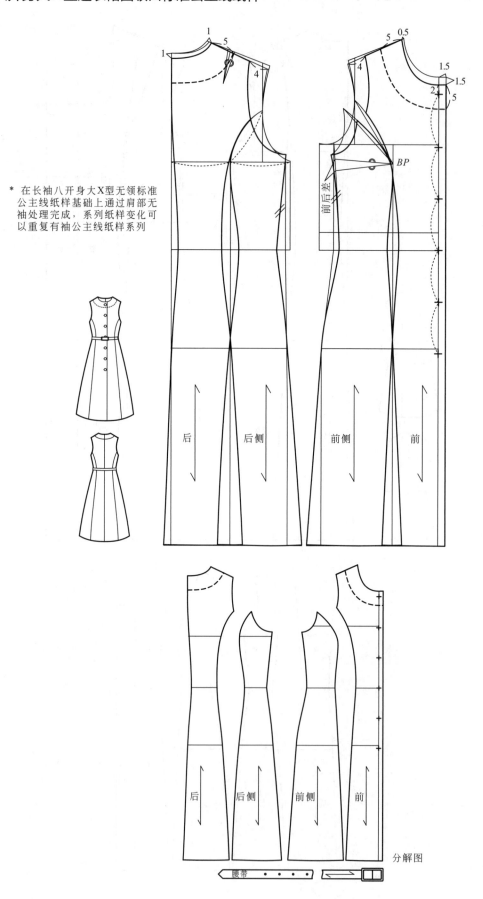

* 在长袖八开身大X型无领标准公主线纸样基础上通过肩部无袖处理完成，系列纸样变化可以重复有袖公主线纸样系列

（三）A型连衣裙一板多款纸样系列设计

1.无袖四开身A型连衣裙无领纸样

2.无袖四开身A型连衣裙花结领纸样

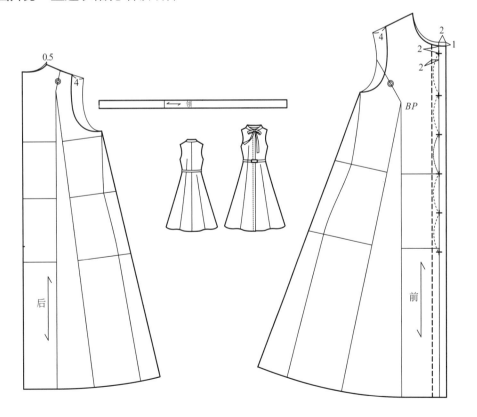

3.无袖四开身A型连衣裙暗门襟花结领纸样

（四）伞型连衣裙一板多款纸样系列设计

1.无袖伞型连衣裙连体企领纸样

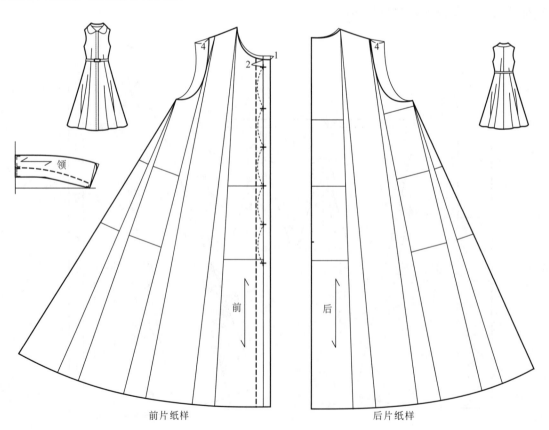

前片纸样　　　　　　　　　后片纸样

2.无袖伞型连衣裙方领口双排扣纸样

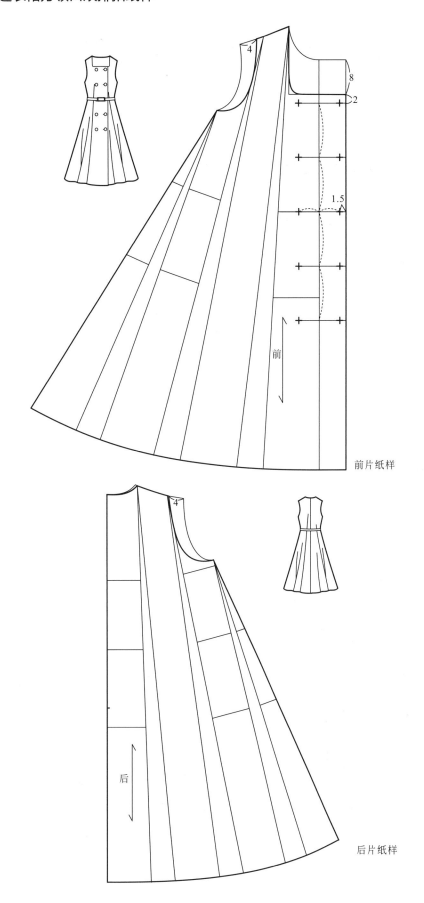

前片纸样

后片纸样

第十七章 ◆ 旗袍连衣裙款式与纸样系列设计

一、旗袍连衣裙款式系列设计

（一）基本款旗袍S型立领右衽全省　　　（二）领子与领口款式系列

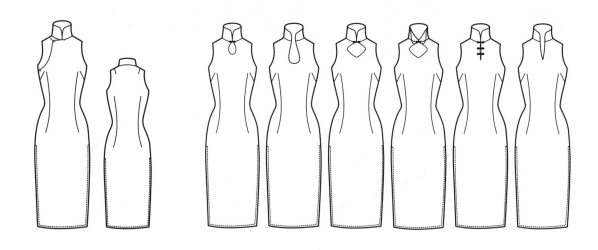

（三）衽式款式系列

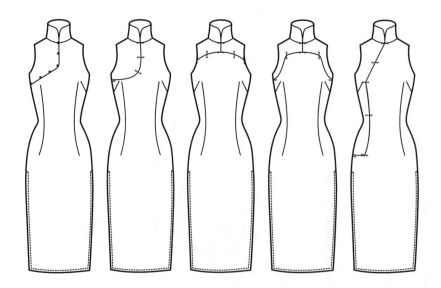

（四）袖型款式系列

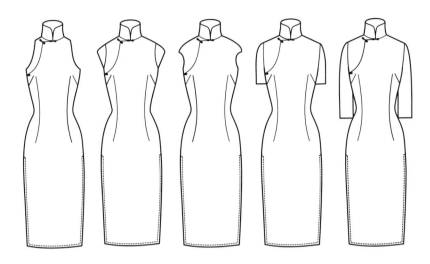

（五）袖型、领型与衽式结合款式系列

（六）下摆款式系列

（七）饰边款式系列

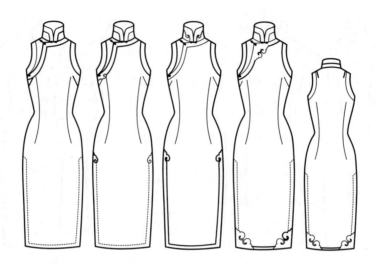

（八）综合元素的款式系列

1.镶边与局部元素结合的款式系列

2.局部元素转化变异的款式系列

二、旗袍连衣裙纸样系列设计

（一）无袖旗袍一板多款纸样系列设计

1. 无袖旗袍基本纸样

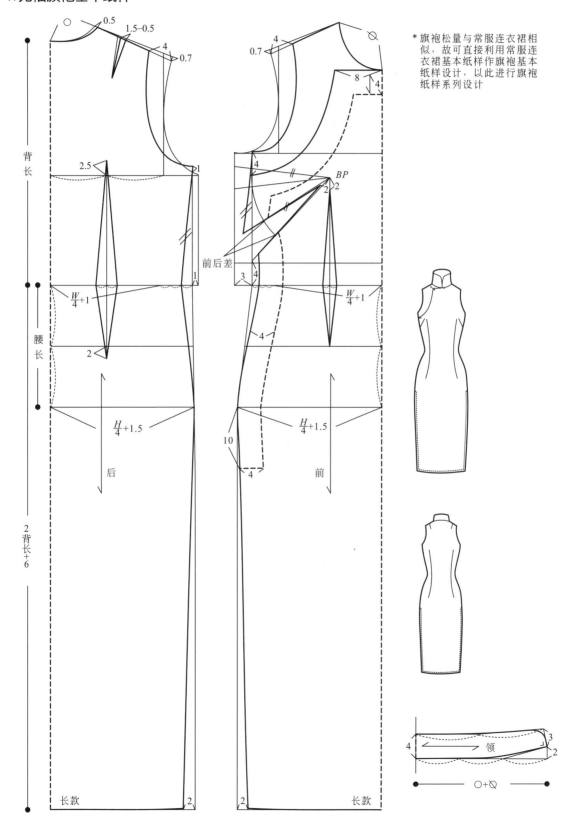

* 旗袍松量与常服连衣裙相似，故可直接利用常服连衣裙基本纸样作旗袍基本纸样设计，以此进行旗袍纸样系列设计

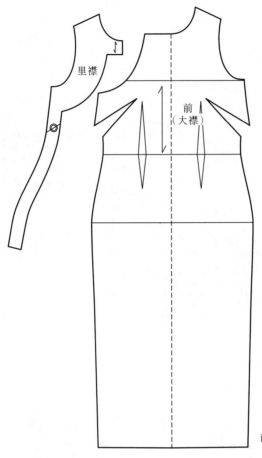

前片分解图

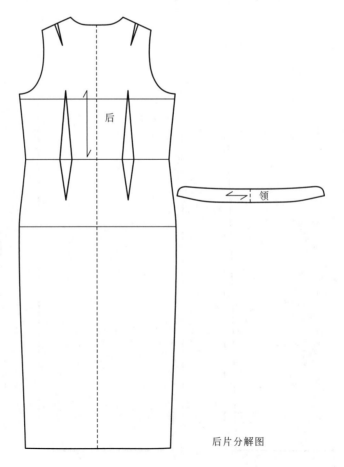

后片分解图

2.无袖旗袍衣长款式纸样系列（三款）

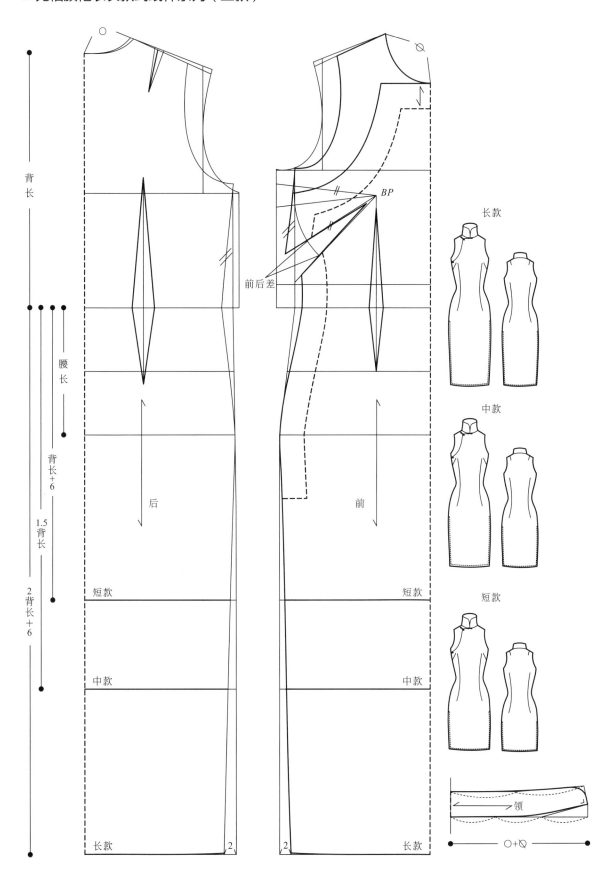

3.无袖旗袍肩部采形款式系列（四款）

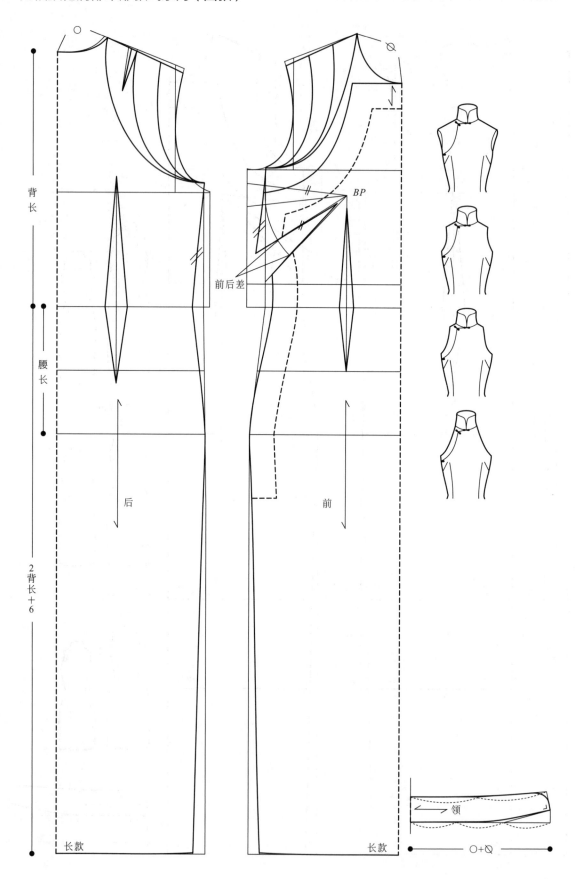

（二）有袖旗袍纸样系列设计

1.抹袖旗袍纸样

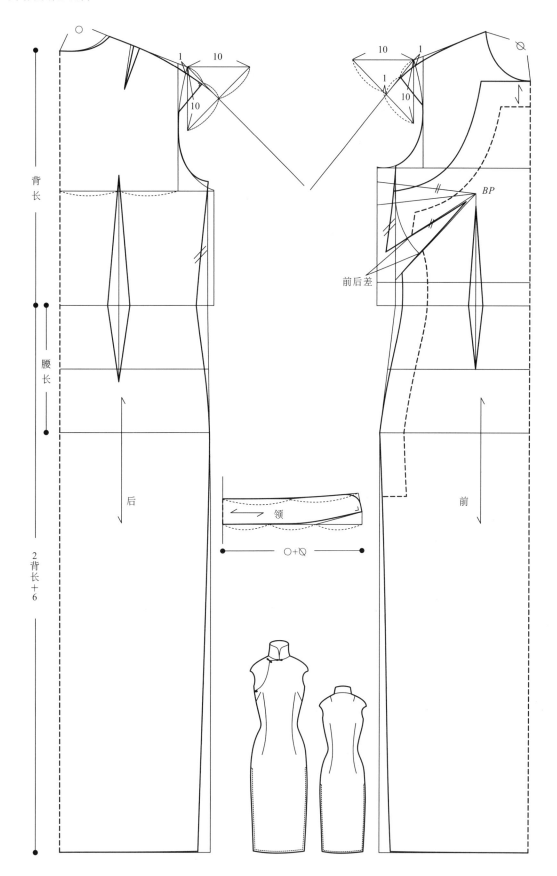

领

O+∅

袖

△

△

△-4

△-4

2.5

12

0.7

前后差

BP

撇胸量

前

后

2. 七分袖旗袍纸样

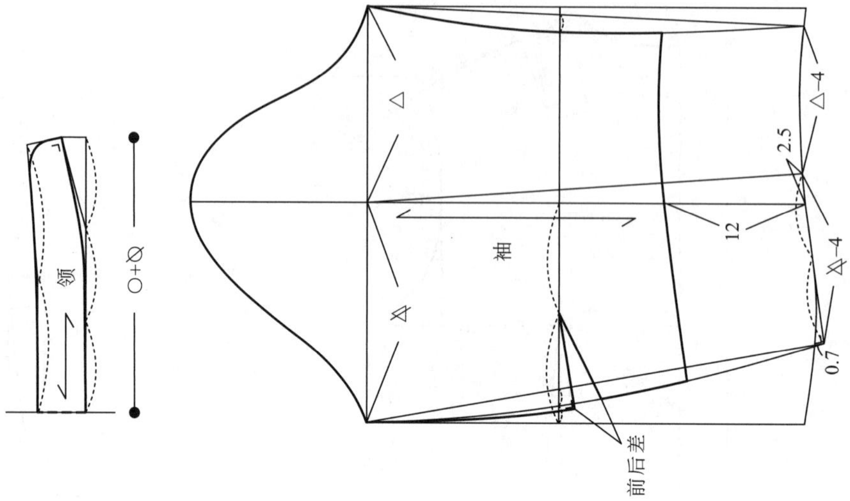

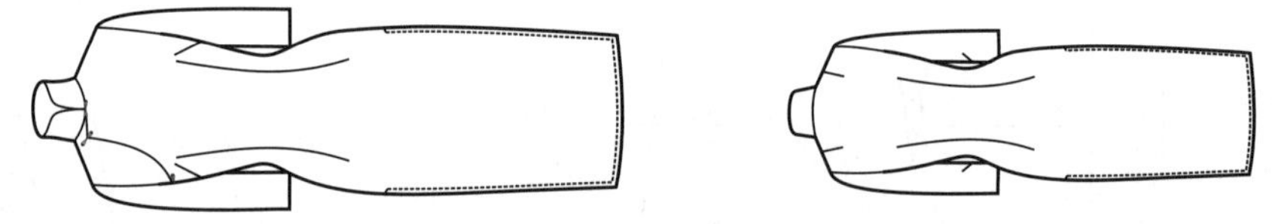

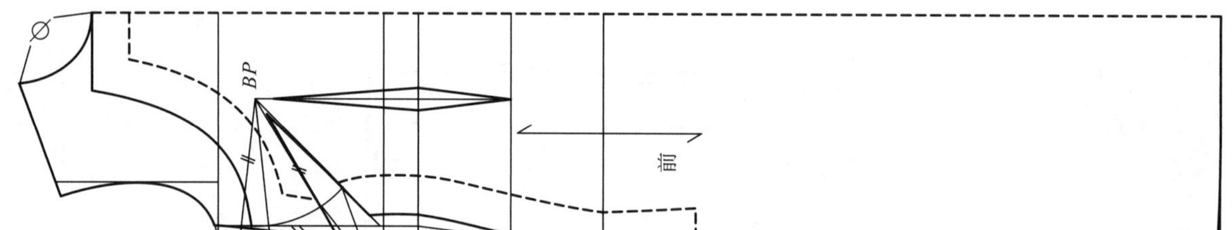

背长

腰长

2背长+6

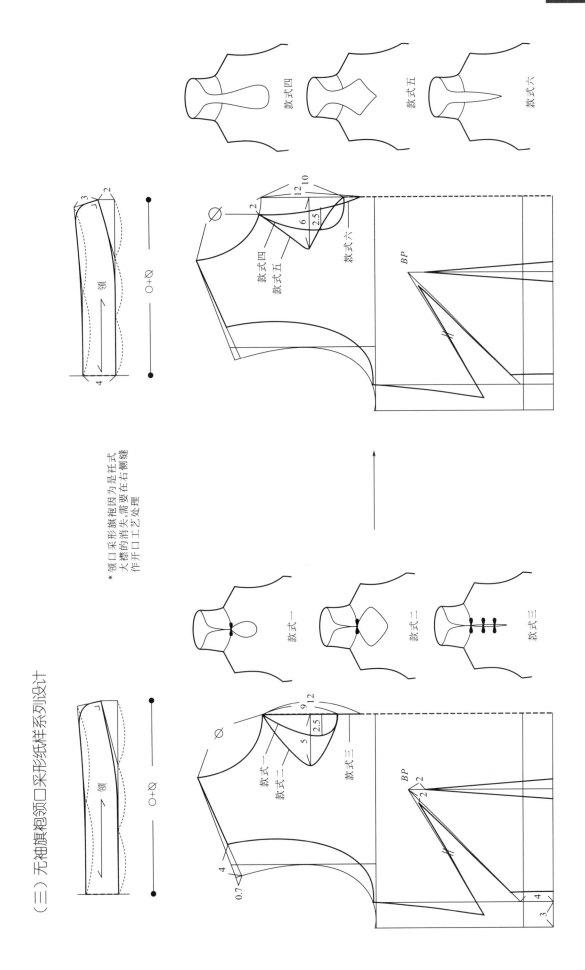

（三）无袖旗袍领口采形纸样系列设计

* 领口采形旗袍因为是枉式
大襟的消失, 需要在右侧缝
作开口工艺处理

（四）旗袍饰边纸样系列设计

1.无袖旗袍全饰边纸样

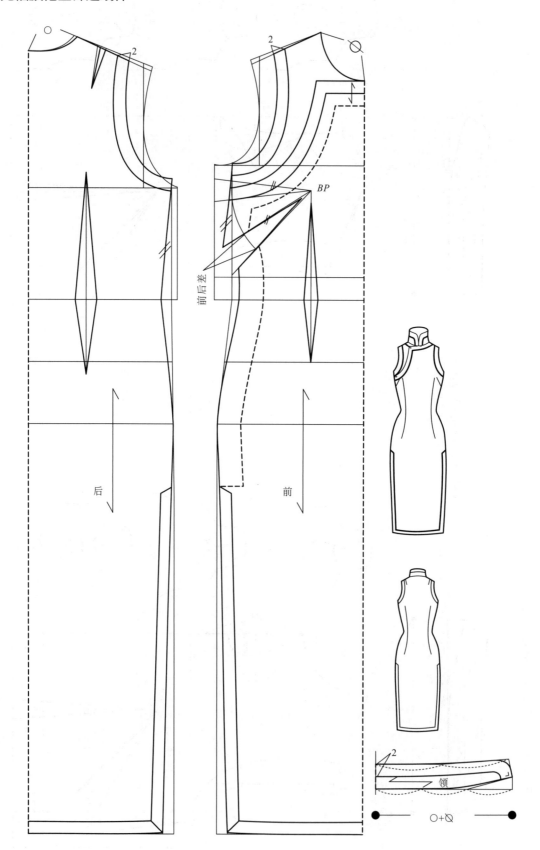

2.抹袖旗袍领型饰边纸样

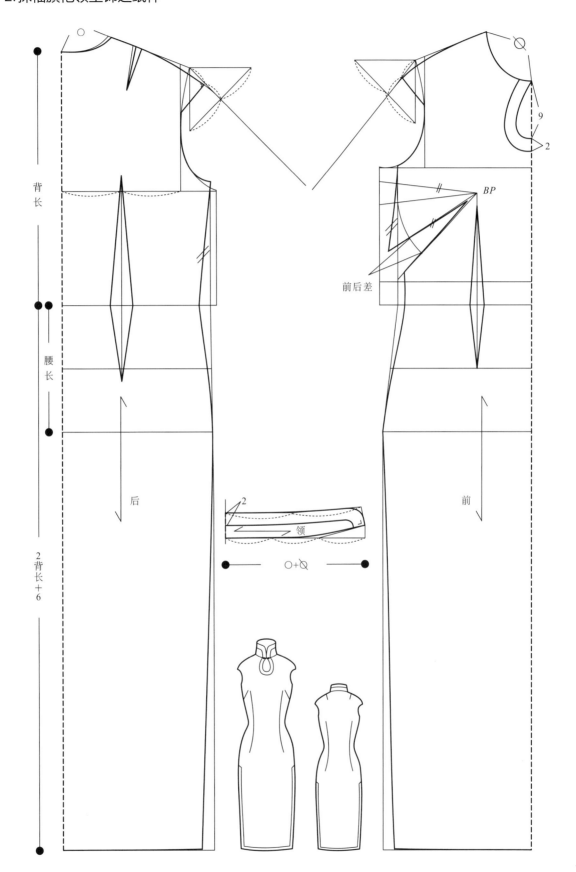

领

O+∅

袖

七分袖旗袍全饰边(领子、袖子纸样处理)

2

BP

腰身省

前

后

3.七分袖旗袍全饰边纸样

背长

腰长

2分之背长＋6

第十八章 ◆ 礼服连衣裙款式与纸样系列设计

一、礼服连衣裙款式系列设计

礼服连衣裙基本款

正视图　　　　　背视图

（一）礼服外套款式系列

1.礼服连衣裙的小外套基本款式系列

四开身H型　　　　　　　六开身Y型　　　　　　　八开身紧身型

2.下摆元素的礼服外套款式系列

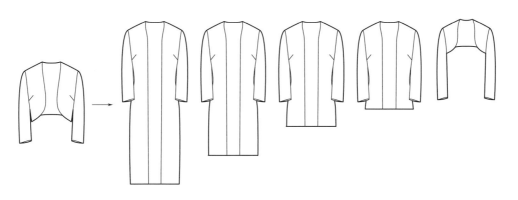

3.领型元素的小礼服外套款式系列

4.袖型元素的小礼服外套款式系列（七分袖为标准袖长）

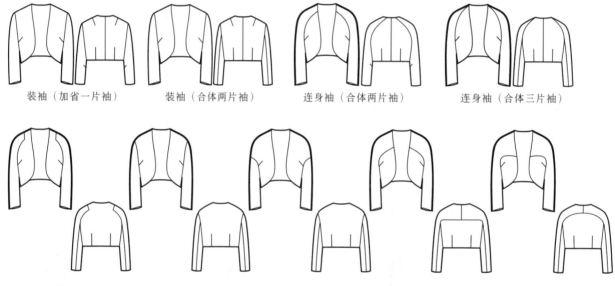

装袖（加省一片袖）　　　装袖（合体两片袖）　　　连身袖（合体两片袖）　　　连身袖（合体三片袖）

5.分割线元素的小礼服外套款式系列

（二）基于廓形变化的礼服连衣裙款式系列

S型　　　小X型　　　大X型　　　H型　　　A型　　　伞型

*选择其中任何一个廓形改变局部元素

（三）下摆和腰线元素的礼服连衣裙款式系列

（四）衣长元素的礼服连衣裙款式系列

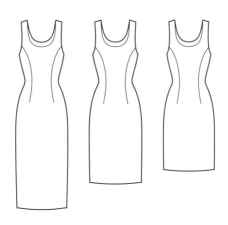

（五）袖型元素的礼服连衣裙款式系列

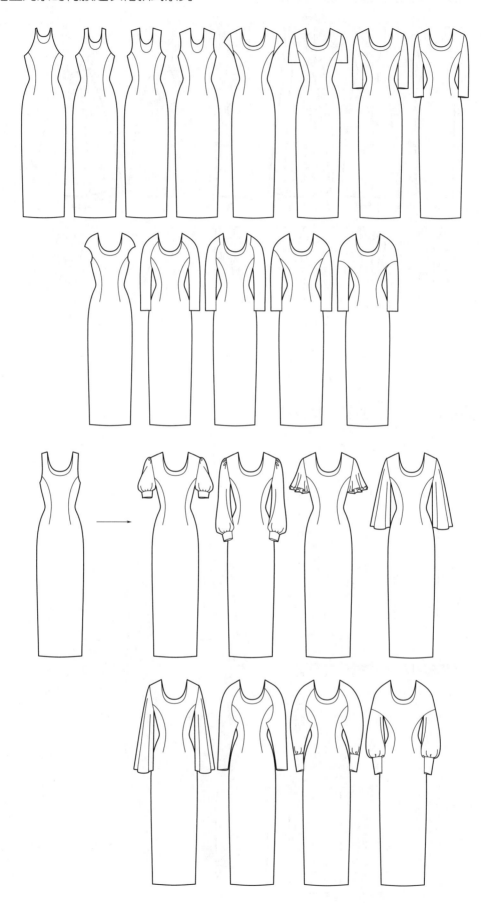

（六）开领元素的礼服连衣裙款式系列

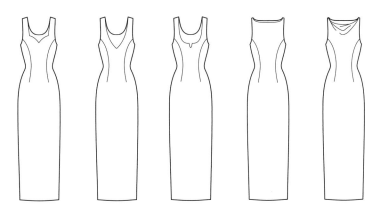

（七）低胸元素的礼服连衣裙款式系列

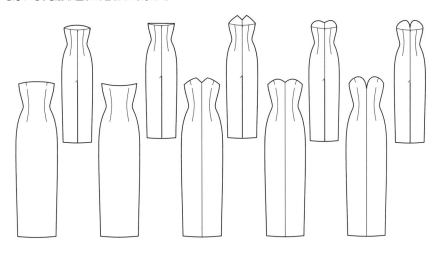

（八）分割线元素的礼服连衣裙款式系列

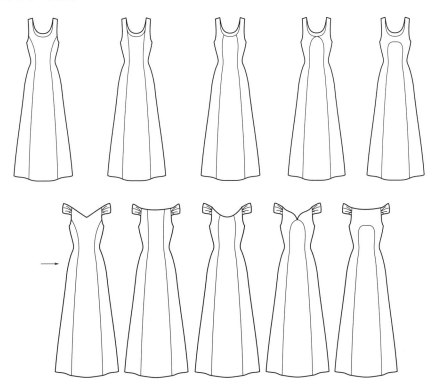

（九）褶元素的礼服连衣裙款式系列

1.缩褶款式系列

2.波形褶款式系列　　3.塔克褶款式系列

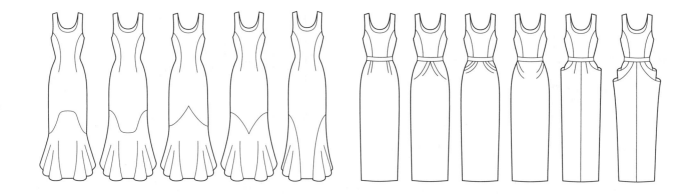

4.波形褶鱼尾裙款式系列

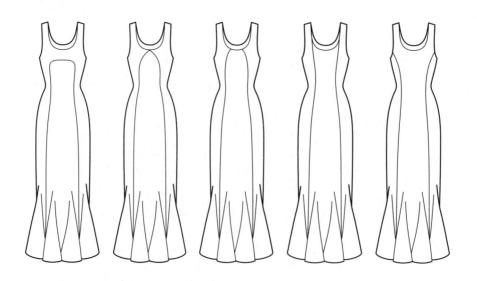

（十）高腰线晚礼服连衣裙款式系列

（十一）吊带式晚礼服连衣裙款式系列

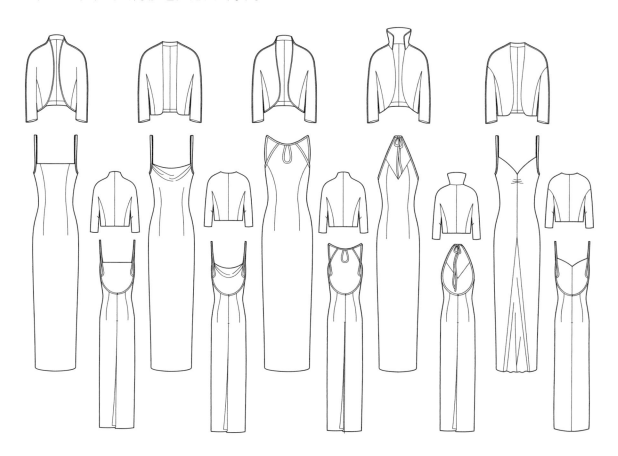

（十二）挂肩式公主线晚礼服连衣裙款式系列

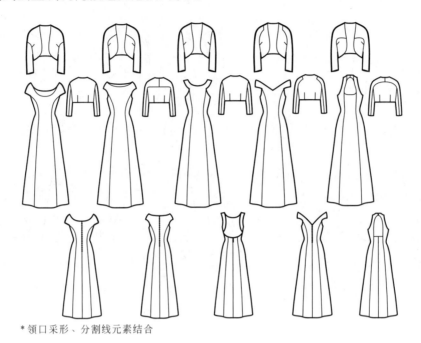

* 领口采形、分割线元素结合

（十三）腰线缩褶晚礼服连衣裙款式系列

小外套

* 领口采形、褶元素结合

（十四）束腰结A型婚礼服连衣裙款式系列

* 袖型、领口采形、分割线
  等元素结合

（十五）腰线缩褶婚礼服连衣裙款式系列

* 袖型、领口采形、褶等元素结合

（十六）八开身公主线丧服连衣裙款式系列

* 袖型、领型、分割线等元素结合

（十七）八开身公主线晚宴服连衣裙款式系列

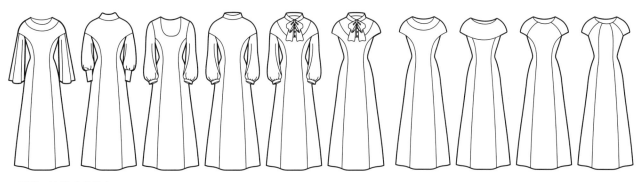

* 领型、袖型元素结合

（十八）变化腰位线鸡尾酒会连衣裙款式系列

*袖型、领口采形、分割线、褶等元素结合

（十九）波形褶舞会连衣裙款式系列

*袖型、领口采形、分割线、波形褶、荷叶边等元素结合

（二十）腰位变化A型日间礼服连衣裙款式系列

*袖型、领口采形等元素结合

（二十一）调和套装式日间礼服款式系列

1.领型、袖型、门襟、褶等元素结合

*三件式组合

2.两件式套装

（二十二）X型外罩式调和套装日间礼服款式系列（连衣裙配合五款外衣）

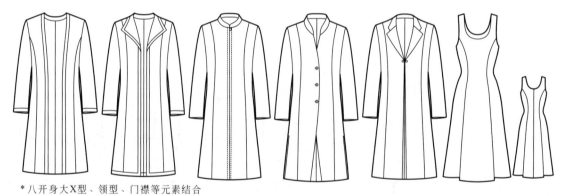

*八开身大X型、领型、门襟等元素结合

（二十三）A型外罩式调和套装日间礼服款式系列（连衣裙配合五款外衣）

*A型、领型、袖型、门襟等元素结合

二、礼服连衣裙纸样系列设计

（一）基于礼服连衣裙廓形一款多板纸样系列设计

1. S型三开身礼服连衣裙基本纸样

礼服连衣裙基本纸样采用减量设计，成衣松量为负1cm。胸围减量设计为13cm，一半制图时6.5cm，分配为前侧缝3cm，后侧缝1.5cm，前后中分别减去1cm，这样最终达到的总量比净胸围小1cm。为了使肩部更贴合人体，由连衣裙前后肩线下降0.7cm调整为1cm；腰围的松量设计为4cm，臀围松量为4cm，这些松量通过前后片和后中位置的省缝去掉。为了使前胸平服，采用后领口宽大于前领口宽1cm，从后侧颈点取领口宽大于前领口宽1cm，从而达到前胸服帖的效果。

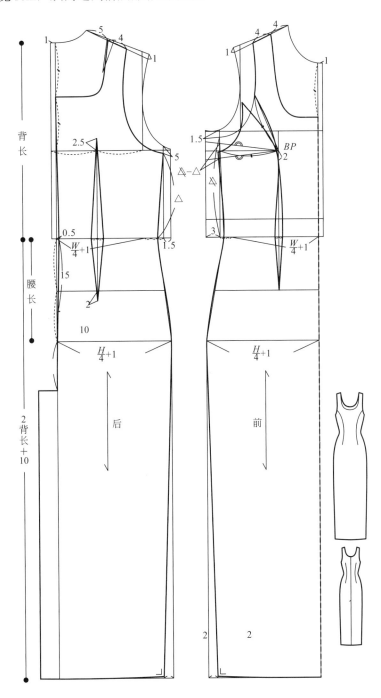

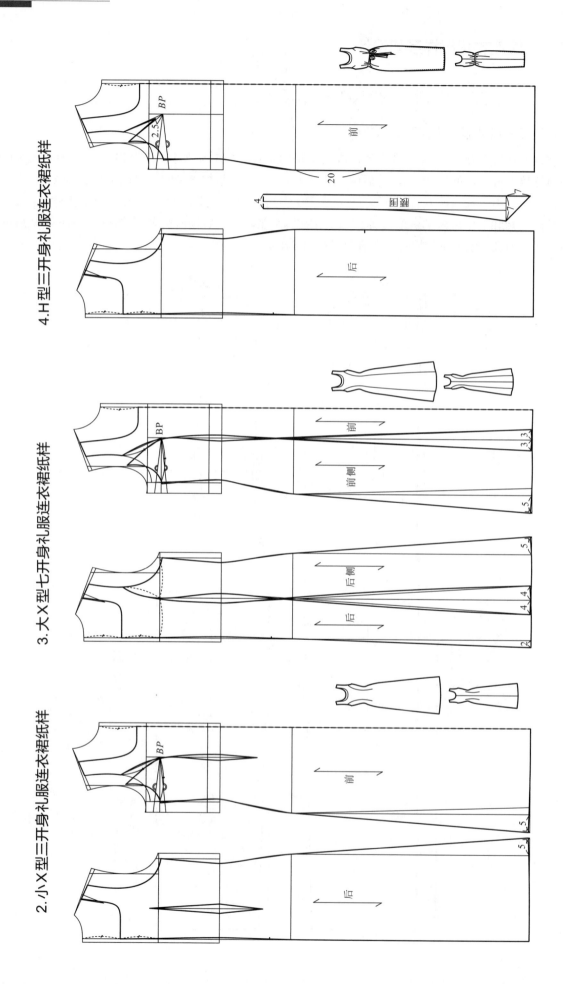

4.H型三开身礼服连衣裙纸样

BP

2.5

前

20

围腰

后

4

7

3.大X型七开身礼服连衣裙纸样

BP

前

前侧

3.3

5

5

后侧

后

4.4

2

2.小X型三开身礼服连衣裙纸样

BP

前

5

后

5.5

5. A型三开身礼服连衣裙纸样

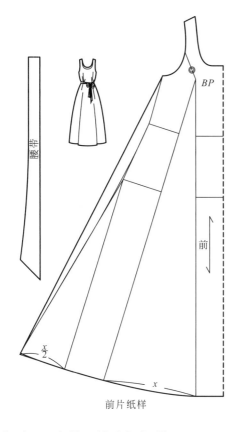

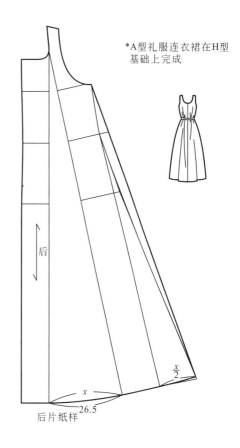

*A型礼服连衣裙在H型基础上完成

前片纸样

后片纸样

6. 伞型三开身礼服连衣裙纸样

*伞型礼服连衣裙在A型基础上完成

前片纸样

后片纸样

（二）礼服小外套一款多板纸样系列设计

1.四开身礼服小外套纸样

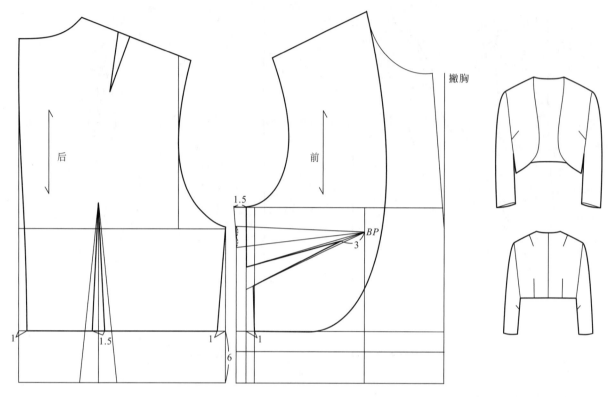

* 四开身礼服小外套纸样长袖专用七分袖设计,袖山高下降1cm以降低吃势

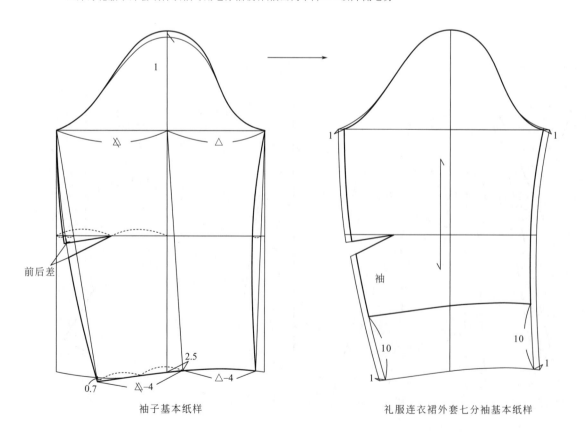

袖子基本纸样　　　　　　　　礼服连衣裙外套七分袖基本纸样

2.六开身礼服小外套纸样（袖子通用）

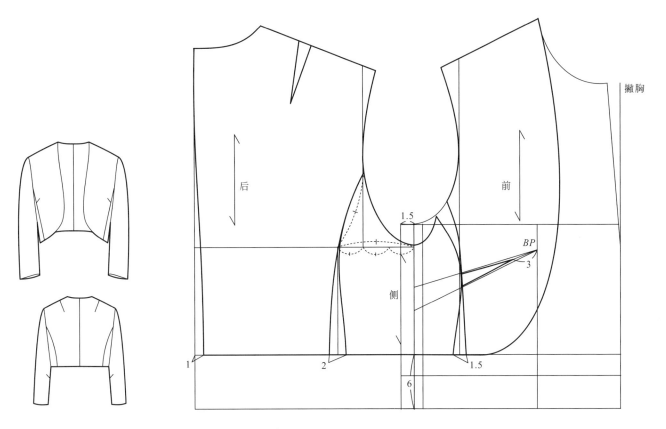

3.八开身礼服小外套纸样（袖子通用）

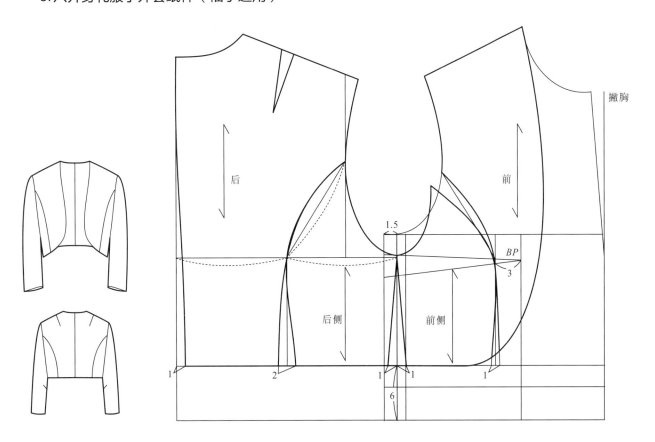

（三）A型高腰线礼服连衣裙一板多款纸样系列设计

1.高腰线前中褶礼服连衣裙纸样

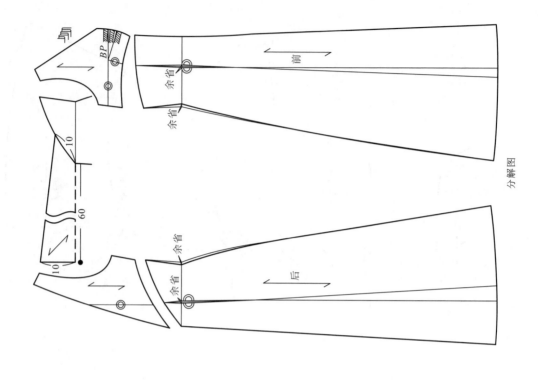

分解图

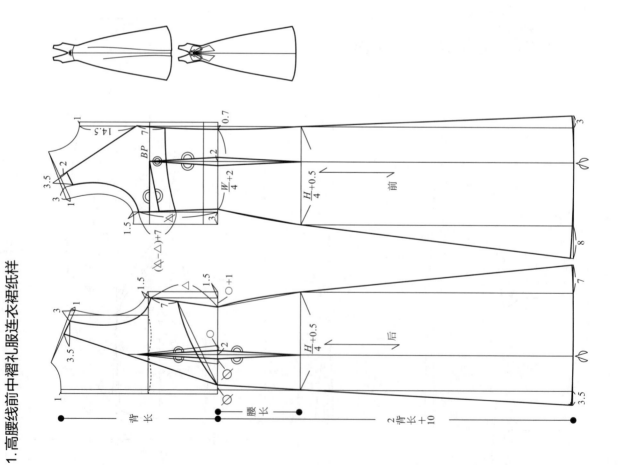

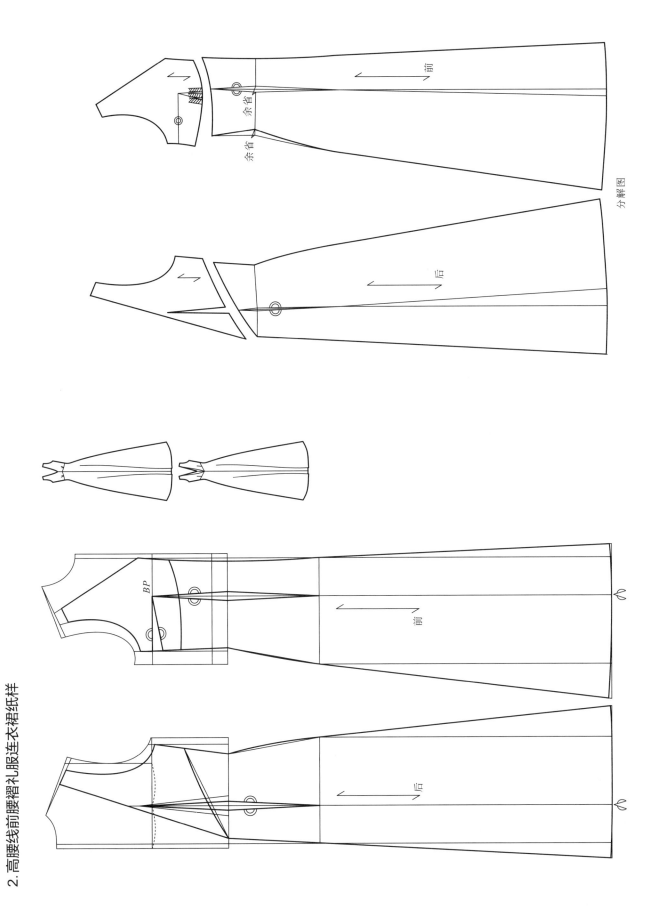

2. 高腰线前腰褶礼服连衣裙纸样

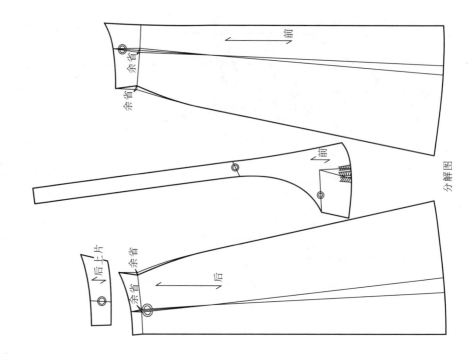

分解图

3.高腰线后颈花结式礼服连衣裙纸样

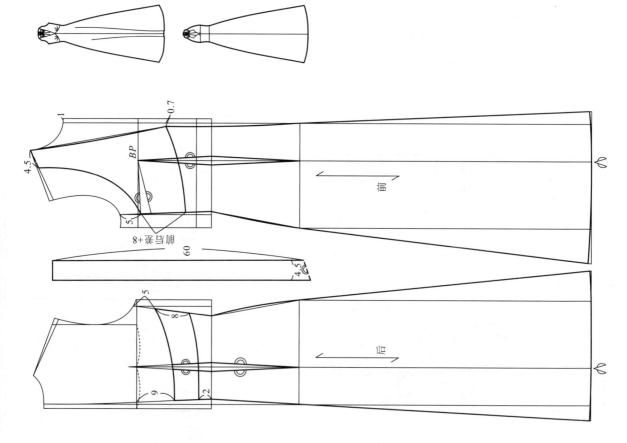

分解图

余省

余省

前

前

缝合侧

前出起

肩

后

4. 高腰线领口吊带礼服连衣裙纸样

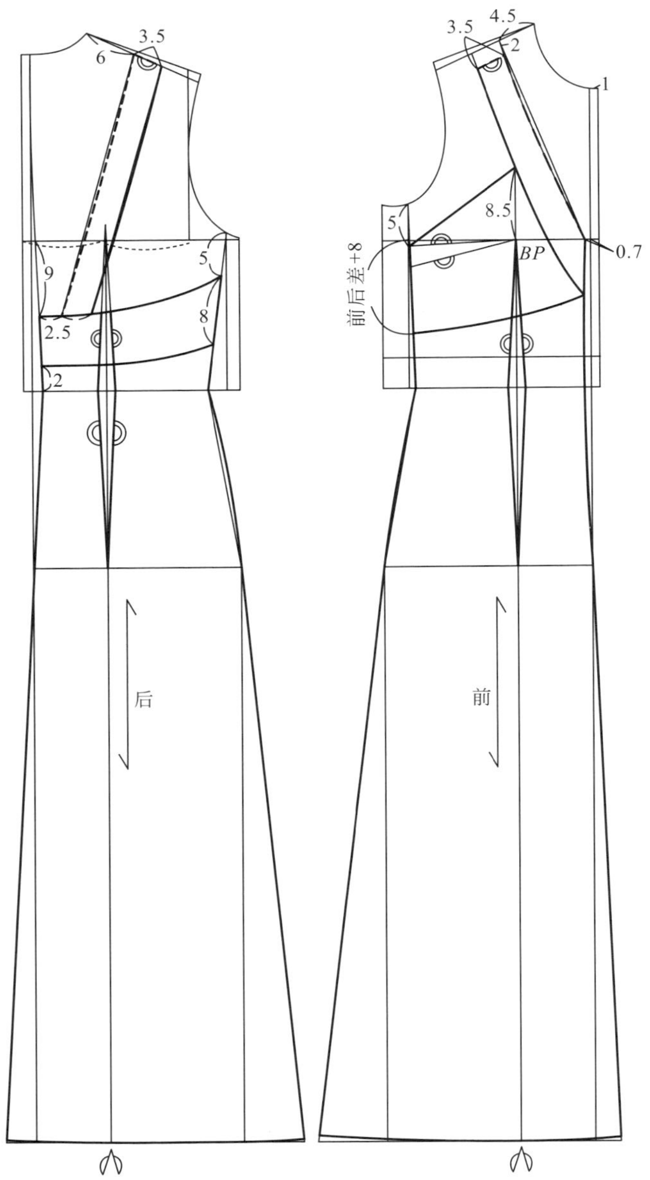

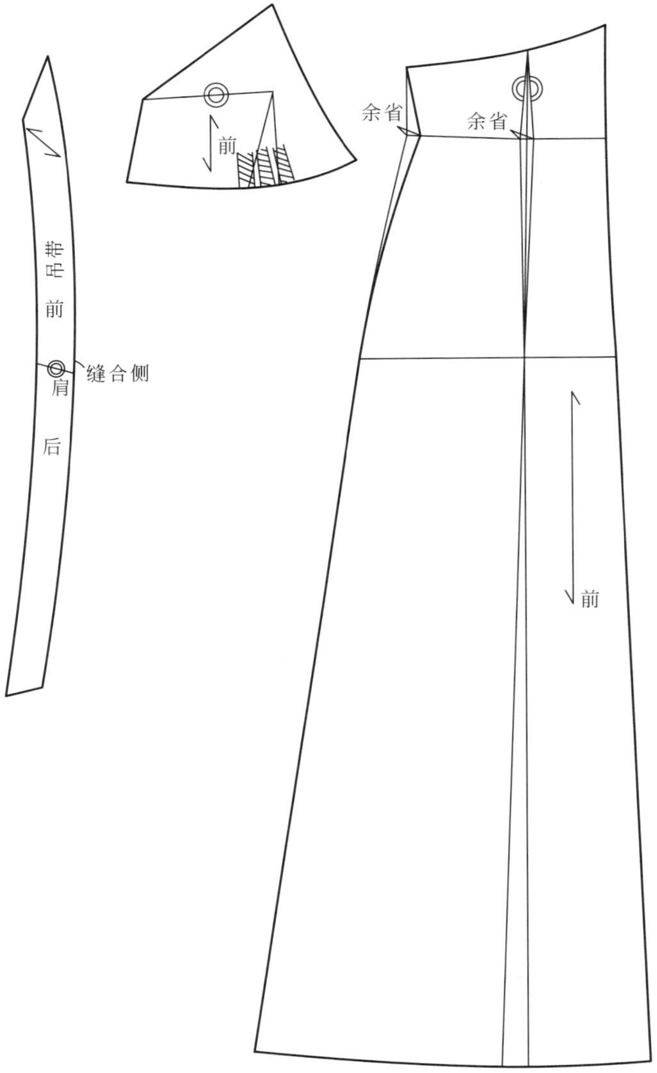

1

0.7

3.5 4.5

2

8.5

BP

前

5

8+育骨省

3.5

5

8

6

9

2.5

2

后

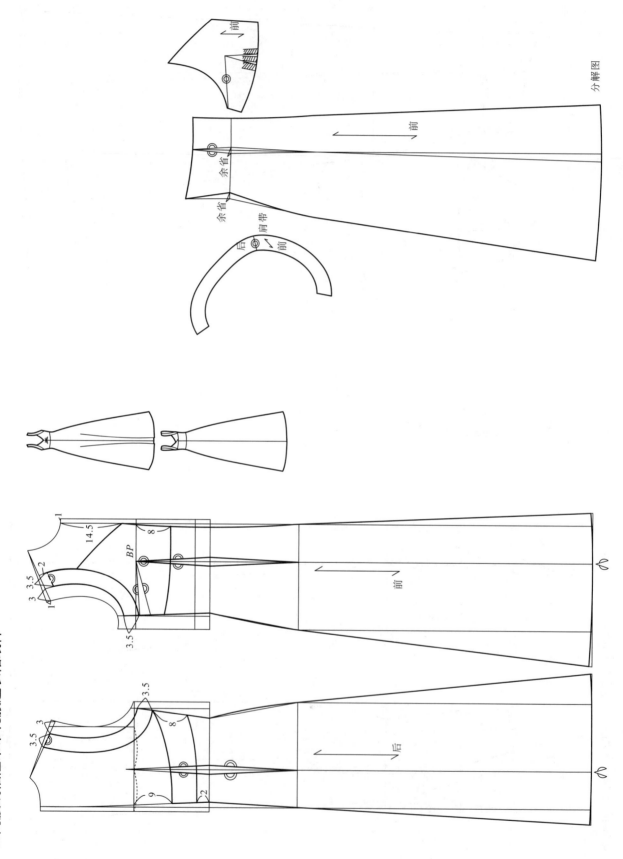

分解图

前

余省

余省

余省

肩带

后 前 肩带

BP

14.5

8

3 3.5

2

1

3.5

前

3.5

3.5 3

8

后

9

2

5.高腰线袖隆吊带礼服连衣裙纸样

（四）S型吊带式礼服连衣裙一板多款纸样系列设计

1.低开开领吊带礼服连衣裙纸样

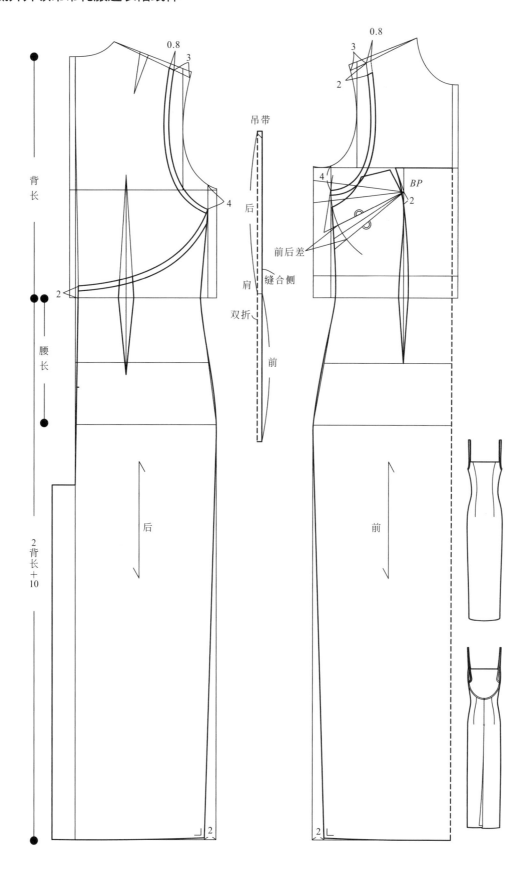

2.水滴式横开领吊带礼服连衣裙纸样

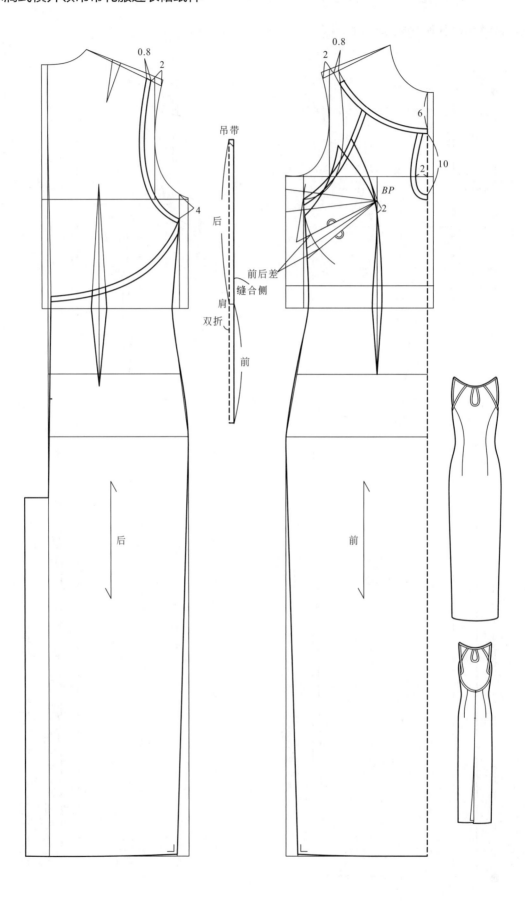

3. V字领开襟吊带礼服连衣裙纸样

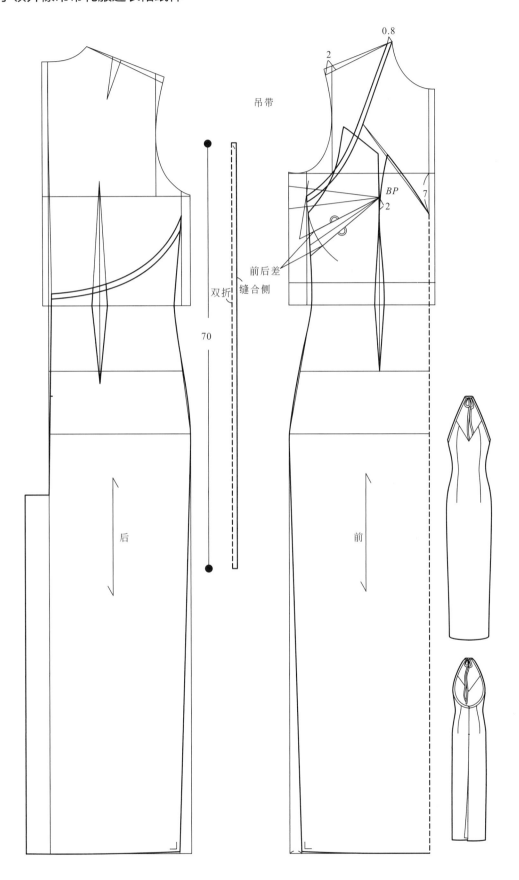

4.前中褶吊带礼服连衣裙纸样

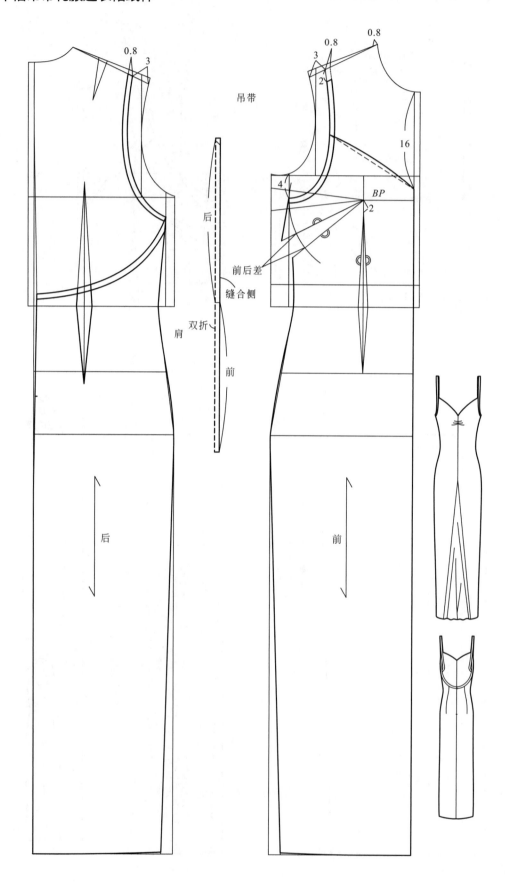

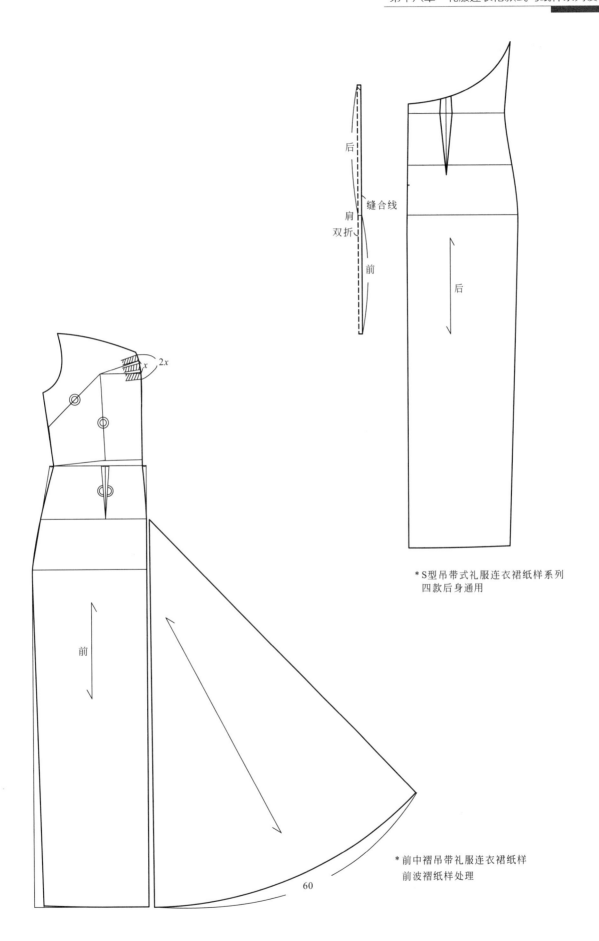

后

缝合线

肩

双折

前

2x

x

⊘

◎

◎

前

后

*S型吊带式礼服连衣裙纸样系列
四款后身通用

*前中褶吊带礼服连衣裙纸样
前波褶纸样处理

60

5.立领四开身七分袖小外套纸样

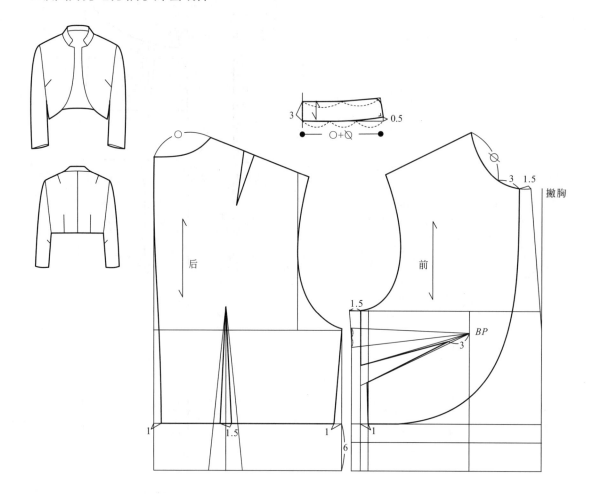

6.直开门襟六开身七分袖小外套纸样

*袖子纸样三款七分袖通用

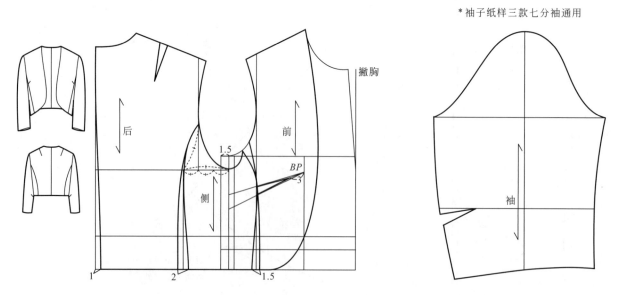

*五款小外套纸样可以与A型和S型礼服连衣裙纸样系列自由组合，构成完整的两件式晚礼服连衣裙纸样系列

（五）配合Ａ型和Ｓ型礼服连衣裙小外套纸样系列设计

1.直开门襟四开身短袖小外套纸样　　　　　**2.曲开门襟四开身短袖小外套纸样**

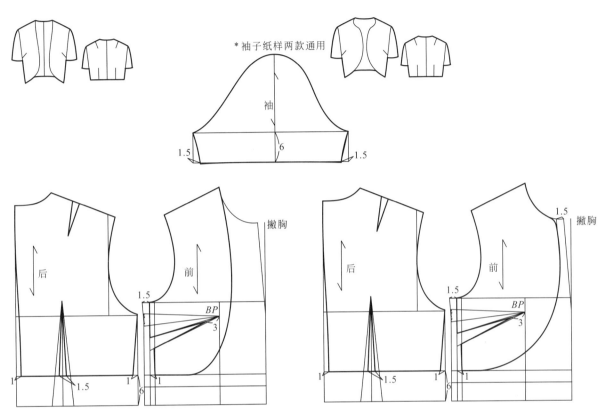

3.连身立领四开身七分袖小外套纸样（七分袖纸样通用）

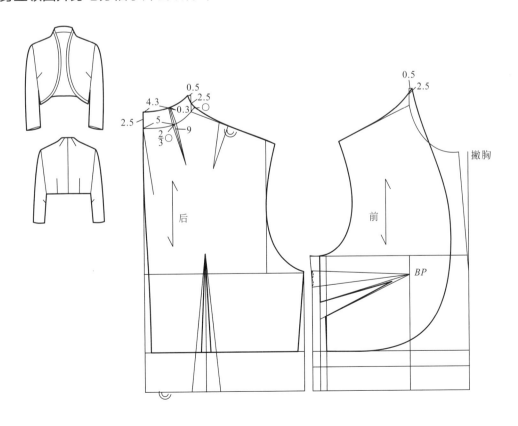

参考文献

[1] von Angelika Sproll. Frühes Empire[J]. R undschau（国际女士服装评论），2008，1.

[2] von Angelika Sproll. Frühes Empire[J]. R undschau（国际男士服装评论.，2007. 1-2.

[3] 刘瑞璞，刁杰，魏莉. 男装 TPO 符号解析与应用 [J]. 装饰，2006，153 期.

[4] 杨琨. 浅析服装系列设计 [J]. 邢台职业技术学院学报，2008. 6，第 3 期.

[5] 贾娟，王革辉. 牛仔服风行原因探讨 [J]. 化纤与纺织技术，2005. 3. 第 1 期.

[6] Riccardo，V.，& Giuliano，A. The Elegant Man——How to Construct the Indeal Wardrobe[M]. New York：Random House. 1990.

[7] Biegit Engel. The 24-Hour Dress Code for Men[M]. Feierabend. 2004.

[8] Alfred. A. Knope. Women's Wardrobe[M]. New York . 1996.

[9] Desiging Apparel Through The Flat Pattern. Design[M]. New York：Fairchild Fashion&Merchandising Group. 1992.

[10] Helen Joseph Armstrong. Pattern Making for Fashion[M]. New York：Harper&Row Publishers. 1987.

[11] Winifred Aldrich. Metric Pattern Cutting[M]. Blackwell Scientific Publications. 1992.

[12] [美] 莎伦·李·斯塔. 服装·产业·设计师 [M]. 苏洁，范艺，蔡建梅，陈敬玉译. 北京：中国纺织出版社，2008.

[13] [日] 中屋典子，三吉满智子主编. 服装造型学技术篇Ⅲ（礼服篇）[M]. 刘美华，金鲜英，金玉顺译. 北京：中国纺织出版社，2004.

[14] [日] 文化服装学院编. 文化服饰大全服饰造型讲座⑤大衣·披风 [M]. 张祖芳，译. 上海：东华大学出版社，2005.

[15] [日] 中屋典子，三吉满智子主编. 服装造型学技术篇Ⅰ [M]. 孙兆全，刘美华，金鲜英，译. 北京：中国纺织出版社，2004.

[16] [日] 中屋典子，三吉满智子主编. 服装造型学技术篇Ⅲ（特殊材质篇）[M]. 李祖旺，金鲜英，金贞顺译. 北京：中国纺织出版社，2004.

[17] [韩] 李好定. FASHION DESIGN PRACTICING. 服装设计实务 [M]. 刘国联，赵莉，王亚，吴卓，译. 北京：中国纺织出版社，2007.

[18] 刘瑞璞. 成衣系列产品设计及其纸样技术 [M]. 北京：中国纺织出版社，1998.

[19] 刘瑞璞. 服装纸样设计原理及技术——女装编 [M]. 北京：中国纺织出版社，2005.

[20] 刘瑞璞. 服装纸样设计原理与技术——男装编 [M]. 北京：中国纺织出版社，2008.

[21] 刘瑞璞. 男装语言与国际惯例——礼服 [M]. 北京：中国纺织出版社，2002.

[22] 刘瑞璞. 世界服装大师代表作及制作精华 [M]. 南昌：江西科学技术出版社，1998.

[23] 刘瑞璞主编，郑瑞平，王璇，冀建国，编著. 女装纸样和缝制教程2——缝纫基础. 轻便服编 [M]. 北京：中国纺织出版社，1996.

[24] 刘瑞璞主编，徐东编著. 女装纸样和缝制教程3——套装. 外套编 [M]. 北京：中国纺织出版社，1996.

[25] 刘瑞璞主编，肖畅，曹绣兰，编著. 女装纸样和缝制教程4——礼服. 专用服编 [M]. 北京：中国纺织出版社，1997.

[26] 石磷碤. 女装设计 [M]. 重庆：西南师范大学出版社，2002.

[27] 石磷碤. 现代旗袍创意 [M]. 沈阳：辽宁美术出版社，1999.

[28] 周丽娅. 系列女装设计 [M]. 北京：中国纺织出版社，2001.

[29] 邓肯青. 现代服装设计 [M]. 开封：河南大学出版社，2006.

[30] 周文杰. 男装设计 [M]. 杭州：浙江人民美术出版社，2003.

[31] 刁杰. 着装 TPO 规则的符号化以及模块化研究及运用 [D]. 北京服装学院硕士学位论文，2006.

[32] 谢芳. 服装 TPO 规则与男装产品的设计和开发——柒牌"中华立领西服"的正装语言研究 [D]. 北京服装学院硕士学位论文，2005.

[33] 王传铭. 现代英汉服装词汇 [S]. 北京：中国纺织出版社，2000.